普通高等教育机械制造类专业精品教材

轻工机械概论

主　编　衣明东　王　丽
副主编　王宝林　李　智
主　审　许崇海

中国轻工业出版社

图书在版编目（CIP）数据

轻工机械概论/衣明东，王丽主编. —北京：中国轻工业出版社，2024. 1

普通高等教育机械制造类专业精品教材

ISBN 978-7-5184-4273-7

Ⅰ. ①轻… Ⅱ. ①衣…②王… Ⅲ. ①工程机械—高等学校—教材 Ⅳ. ①TH2

中国国家版本馆 CIP 数据核字（2023）第 041475 号

责任编辑：张文佳　　责任终审：李建华　　封面设计：锋尚设计
版式设计：霸　州　　责任校对：晋　洁　　责任监印：张　可

出版发行：中国轻工业出版社（北京鲁谷东街 5 号，邮编：100040）
印　　刷：北京君升印刷有限公司
经　　销：各地新华书店
版　　次：2024 年 1 月第 1 版第 1 次印刷
开　　本：787×1092　1/16　印张：13
字　　数：320 千字
书　　号：ISBN 978-7-5184-4273-7　定价：49. 80 元
邮购电话：010-85119873
发行电话：010-85119832　010-85119912
网　　址：http://www. chlip. com. cn
Email：club@ chlip. com. cn

221418J1X101ZBW

前言

“轻工机械概论”课程是高等院校机械设计制造及其自动化专业和轻工类专业的一门专业课程。为更好地支撑轻工机械专业人才的培养，全面反映轻工机械的新技术、新装置、新机型，我们编写了这本《轻工机械概论》，以适应相关专业教学的需要。

在教材的编写过程中，按照现代轻工机械的体系和特点，为全面提高教材的质量，满足“轻工机械概论”课程的教学需求，教材突出轻工机械的组成、工作原理和特点，主要讲述了常用典型轻工机械的结构组成、工作原理、工作特点和应用等。

本书适用于高等院校机械设计制造及其自动化专业和轻工类专业的本科教学，也可用于相关专业的轻工机械课程的教学，还可供轻工机械工程技术人员和相近学科专业的工程技术人员参考使用。

本书由衣明东、王丽主编，王宝林、李智副主编。全书共九章，第一章、第二章、第三章由衣明东编写，第四章、第五章由李智编写，第六章、第七章由王丽编写，第八章、第九章由王宝林编写，全书由衣明东、王丽统稿，许崇海主审。

本书在编写过程中，强调结合生产一线介绍综合应用性知识，借助齐鲁工业大学科教融合 2.0 实践，挖掘山东省机械设计研究院所完成的工程项目案例，结合本专业相关合作企业的工作案例，将最新的科技研发动态与基础理论知识相融合。教材编写过程中，企业专家提供了许多工程教学案例，并大量引用了齐鲁工业大学（山东省科学院）机械类专业协同育人联盟理事单位中轻工机械类企业的产品和现场照片，在此一并表示感谢。

本书在编写过程中，借鉴参考了一批相关的教材、专著和研究论文，在此，感谢原书主编及编著者们为我国轻工机械相关教材建设和行业发展做出的奠基性贡献。本教材是在齐鲁工业大学教材建设基金资助下完成的，还获得了齐鲁工业大学机械工程学部学科专业建设经费的支持。本书从选题到出版，得到中国轻工业出版社的鼎力支持，在此一并致以诚挚的感谢。

由于编者水平有限，书中难免存在不足和疏漏之处，我们诚挚地希望广大读者提出宝贵的意见和建议，谨此表示衷心感谢。

编者

目　　录

第一章　绪　　论

提起轻工机械，即便是轻工机械领域的从业者都会感觉概念很模糊。到底什么是轻工机械？新版《轻工行业分类目录》中的18个大类中有轻工通用设备及专用设备制造业，由此轻工机械可称之为轻工通用设备及专用设备。还有学者从轻工业是以提供生活消费品为主的工业这一角度，认为称之为消费品加工机械设备更为贴切。本章讲述了机械、轻工业和轻工机械的基础知识，使大家对轻工机械有一个初步的了解。

第一节　机　　械

机械，源自于希腊语mechine及拉丁文mechanica，原指“巧妙的设计”，作为一般性的机械概念，可以追溯到古罗马时期，主要是为了区别于手工工具。现代中文之“机械”一词为英文中的机构（mechanism）和机器（machine）的总称。

机械是能降低人类工作难度或省力的工具装置，像筷子、扫帚以及镊子一类的物品都可以被称为机械，它们是简单机械。而复杂机械就是由两种或两种以上的简单机械构成的。通常把这些比较复杂的机械叫作机器。从结构和运动的观点来看，机构和机器并无区别，泛称为机械。

英国机械学家威利斯（R. Willis）在其《机构学原理》（1841年）中所给的定义是：“任何机械都是由用各种不同方式连接起来的一组构件组成，使其一个构件运动，其余构件将发生一定的运动，这些构件与最初运动之构件的相对运动关系取决于它们之间连接的性质。”德国机械学家勒洛（F. Reuleaux）在其《理论运动学》（1875年）中的定义为：“机械是多个具有抵抗力之物体的组合体，其配置方式使得能够借助它们强迫自然界的机械力做功，同时伴随着一定的确定运动。”

《庄子》（成书于战国时代）说：“子贡（前520—前456年）南游于楚，返于晋，过汉阳，见一丈人方将为圃畦，凿隧而入井，抱瓮而出灌，搰（hú）搰然用力甚多而见功寡。子贡曰：‘有械于此，一日浸百畦，用力甚寡而见功多，夫子不欲乎？’为圃者仰而视之曰：‘奈何？’曰：‘凿木为机，后重前轻，挈水若抽，数如泆汤，其名为槔’。”

《韩非子》（约成书于战国末年）说：“舟车机械之利，用力小，致功大，则入多。”

以上记载表明，生活在公元前5世纪的子贡和公元前3世纪的韩非子，就已给“机械”下了最早的定义：“用力甚寡而见功多”，即能使人用力少而创造多的机械，为后人留下了关于“机械”的最早定义。表明我国早在2000多年前就对“机械”提出了定义，比西方早了4个世纪。

现代中文机械概念多源自日语的“机械”一词，对机械概念做了如下定义（即符合下面三个特征称为机械）：

（1）机械是物体的组合，假定力加到其各个部分也难以变形。

（2）这些物体必须实现相互的、单一的、规定的运动。

（3）把施加的能量转变为最有用的形式，或转变为有效的机械功。

在生产中，人们广泛地使用着各种机器来代替人的劳动去转换能量或做有用的功，各种不同的机器具有不同的形式、构造和用途，但就其组成来说，却是由许多运动构件组合而成的，并且为了传递运动和动力，各个运动构件之间的相对运动是确定的。这样，由若干个构件以构件间能够产生相对运动的连接方式而组成的构件系统称为机构。从机构的特征来看，机构是具有确定相对运动的构件组合体，它是用来传递运动或改变运动形式的可动装置。机器中最常用的机构有连杆机构、凸轮机构、齿轮机构和间歇运动机构等。

机器是由若干机构组成的，用来变换或传递能量、物料和信息的机械装置。机构与机器的区别在于：机构只是一个构件系统，而机器除构件系统之外还包含电气、液压等其他装置；机构只用于传递运动（或改变运动形式）和力，而机器除传递运动和力之外，还具有变换或传递能量、物料、信息的功能。

第二节 工　　业

工业（industry）是加工制造产业，工业是社会分工发展的产物，经过手工业、机器工业几个发展阶段。工业是第二产业的组成部分，分为轻工业和重工业两类。轻工业生产生活消费品，如陶瓷、玻璃、造纸、食品、塑料、皮革、包装等；重工业生产生产资料，如采矿、造船、冶金、机床、石油等。

一、工业生产特点

（1）工业生产有自己特有的生产工艺过程——物理（机械）作用、化学作用和微生物作用的过程。

第一，整个生产过程是在人工控制下进行的。

第二，原料、动力、厂房、设备、技术劳力以及运输、市场等条件有保证，则可全年生产。

第三，不像农业，受到生长季节和自然条件的严格限制。

（2）工业生产一般可划分为各个不同的生产阶段，各阶段连续进行，并保持一定数量的比例关系。

各生产阶段能够在一个地点连续生产，也可以在不同地点同时进行生产，其生产连续性是通过工业半成品的运输，将各生产阶段衔接起来。

（3）科学技术是促进工业生产发展的主要动力。

从历史上来看，科学技术上的每一次重大变革，都会引起工业生产上的飞跃发展和地理分布上的重大变化。

二、工业发展历史

1. 第一次工业革命（蒸汽机时代）

18 世纪 60 年代，英国出现工业革命，使原来以手工技术为基础的工场手工业逐步转变为机器工业，工业才最终从农业中分离出来成为一个独立的物质生产部门。

蒸汽机的发明和应用是第一次工业革命的标志。它使工场手工业发展成为现代机器大工业，由于蒸汽动力代替了水力和人力，使工业生产分布，从分散状态逐步向燃料生产地集中，并形成一批工业中心和工业基地。

2. 第二次工业革命（电气化时代）

19 世纪 70 年代，随着科学技术的进步，开始现代工业的发展阶段。

发电机和内燃机的发明和应用是第二次工业革命的标志。在此基础上，工业生产规模不断扩大，并出现了一批新兴的工业部门，例如石油开采加工、汽车和飞机制造业等。

3. 第三次工业革命（信息化时代）

20 世纪 50 年代开始，以生产过程自动化为主要特征，采用电子控制的自动化机器和生产线进行生产，改变了机器体系。

以原子能、计算机和空间技术的出现为契机，世界上出现了以电子技术、生物技术、新能源、新材料的发明应用为基础的技术革命，使越来越多的自然资源被发现，使资源的单一利用走向综合利用，也使工业分布有可能减少对资源分布不均衡性的依赖，为均衡合理分布工业创造了良好条件。

4. 工业 4.0（智能化时代）

工业 4.0 在 2013 年 4 月汉诺威工业博览会上正式推出，其迅速成为德国的另一个标签，并在全球范围内引发了新一轮的工业转型竞赛。德国学术界和产业界认为，“工业 4.0”概念即是以智能制造为主导的第四次工业革命，或革命性的生产方法。该战略旨在通过充分利用信息通信技术和网络空间虚拟系统——信息物理系统（Cyber-Physical System）相结合的手段，将制造业向智能化转型。

“工业 4.0”项目主要分为三大主题：

一是“智能工厂”，重点研究智能化生产系统及过程，以及网络化分布式生产设施的实现。

二是“智能生产”，主要涉及整个企业的生产物流管理、人机互动以及 3D 技术在工业生产过程中的应用等。该计划将特别注重吸引中小企业参与，力图使中小企业成为新一代智能化生产技术的使用者和受益者，同时也成为先进工业生产技术的创造者和供应者。

三是“智能物流”，主要通过互联网、物联网、物流网，整合物流资源，充分发挥现有物流资源供应方的效率，而需求方，则能够快速获得服务匹配，得到物流支持。

国无“工”不强。早在 2014 年，中国工业生产总值达 4 万亿美元，超过美国成为世界头号工业生产国。2015 年 5 月，国务院正式印发《中国制造 2025》，部署全面推进实施制造强国战略。“工业 4.0”和“中国制造 2025”两个战略都是为了面对新一轮的世界竞争，增强国家工业的竞争力，在世界工业发展中占领先机。德国工业是世界工业发展的引领者，德国已经从“工业 3.0”阶段逐步走向“工业 4.0”阶段，由生产自动化向智能化迈进。而中国多数工业门类还处于“工业 2.0”的后期阶段，面临着“工业 2.0”要补课、“工业 3.0”要普及、“工业 4.0”要跟上的处境，迫切需要我国制造业企业和从业者担负起工业转型升级发展的重担。

第三节　轻　工　业

轻工业，既与重工业相对，也互有交叉，主要是指生产生活资料的工业部门。轻工业与日常生活息息相关，如食品、烟酒、家具、五金、玩具、乐器、陶瓷、纺织、造纸、印刷、生活用品、办公用品、文化用品、体育用品等工业部门。

一、轻工业的特点

轻工业根据其技术构成、组织结构和在国民经济活动中的地位，具有以下 3 个主要特点。

1. 轻工业是多学科的应用工业

轻工业的技术基础是化工技术、机械加工技术、电子技术和生物工程等。各学科的进步给轻工业发展开辟了新的道路。

例如：电子表是随着微电子学的不断发展而升级换代的，它的出现不仅动摇了有多年历史的机械手表的统治地位，而且使手表的面貌完全改观。

2. 轻工业是以中小企业为主体的工业

不仅中国轻工业组织形态是如此，各国也大都如此，只是在大中小企业数量和产值上所占比例有所差异。

中国中小企业占轻工企业总数高达 99%，就业人数也占 99%，总产值占 84%。

3. 轻工业是农业、重工业的连锁工业

轻工业是加工工业，原材料生产是它的“第一车间”，中国轻工业原料有 50%~60%来自农业，40%~50%来自工矿业。

目前中国轻工业的农业原料基本处于农业自然经济供应状态，即供给什么就加工什么，发达国家则按工业要求制定农业原料技术标准，按贸、工、农的次序，逐步形成从优良品种的选育、培植、推广到生产、供应的一整套商品生产体系。

二、轻工业的发展历史

1. 近代科技与轻工业的发展

工业革命的传播是从纺织业开始的，即从生活资料工业开始的，到 1870 年工业革命已传到许多国家，它摧毁了传统的生活方式，将人类推向一个崭新的世纪。

工业革命发端于纺纱机的发明（1764），以蒸汽机的改进（1765—1784）和广泛应用为基本动因，它不仅加速了纺织业的发展，而且导致近代机器制造业的兴起，结束了手工工场时代，使人类开始进入以大机器生产为主要标志的工业社会。

19 世纪成为科学技术全面发展的时期，开始出现了科学对生产的指导作用，引发了第二次技术革命。在此时期，物理学在光学、热力学、电磁学三个领域中所取得的成就，对整个科学技术和人类现代文明都产生了极其深远的影响。

19 世纪技术上的最大成就是电能的开发和广泛应用，开创了一个新的时代——电气化时代。技术上的重大成就还有内燃机的发明，炼钢技术的发展以及有机合成化学工业的发展。

1840 年，英国 A. 贝恩发明电钟，开创了电技术在钟表领域中的应用，此后电钟得到迅速发展。

1851 年，英国胜家公司发明脚踏式缝纫机，为家庭缝纫和服装工业创造了物质基础。19 世纪美国即开始建立成衣工业，1890—1920 年工厂技术的改进促使美国成衣业蓬勃发展。

1879 年，爱迪生发明了白炽灯，首次将电同人们的日常生活联系起来。电灯泡作为第一个家用电器产品进入家庭，为世界家用电器的发展拉开了序幕。

1886 年，英国的 J. 斯塔利制出第一辆合乎实用的自行车，用钢管制成菱形车架。1888 年英国 J. B. 邓洛普装上充气的橡胶轮胎。自行车的出现开创了人类用机器代步的历史。当西方机械文明进入亚非时，最先被接受的就是自行车。自行车的发展促进了链条、齿轮、轴承等机械技术的发展。

2. 中国近代轻工业的出现与发展

中国近代轻工业有两个明显的特征：

第一是以手工操作为主。

20 世纪 50 年代以前，在轻工业各行业中，除制浆、造纸、制糖、啤酒、卷烟、味精等行业的少数企业机械化程度高些外，多数行业企业的机械化程度仅有 20%左右。

第二是技术装备和主要工业原料大多依靠进口。

由于中国近代轻工业的发展时间比先进的资本主义国家晚约半个世纪，科学技术力量非常薄弱，再加上重工业缺乏基础，轻工业发展没有服务的后盾，所以轻工业所使用的技术装备，绝大部分是购买国外的。轻工业所需要的化工和金属原材料有 70%～80%依靠进口。

3. 当代轻工业的发展趋势

轻工业的发展是与人们的生活消费规律和消费意识紧密地联系在一起的。在轻工业发展的中前期阶段，社会消费品不能够满足社会发展需要，所以近代轻工业的主要目标是满足社会需要。

改革开放以来，中国消费渠道从计划经济凭票购买到市场经济选择多样化发展。到了 21 世纪 20 年代，高端消费品已经从“少数人拥有”到“飞入寻常百姓家”；同时居民消费需求不断增加，购买能力显著增强。生活用品的发展彰显了居民生活品质的提升。习近平总书记在二十大报告中指出："从现在起，中国共产党的中心任务就是团结带领全国各族人民全面建成社会主义现代化强国、实现第二个百年奋斗目标，以中国式现代化全面推进中华民族伟大复兴。"

在这个历史阶段，我国的轻工业改善供给结构和实现转型升级的任务仍艰巨而繁重：

第一，轻工业长期积累的深层次问题还未得到有效解决。自主创新支撑作用不强，品牌影响力较弱，资源能源利用效率等一系列的问题影响高质量发展。

第二，我国是消费品生产大国，但大多数的产品只能满足中低端的消费需求。当前，出口需求和投资需求相对下降，供给结构出现了不适应需求变化的局面，必须以提高供给体系质量和效率为中心，发展壮大新动能，实现新旧动能转换，扩大中高端产品和服务供给。

第三，新一轮革命和产业变革助力产业升级，物联网、云计算、大数据、人工智能等技术广泛，渗透经济、社会各领域。3D 打印、机器人、智能制造、纳米材料与技术等领域不断取得新的突破。新动能、新产品、新业态迅速发展，推动制造业生产方式向数字化、网络化、智能化发展，以智能制造为特征的制造模式变革为轻工业注入了巨大的活力。

因此，在当前形势下，轻工业企业要不断提升创新发展能力，继续推动"两化"深度融合，大力推进轻工业智能化发展。从 2022 年 6 月工业和信息化部等 5 部门联合发布《关于推动轻工业高质量发展的指导意见》，到 2022 年 7 月商务部等 13 部门发布《关于促进绿色智能家电消费的若干措施》，一段时间以来，支持轻工业发展的政策频出，涵盖补产业短板、建绿色产品标准、促绿色消费等方方面面。在政策助力下，轻工业正努力克服挑战，扎实推进高质量发展。轻工企业未来发展趋势如下：

第一，强化科技创新战略支撑，完善科技创新体系、优化标准体系建设、加快关键技术突破。针对造纸、家用电器、日用化学品等行业薄弱环节，研究制定和发布一批重点领域技术创新路线图，实施"揭榜挂帅"等举措，深入推进技术研发与工程化、产业化，加快建立核心技术体系，提升行业技术水平。面向未来重大消费需求，推动建立跨行业、跨学科交流机制，加强战略前沿技术布局。

完善科技创新体系。加快构建以企业为主体、市场为导向、政产学研用深度结合的轻工业创新体系。强化共性技术平台建设，优化轻工领域制造业创新中心、重点实验室、工程（技术）研究中心、工业设计研究院等创新平台布局，鼓励通过市场化运作建设创新平台型企业。加强企业创新创业服务体系建设，培育一批技术创新示范企业，提高科技成果转化率。

到"十四五"末，力争建成轻工业重点实验室、工程技术研究中心各 150 个，形成以优势企业为主体、高校院所统筹协同的创新体系。

第二，构建高质量的供给体系，提升质量保障水平、强化品牌培育服务、推广新型商业模式。围绕健康、育幼、养老等迫切需求，大力发展功能食品、化妆品、休闲健身产品、婴童用品、适老化轻工产品等。以乡村振兴战略为契机，积极开发适应农村市场的产品。培育一批国家级工业设计中心，壮大一批设计园区、设计小镇，支持家用电器、家具、皮革、五金制品、玩具和婴童用品等行业设计创新。促进传统手工艺保护和传承，发掘文物文化资源价值内涵，在工艺美术、文教体育用品、礼仪休闲用品等行业发展文化创意产品。推动“地方小吃”食品工业化。鼓励轻工企业加快模式创新，构建有跨界融合特点的“商品+服务+文化”组合，联合互联网平台企业向线下延伸拓展，建立品牌与消费者间的深层次连接，形成基于数字决策的智慧营销模式。积极运用新技术，推动传统制造模式向需求驱动、供应链协同的新模式转型。

第三，提升产业链现代化水平，推进产业基础高级化、加快产业链补链强链、深入实施数字化转型、发展服务型制造新模式。

引导企业综合应用新一代数字技术，逐步实现研发、设计、制造、营销、服务全链条数字化、网络化、智能化。支持龙头企业构建智能制造平台，争创国家级工业互联网、两化融合项目。在家用电器、家具、皮革、造纸、塑料制品、缝制机械、五金制品、洗涤用品、食品等行业推广一批智能制造优秀场景，推动网络安全分类分级管理，培育一批网络安全示范标杆。培育数字“三品”示范城市。

目前，全国智能制造试点示范工厂共 110 家，其中轻工企业 32 家。龙头骨干企业已走在智能化转型升级的前列。轻工企业必须紧跟时代步伐，大力推进工业与信息化深度融合，加快研发具有智慧决策、智慧执行能力的智能制造装备，加快开发智能家电、智能照明电器等智慧轻工产品。

第四，深入推进绿色低碳转型，加快绿色安全发展、全面建设绿色制造体系、引导绿色产品消费。以源头消减污染物为切入点，革新传统的装备，鼓励使用清洁生产的关键技术。有序推进轻工业碳达峰进程，绘制造纸等行业低碳发展路线图。加大食品、皮革、造纸、电池、陶瓷、日用玻璃等行业节能降耗和减污降碳力度，加快完善能耗限额和污染排放标准，树立能耗环保标杆企业，推动能效环保对标达标。推动企业依法披露环境信息，接受社会监督。统筹发展和安全，指导企业落实安全生产主体责任，规范安全生产条件，提升本质安全水平。完善绿色工厂评价、节水节能规范等标准，建设统一的绿色产品标准、认证、标识体系。积极推行绿色制造，培育一批绿色制造典型。引导企业通过工业产品绿色设计等方式增强绿色产品和服务供给能力。

第五，优化协调发展的产业生态，提高企业差异化发展水平、建设高水平的产业集群、优化产业空间布局、积极融入全球产业体系。推动现有集群转型升级，构建资源高效利用、绿色低碳环保、产业分工协作、企业共生发展的生态体系。推动一批老年用品产业园区向产业集聚区方向发展。选择主导产业特色鲜明的集群，以产业链强链补链为导向，强化区域协同和国际合作，推动形成若干世界级先进制造业集群。发挥轻工业产能优势，加强国际合作，服务共建“一带一路”。提高产品附加值，巩固传统国际市场，开拓新兴市场，鼓励轻工产业“走出去”。做好自由贸易协定原产地证书签证工作，帮助轻工产品在协定伙伴国或地区享受关税减免。推进检验检疫电子证书国际合作，提升贸易便利化水平。完善与国际接轨的标准体系和产品认证制度，提高技术性贸易措施应对能力。

第六，强化高素质人才支撑，加强科技人才队伍建设。完善轻工业人才培养体系，加强学科专业建设，鼓励普通高校、职业院校（含技工院校）、科研机构和企业建立联合培养模式，建设一批现代产业学院，加快建立多层次的职业教育和培训体系。深入实施知识更新工程和技能提升行动，持续开展中国工艺美术大师、轻工大国工匠推荐活动，支持举办行业性创新创业大赛，加大对创意设计优秀人才和团队的表彰和宣传力度。全面推行职业技能等级制度、现代学徒制度和企业新型学徒制，健全大师带徒传承机制。培育造就一批创新企业家、先进制造技术人才和先进基础工艺人才。

支持标准、计量、认证认可、检验检测、试验验证、产业信息、知识产权、成果转化等公共服务平台建设。利用行业工业大数据，支持企业在研发、生产、经营、运维等全流程的数据汇聚，推动上下游企业开放数据、合作共享。

三、轻工业的分类

轻工业是城乡居民生活消费品的主要来源，按其所使用原料的不同，可分为两类：以农产品为原料的轻工业和以非农产品为原料的轻工业。

2018 年 4 月 18 日，中国轻工业联合会发布公告，公布调整后的新版《轻工行业分类目录》。

公告指出，经国家统计局修订，新版《国民经济行业分类》（GB/T 4754—2017）已由国家质量监督检验检疫总局、国家标准委发布，并于 2017 年 10 月 1 日起正式实施。轻工业所属行业在 2017 版《国民经济行业分类》中共涉及 21 个大类行业，69 个中类行业和 213 个小类行业。与 2011 年版相比，轻工行业有所细化和调整，涉及的行业分类数有所增加。

为保持轻工行业划分与国民经济行业分类的一致性，规范各地、各部门轻工行业统计工作，中国轻工业联合会信息统计部根据《国民经济行业分类》（GB/T 4754—2017）的内容变化，对现行的《轻工行业分类目录》进行了相应的调整，修订后轻工行业共分为 18 个大类行业。公告要求轻工业相关管理部门和行业协会根据新的《轻工行业分类目录》开展相关的数据统计和行业分析工作。

根据新的《轻工行业分类目录》，18 个大类行业包括：采盐，农副食品加工业，食品制造业，酒、饮料和精制茶制造业，皮革、毛皮、羽毛及其制品和制鞋业，木、竹、藤、棕、草制品业，家具制造业，造纸和纸制品业，文教、工美、体育和娱乐用品制造业及本册印制，油墨、动物胶及日用化学产品制造，塑料制品业，玻璃、陶瓷制品制造，金属工具及金属制日用品制造，轻工通用设备及专用设备制造业，自行车、助动车及非公路休闲车制造，电池、家用电力器具及照明器具制造业，钟表、衡器及日用杂品制造，建筑装饰业。

第四节　轻工机械

轻工机械是为了满足轻工业产品设计生产的专用机械及计量、检测、输送等辅助机械。轻工机械是习惯叫法，包括国内唯一的全国性轻工机械行业社团组织——中国轻工机械协会、中文核心期刊《轻工机械》等均采用该名称。

一、轻工机械的特点

轻工机械种类繁多，各自特点鲜明。与重工业使用的机械相比，轻工机械的主要特点如下：

（1）生产对象多样化，能够满足一定程度的柔性生产。轻工业产品一般生命周期相对较短，品种多而批量小，轻工机械要适应能够满足市场动态变化的柔性生产要求，且随轻工业产品的快速变化而更新换代快。

（2）注重功能性需求。轻工机械的第一要素是保质保量地满足轻工业产品的生产需要，因此，往往机械动作的设计以满足功能性需求为主。

（3）组成机构多，结构相对复杂。轻工业产品的生产工艺方法多样化，导致应用的机械原理中的机构多，开发的专用机构也多，轻工机械结构相对复杂。

（4）产量大，自动化程度要求高。轻工业产品一般体积小、重量轻、产量大，使轻工机械的工作强度大，自动化程度要求高。

二、轻工机械行业面临的形势

从国际形势看，当今世界百年未有之大变局加速演变，经济全球化遭遇逆流，世界进入动荡变革期，单边主义、保护主义上升，逆全球化趋势显现，国际循环阻力加大，世界经济形势仍然复杂严峻，复苏不稳定不平衡，疫情冲击导致的各类衍生风险不容忽视。据国际货币基金组织最新预测，2023 年的经济增速预测下调至 2.7%，并表示 2023 年全球经济增速有 25%的可能性降至 2%以下。IMF 表示，全球大多数地区金融状况趋紧、全球主要央行预计将大幅加息以对抗通胀、乌克兰局势升级的溢出效应、俄罗斯收紧对欧洲的天然气供应等风险是此次预测下调的原因。IMF 预计发达经济体整体的经济增长将放缓至 2022 年的 2.4%和 2023 年的 1.1%。2023 年经济增速将继续维持在 3.7%。与新兴和发展中经济体相比，IMF 对发达经济体整体经济增速的下调更为显著。这是自 20 世纪 30 年代以来，最严重的一次全球经济大滑坡。除中国外，2023 年所有 G20 国家都将陷入衰退。

从国内形势看，我国在更加不稳定不确定的世界经济格局中谋求发展，必须充分发挥国内超大规模市场优势，坚持供给侧结构性改革，坚定实施扩大内需战略，推动经济高质量发展，加快构建新发展格局。面对新冠肺炎疫情冲击和严峻复杂的国内外环境，我国统筹疫情防控和经济社会发展，使国民经济迅速重返正常发展轨道。在国家“六稳”“六保”的政策指引下，在宏观经济政策的支撑和协调作用下，我国正努力实现以国内大循环为主，国内国际双循环相互促进的新发展格局。据国际货币基金组织最新预测，预计 2023 年我国 GDP 有望增长 5.3%左右。

根据国家统计局 2023 年 7 月 17 日最新发布的数据，2023 年上半年，国内市场需求逐步恢复，生产供给持续增加，就业物价总体稳定，居民收入平稳增长，经济运行整体回升向好，我国 GDP 同比增长 5.5%。

三、轻工机械行业发展机遇

当前我国经济已由高速增长阶段转向高质量发展阶段。轻工经济增长将主要依靠内需拉动，一个以国内循环为主、国际国内互促的双循环发展的新格局正在形成，轻工机械行业将在新的发展格局中发挥更重要的作用。

2022 年中国轻工行业经济运行报告数据表明：2022 年规模以上轻工业增加值比 2021 年增长 2.4%，轻工十类商品零售额增长 0.4%。盈利水平继续改善，2022 年规模以上轻工企业实现营业收入比 2021 年增长 5.4%；实现利润增长 8.2%。轻工商品出口稳定增长，2022 年轻工商品出口额 9535.4 亿美元，比 2021 年增长 4.2%。投资规模持续扩大，2022 年主要轻工行业固定资产投资规模在 2021 年稳步恢复的基础上继续扩大。食品工业作为轻工业经济平稳运行的“压舱石”作用明显。

2022 年年末，轻工行业规模以上企业数为 12.3 万个，全年实现营业收入 24.0 万亿元，比 2021 年增长 5.4%。随着促消费扩内需政策持续显效，市场需求有所回升，轻工行业盈利水平持续改善，行业活力增强。

2022 年主要轻工行业固定资产投资规模在 2021 年稳步恢复的基础上继续扩大。除造纸行业外，轻工主要行业投资均保持两位数较快增长，且增速高于全国及制造业投资增速。酒饮料精制茶、皮革毛皮羽毛及其制品和制鞋业投资增速超过 20%。

2023 年中国经济回稳向好基础将不断得到巩固，轻工业韧性好、发展稳、潜力大的优势将持续显现。预计 2023 年轻工行业经济运行延续恢复态势，主要经济指标增速高于 2022 年。

四、轻工机械行业发展思路

党的二十大报告提出到 2035 年基本实现新型工业化，强调坚持把发展经济的着力点放在实体经济上，推进新型工业化，加快建设制造强国。这为我国轻工机械行业发展指明了前进方向、提供了根本遵循。

推进新型工业化，使命光荣、责任重大，前景广阔、任务艰巨。轻工机械行业要坚持以习近平新时代中国特色社会主义思想为指导，全面贯彻落实党的二十大和中央经济工作会议精神，深刻领悟“两个确立”的决定性意义，坚定自觉做到“两个维护”，加快推进新型工业化，锚定制造强国和网络强国建设目标，全面实施制造业中长期战略和“十四五”发展规划，以智能制造为主攻方向，推进信息化和工业化深度融合，加快建设现代化工业体系，夯实新发展格局的产业基础，为全面建设社会主义现代化国家提供有力支撑。

1. 推动产业体系优化升级

坚守实体经济特别是制造业，巩固完整产业体系优势，保持制造业占国内生产总值比重基本稳定，避免经济“脱实向虚”。加快改造升级传统产业，大力推进企业设备更新和技术改造，提升传统产业在全球分工中的地位和竞争力。巩固优势产业领先地位，培育壮大新兴产业，聚焦新一代信息技术、新能源、新材料等重点领域，加强技术攻关和成果转化，构建一批新的增长引擎。前瞻布局未来产业，丰富完善应用场景，培育产业生态，抢占未来竞争制高点。大力发展生产性服务业，推进先进制造业与现代服务业深度融合。

2. 健全产业科技创新体系

创新是新型工业化的根本动力。强化企业科技创新主体地位，促进各类创新要素向企业集聚，支持企业提升创新能力，全面激发企业创新活力。开展重点领域关键核心技术攻关，发挥新型举国体制优势，实行“揭榜挂帅”等新机制，加快突破一批核心技术和标志性重大战略产品。推动创新链和产业链深度融合，构建以企业为主体、市场为导向、产学研用深度融合的技术创新体系。促进科技成果高效转移转化，鼓励企业家与科学家深度合作，加快科技成果工程化产业化。建设一批制造业创新中心，增强重点行业关键共性技术供给。建设高质量制造业标准体系，强化产业标准系统化、国际化布局，以标准化引领产业创新发展。加强重点产业专利布局，提升工业领域知识产权创造、运用、保护和管理能力。加强创新型人才队伍建设，培养造就一批产业技术创新领军人才和高水平创新团队。

3. 提升产业链供应链韧性和安全水平

产业链、供应链在关键时刻不能掉链子，这是大国经济必须具备的重要特征。实施产业基础再造工程，聚焦事关发展和安全的战略需求，找准“卡脖子”“掉链子”薄弱环节，着力补短板、锻长板，提升产业体系自主可控能力，保障极端情况下国民经济循环畅通。围绕重点产业链深入推进“强链补链稳链”，发挥“链主”企业带动作用，强化产业链上下游、大中小企业协同攻关，促进全产业链发展。调整优化产业链布局，加快建设一批世界级先进制造业集群，进一步提升战略性矿产资源供应保障能力，加强产业链关键环节产能储备和备份。完善产业安全发展环境，开展重点领域产业竞争力调查和产业安全评估，建立健全产业救济机制和政策体系。

4. 推进高端化智能化绿色化发展

以满足人民日益增长的美好生活需要为立足点，瞄准产业升级和消费升级方向，加强质量品牌建设，增强高端产品和服务供给能力，不断提升供给体系对国内需求的适配性。深入实施智能制造工程，推动互联网、大数据、人工智能等新一代信息技术与轻工机械行业深度融合，推进制造业数字化转型，加快5G、数据中心等新型信息基础设施建设和应用，深化工业互联网创新应用。积极稳妥推动轻工业绿色低碳发展，深入实施工业领域碳达峰行动，全面推行绿色制造，提高工业资源综合利用效率和清洁生产水平，构建资源节约、环境友好的绿色生产体系。

5. 全面提升企业竞争力

工业强，企业必须强。充分发挥大企业主力军和中小企业生力军作用，加强优质企业梯度培育，激发推进新型工业化的微观主体活力和动力。深化国有企业改革，完善中国特色现代企业制度，弘扬企业家精神，提升国有企业核心竞争力，促进民营经济发展壮大，加快建设世界一流企业。支持龙头企业做强做大，加快培育具有国际竞争力的大企业和具有产业链控制力的生态主导型企业。坚持管理和服务并重，坚持发展和帮扶并举，加快完善中小企业工作体系、政策法规体系、优质高效服务体系，培育更多专精特新中小企业，促进中小企业高质量发展。发挥大企业在技术、标准、资金、人才等方面的优势和中小企业在产业创新、强链稳链中的支撑作用，支持中小企业深度融入大企业供应链，构建大中小企业融通发展的良好生态。

6. 提升产业治理现代化水平

坚持和加强党对推进新型工业化的全面领导，完善横向协同、上下贯通、执行有力的组织体系，确保党中央重大决策部署贯彻落实。坚持有效市场和有为政府更好结合，突出管战略、管规划、管政策、管标准，加强行业指导，加强企业服务，健全产业治理体系。优化产业政策实施方式，维护产业链供应链安全，增强产业竞争力。持续深化“放管服”改革和重点领域改革，促进产业发展与科技创新、现代金融、人力资源高效协同。完善政策法规和标准体系，加快重点领域立法进程，全面推进依法行政。扩大高水平对外开放，深化国际交流合作，营造市场化、法治化、国际化一流营商环境，支持外资企业在华投资兴业，鼓励有实力的企业深度参与全球产业分工与合作。

参考文献

[1] T. S. 阿什顿. 工业革命［M］. 上海：上海人民出版社，2020（03）：206.

[2] 常杉. 工业 4.0：智能化工厂与生产［J］. 化工管理，2013（21）：21-25.

[3] 卢党军. 贯彻五中全会精神推动轻工机械行业高质量发展［J］. 酒·饮料技术装备，2021（01）：25-28.

[4] 徐志远. 2021 年轻工行业发展统计公报发布［J］. 轻工标准与质量，2022（2）：13+15.

[5] 工业和信息化部，人力资源社会保障部，生态环境部，商务部，市场监管总局. 五部门关于推动轻工业高质量发展的指导意见［EB/OL］.（2022-06-19）［2023-03-10］.

[6] 中国轻工业联合会. 2022 年中国轻工行业经济运行报告［EB/OL］.（2023-06-05）［2023-07-22］.

[7] 国家统计局. 2023 年二季度和上半年国内生产总值初步核算结果［EB/OL］.（2023-07-17）［2023-07-22］.

第二章　轻工机械常见机构及传动装置

在生产中，人们广泛地使用着各种机器来代替人的劳动去转换能量或作有用的功，各种不同的机器具有不同的形式、构造和用途，但就其组成来说，却是由许多运动构件组合而成的，并且为了传递运动和动力，各个运动构件之间的相对运动是确定的。这样，由若干个构件以构件间能够产生相对运动的连接方式而组成的构件系统称为机构。从机构的特征来看，机构是具有确定相对运动的构件组合体，它是用来传递运动或改变运动形式的可动装置。机器中最常用的机构有连杆机构、凸轮机构、齿轮机构和间歇运动机构等。

第一节　有关机构的基本概念

一、构件

机器中具有各自特定运动的单元体称为构件，不可拆卸的基本单元称为零件。构件是机构运动的最小单元体，是组成机构的基本要素。构件可能是一个零件，也可能是由若干零件固联在一起的一个独立运动的整体。零件是机器加工制造的最小单元体。若将一部机器进行拆卸，拆到不可再拆的最小单元就是零件。

构件可以是单独的零件，如图 2-1（a）所示的曲轴，也可以由许多零件刚性地连接在一起组成。如图 2-1（b）所示的连杆，连杆大头轴孔应与曲轴连接。由于安装的需要，必须把连杆做成分体式，即连杆由连杆体 1、螺栓 2、连杆头 3、螺母 4 等零件组成，图 2-1（c）是连杆实物。

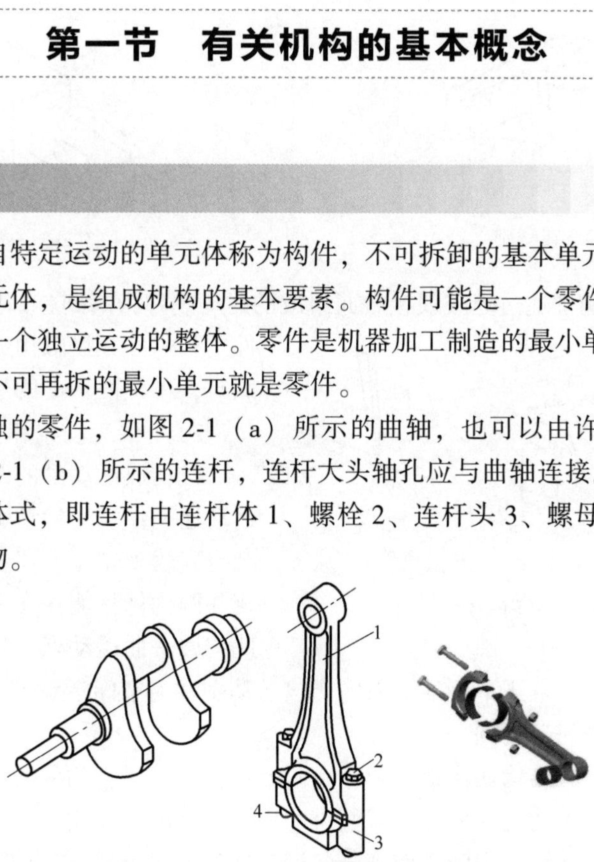

(a) 曲轴　　(b) 连杆　　(c) 连杆实物

1—连杆体；2—螺栓；3—连杆头；4—螺母

图 2-1　零件与构件

二、运动副

机构是机械中需要实现某种确定运动的部分，它由许多构件组成，各构件之间都以一定的方式相互连接，这种连接不是固定连接，而是能产生一定相对运动的连接。两构件直接接触并能产生一定相对运动的连接称为运动副。

两构件组成的运动副有各种不同的分类方法，常见的方法有以下几种。

1. 低副和高副

两构件组成的运动副其接触不外乎点、线、面，按两构件的接触情况，可分为低副和高副两大类。

（1）低副。构件通过面接触组成的运动副称为低副。低副在受载时，单位面积上的压力较小。根据构件之间相对运动形式的不同，低副又分为转动副和移动副。

转动副——若组成运动副的两构件只能在同一平面内作相对转动，这种运动副称为转动副，也称为铰链，如图 2-2 所示。

移动副——若组成运动副的两构件只能沿某一轴线作相对移动，这种运动副称为移动副，如图 2-3 所示。

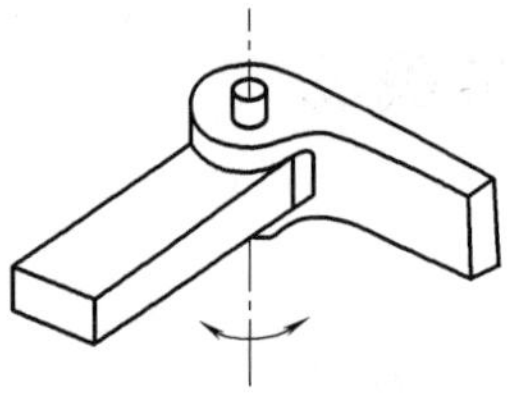

图 2-2　转动副

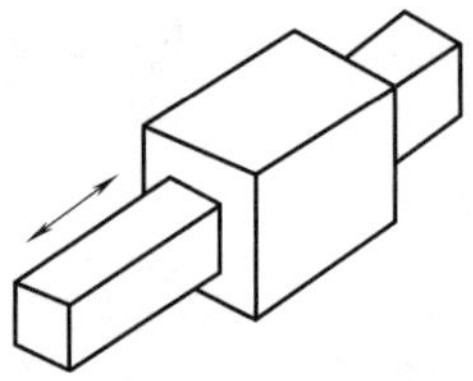

图 2-3　移动副

（2）高副。两构件通过点或线接触而组成的运动副称为高副，如图 2-4 所示，运动构件 1 和构件 2 接触构成运动副。高副在受载时，单位面积上的压力较大。

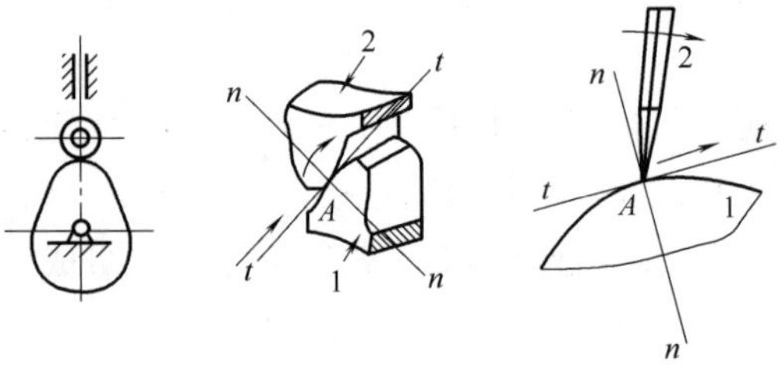

图 2-4　平面高副

2. 平面运动副和空间运动副

按构成运动副的两构件是作平面平行运动还是作空间运动，可分为平面运动副和空间运动副，上述各种运动副均是限制相邻两构件只能互作平面平行运动的，因此均属平面运动副。如运动副允许相邻两构件的相对运动不只局限于平行的平面内，该运动副称为空间运动副，如图 2-5 所示，球面副和螺旋副即为空间运动副。

实际构件的外形和结构往往很复杂，在研究机构运动时，为使问题简化，通常不考虑那些与运动无关的构件的复杂外形、截面尺寸和运动副的实际构造，只用简单线条和符号表示构件和运动副，并按一定的比例画出各运动副的相对位置。这种表示机构各构件之间相对运动关系的简单图形，称为机构运动简图，如图 2-6 所示的曲柄滑块机构及其运动简图。

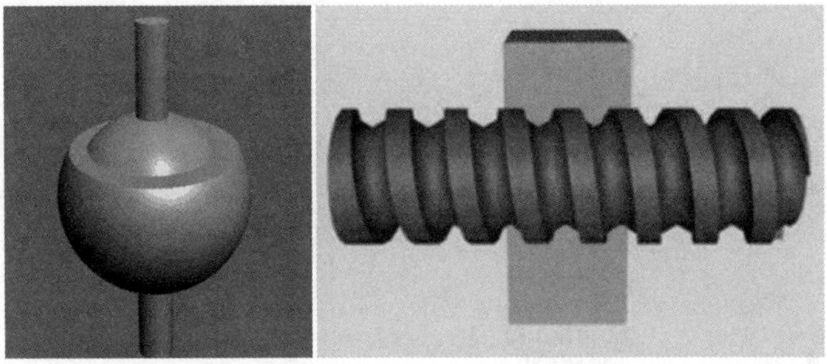
(a) 球面副　(b) 螺旋副

图 2-5　空间运动副

机构运动简图准确表达了机构的组成及构件间的相对运动关系，它与原机械具有完全相同的运动特性，因而可以用机构运动简图对机械进行运动和动力分析。若只是为了表达机构的组成和结构状况可不必严格按比例画图，这样画出的图称为机构示意图。

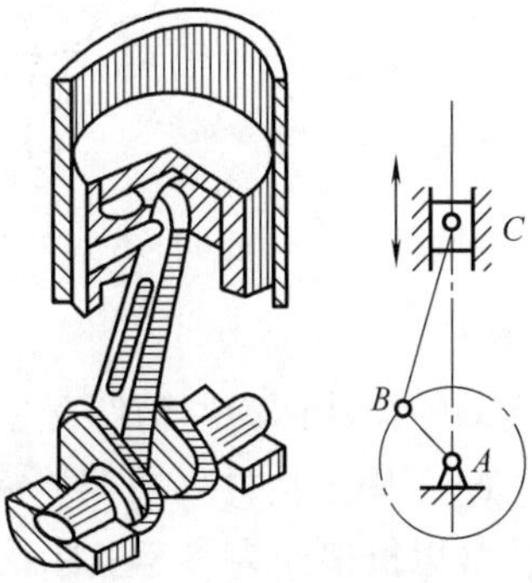

图 2-6　曲柄滑块机构及其运动简图

机构运动简图中运动副的表示方法如下：

（1）转动副的表示方法。用圆圈表示转动副，圆心代表相对转动的轴线。如图 2-7 所示为两个构件组成转动副的表示方法。若组成转动副的两构件都是活动构件，则用图 2-7（b）表示；若两构件中有一个固定，则在代表固定构件（机架）上加阴影线，如图 2-7（c）、图 2-7（d）所示。

（2）移动副的表示方法。移动副的导路方向必须与相对移动的方向一致，如图 2-8 所示为两构件组成移动副的表示方法。若两构件中有一个固定，则在代表固定构件（机架）上加阴影线，如图 2-8（b）、图 2-8（c）、图 2-8（d）所示。

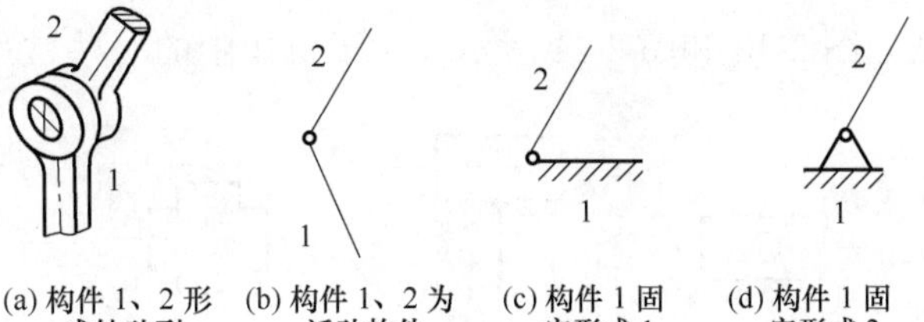

(a) 构件 1、2 形成转动副　(b) 构件 1、2 为活动构件　(c) 构件 1 固定形式 1　(d) 构件 1 固定形式 2

图 2-7　转动副的表示方法

（3）高副的表示方法。两构件组成高副时，在简图中要画出两构件接触处的曲线轮廓，如图 2-9 所示。若两构件中有一个固定，则在代表固定构件（机架）上加阴影线，如图 2-9（c）所示。

三、构件的分类

机构中的构件有三类，固定不动的构件称为固定构件（机架）；按给定的运动规律独

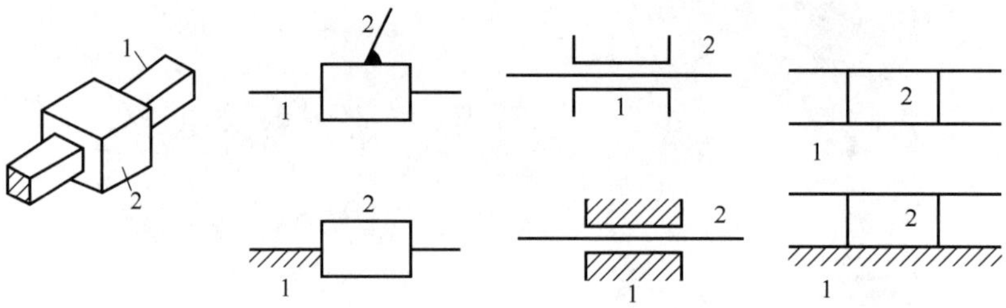

(a) 构件 1、2 形成移动副 (b) 构件 1 固定形式 1 (c) 构件 1 固定形式 2 (d) 构件 1 固定形式 3

图 2-8 移动副的表示方法

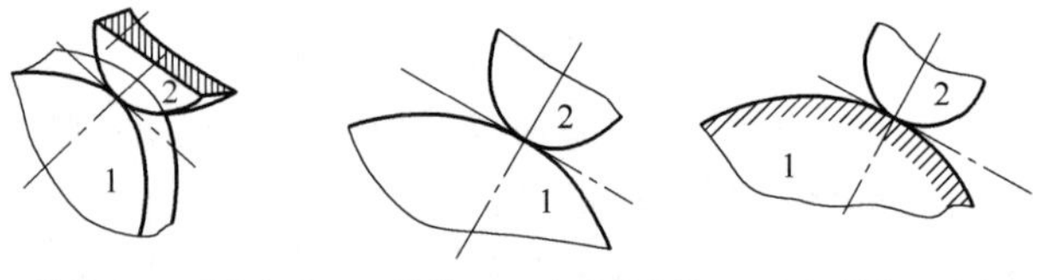

(a) 构件 1、2 形成高副 (b) 构件 1、2 为活动构件 (c) 构件 1 固定

图 2-9 高副的表示方法

立运动的构件称为原动件（主动件）；机构中其他的活动构件称为从动件。

（1）固定构件（机架）——用来支撑活动构件的构件。研究机构中活动构件的运动时，常以机架作为参考坐标系。

（2）原动件（主动件）——运动规律已知的活动构件。它的运动是由外界输入的，又称为输入构件。

（3）从动件——机构中随着原动件的运动而运动的其余活动构件，其中输出机构预期运动的从动件称为输出构件，其他从动件则起传递运动的作用。

机构中必须有一个构件被相对地看作固定构件。例如内燃机会跟随汽车运动，但在研究内燃机的运动时，应把汽缸体看作固定件。在活动构件中必须有一个或几个原动件，其余的都是从动件。

构件的表示方法如图 2-10 和图 2-11 所示。对于机械中的一些常用构件和零件，也可

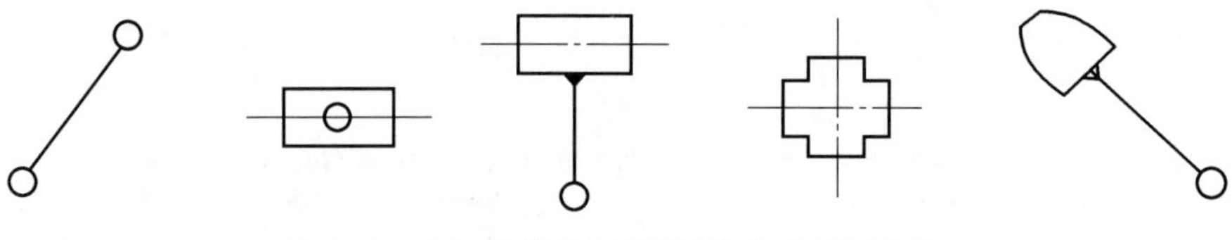

图 2-10 参与组成两个运动副构件的表示方法

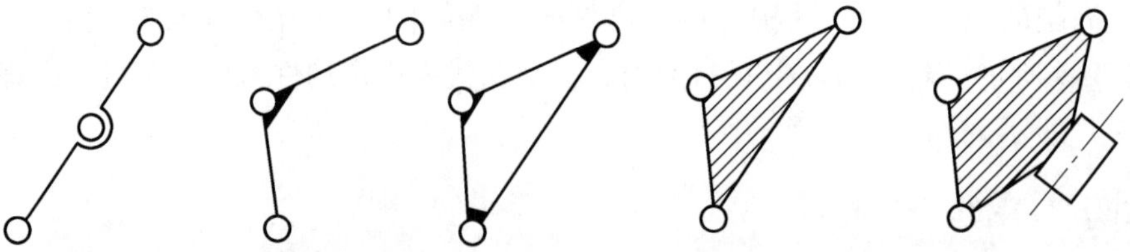

图 2-11 参与组成多个运动副构件的表示方法

采用习惯画法，如用粗实线或点画线画出一对节圆来表示互相啮合的齿轮；用完整的轮廓曲线来表示凸轮。其他常用构件及运动副的表示方法可参见 GB/T 4460—2013《机械制图　机构运动简图符号》。

第二节　轻工机械常见机构

各类轻工机械是各种机构的组合，常见有连杆机构、凸轮机构、齿轮机构等。

一、平面连杆机构

平面连杆机构是由若干个刚性构件通过低副连接，且各构件都在相互平行的平面内运动的一类机构，又称为平面低副机构。在平面连杆机构中，结构最简单且应用最广泛的是由四个构件所组成的平面四杆机构，其他多杆机构可以看成是在此基础上依次增加杆组而成，如图 2-12 所示。它是平面四杆机构的基本形式，其中固定不动的杆 4 称为机架；与机架相连的杆 1 和杆 3 称为连架杆；不与机架相连的杆 2 称为连杆。能绕固定轴线整周回转的连架杆称为曲柄（例如杆 1），只能在某一角度范围内摆动的连架杆称为摇杆（例如杆 3）。

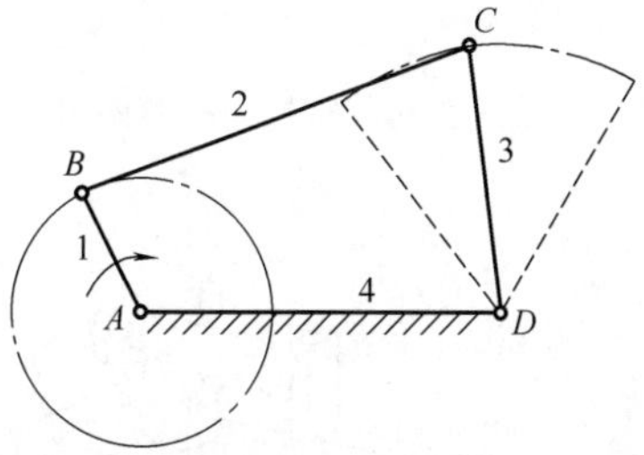

1—连架杆；2—连杆；3—连架杆；4—机架

图 2-12　铰链四杆机构

在铰链四杆机构中，按照连架杆能否做整周转动，可将铰链四杆机构分成三种基本形式：曲柄摇杆机构、双曲柄机构和双摇杆机构，如图 2-13 所示。

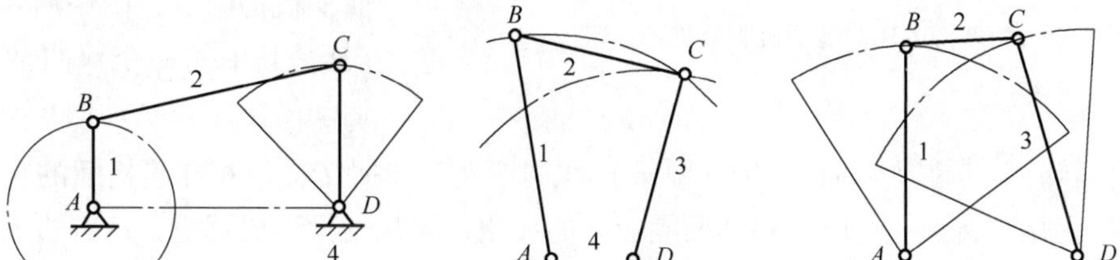

图 2-13　铰链四杆机构的基本形式

由于平面连杆机构能够生成众多的运动轨迹、再现大量的运动规律、具有较高的承载能力，寿命长及制造方便等特点，所以，它在自动化、工程机械等诸多领域都得到了广泛的应用。

1. 曲柄摇杆机构

两连架杆中，若一个为曲柄，另一个为摇杆，则此四杆机构称为曲柄摇杆机构。通常曲柄作等速转动，摇杆作变速往复摆动。

如图 2-14 所示的雷达天线俯仰角机构和如图 2-15 所示的搅拌机构，都是以曲柄为原动件的曲柄摇杆机构的实例。如图 2-16 所示的缝纫机踏板机构，则是以摇杆 1（即踏板）为原动件的曲柄摇杆机构。

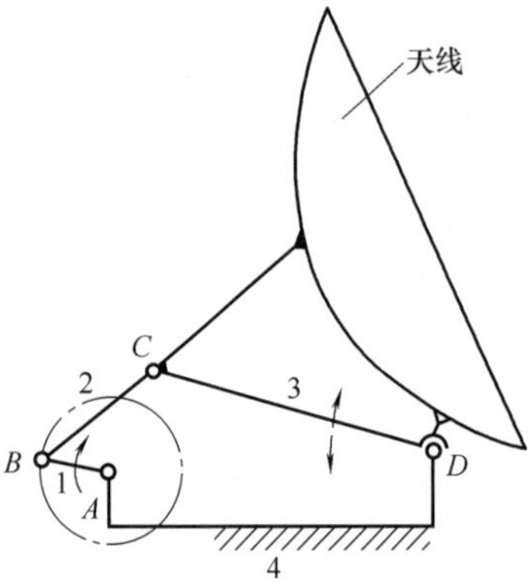

图 2-14　雷达天线俯仰角机构

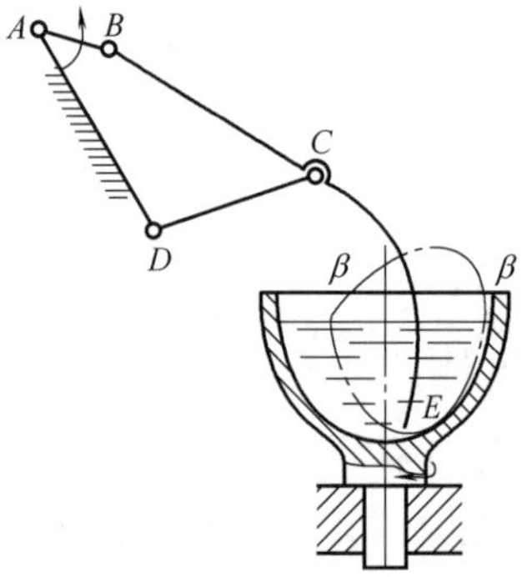

图 2-15　搅拌机构

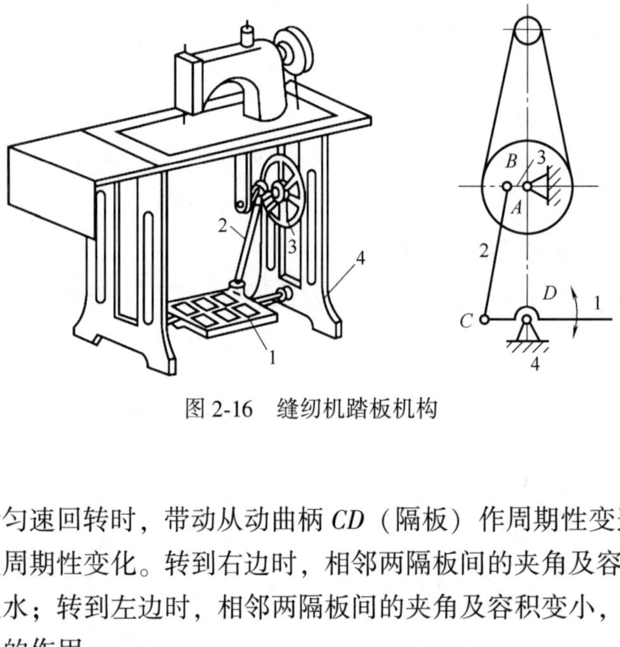

图 2-16　缝纫机踏板机构

2. 双曲柄机构

两连架杆均为曲柄的铰链四杆机构称为双曲柄机构，如图 2-17 所示。它将原动曲柄 1 的等速整周回转变为从动曲柄 3 的变速整周回转。

如图 2-18 所示的回转式水泵就是双曲柄机构的应用实例，它由相位依次相差 90°的 4 个双曲柄机构组成，图中所示的 *ABCD* 是其中的一个双曲柄机构的运动简图。当主动曲柄 *AB* 顺时针匀速回转时，带动从动曲柄 *CD*（隔板）作周期性变速回转，使相邻隔板间的夹角也发生周期性变化。转到右边时，相邻两隔板间的夹角及容积增大形成真空，从右边的进水口吸水；转到左边时，相邻两隔板间的夹角及容积变小，压力升高，从出水口排水，起到泵水的作用。

在双曲柄机构中，若连杆与机架的长度相等、两个曲柄的长度相等且转向相同时，称为平行四边形机构，如图 2-19 所示。它的特点是两曲柄的转向和转速相同，而连杆作平动。如图 2-20 所示的摄影平台升降机构就利用了连杆平动的特点。

如图 2-21 所示，当平行四边形机构的曲柄与机架共线时（AB_1C_1D 位置），机构处于运动不确定状态，其从动曲柄可能运动到 C_2D，也可能折返至 $C_2'D$。

为了解决这个问题，工程上利用惯性或通过在机构中添加构件所带来的虚约束使机构始终保持平行四边形。如图 2-22 所示的机车车轮联动的平行四边形机构，构件 EF 带来了一个虚约束，解决了运动不确定问题，同时也使机车的各个车轮具有相同的速度。

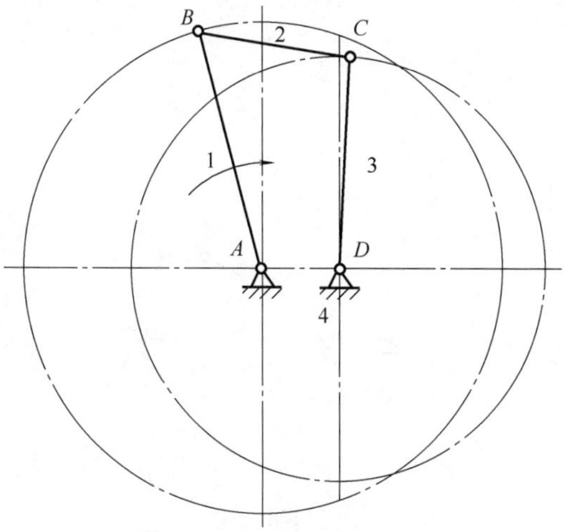

图 2-17　双曲柄机构

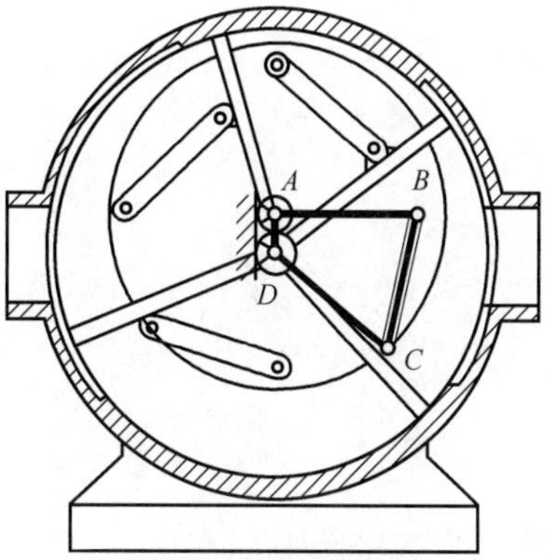

图 2-18　回转式水泵

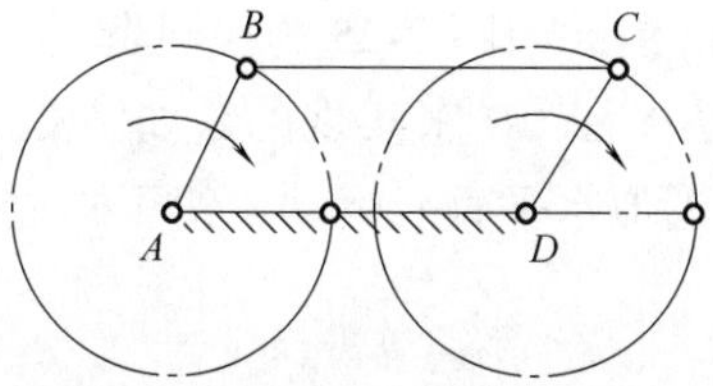

图 2-19　平行四边形机构

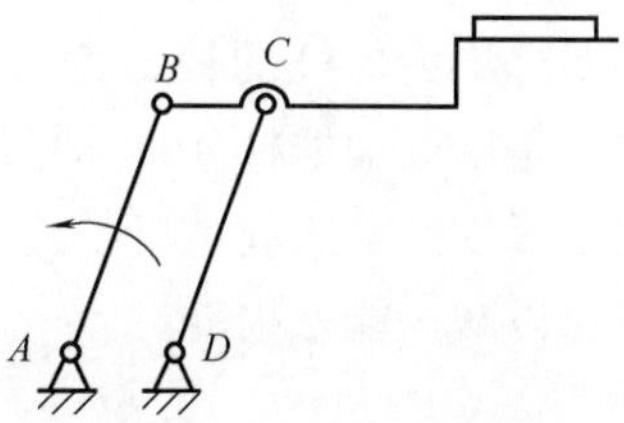

图 2-20　摄影平台升降机构

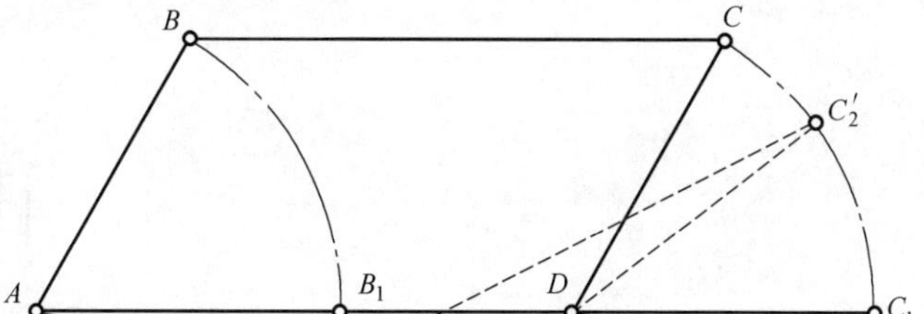

图 2-21　平行四边形机构的运动不确定现象

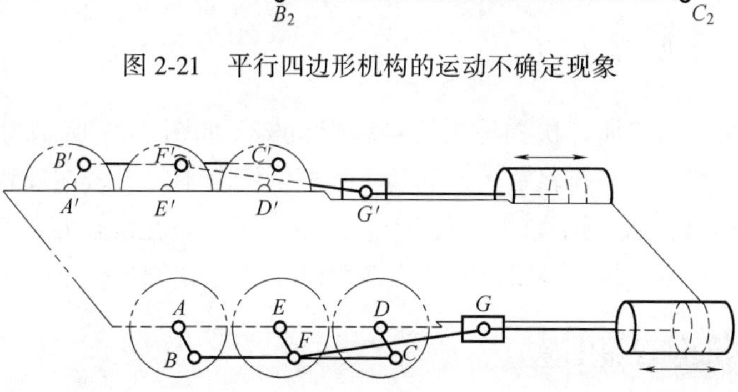

图 2-22　机车车轮联动机构

在双曲柄机构中，若对边长度相等但不平行（图 2-23），则称为反平行四边形机构，它的特点是两曲柄反向转动且不等速。如图 2-24 所示的公共汽车的车门启闭机构，当主动曲柄 *AB* 逆时针转动时，通过连杆使从动曲柄 *CD* 作反向的顺时针回转，保证两扇车门同时打开或关闭。

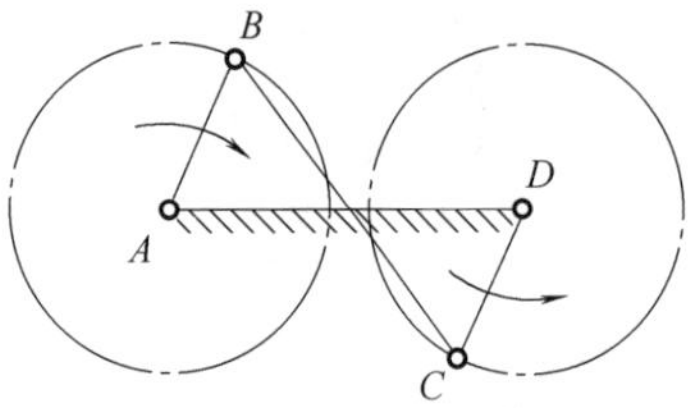

图 2-23 反平行四边形机构

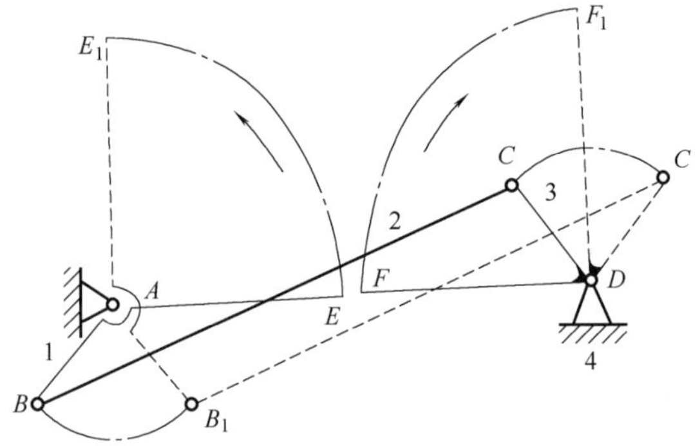

图 2-24 车门启闭机构

3. 双摇杆机构

两连架杆均为摇杆的铰链四杆机构称为双摇杆机构。如图 2-25 为飞机起落架机构，轮子的收放是由原动摇杆 *AB*，通过连杆 *BC* 带动从动摇杆 *CD* 来实现的。如图 2-26 所示为港口搬运货物的鹤式起重机，连杆 *BC* 上的 *E* 点作近似水平直线运动，使重物避免不必要的升降，以减少能量损耗。

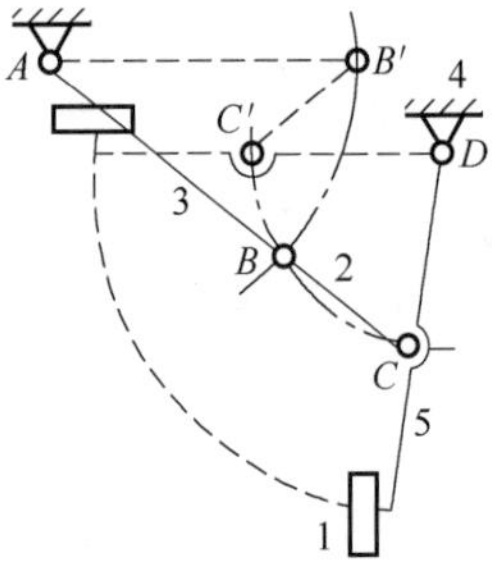

图 2-25 飞机起落架机构

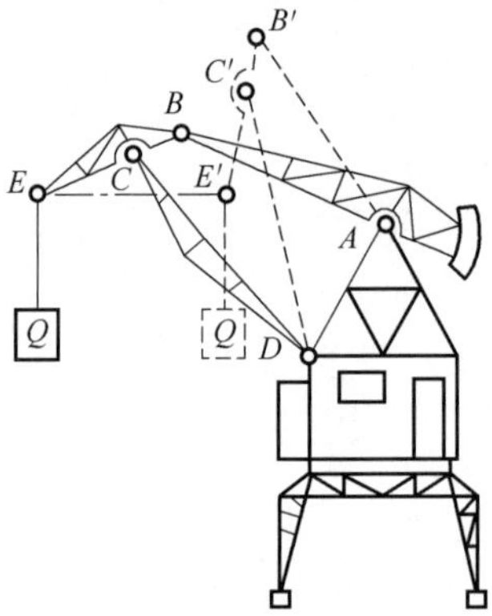

图 2-26 鹤式起重机

两摇杆长度相等的双摇杆机构称为等腰梯形机构。如图 2-27 所示为轮式车辆的前轮转向机构。汽车转弯时，与前轮轴固连的两个摇杆的摆角不等。若在任意位置上都能使两前轮轴线的交点 *O* 落在后轮轴线的延长线上，则整个车身是在绕点 *O* 转动，4 个车轮都在地面上作纯滚动，可避免轮胎的滑动损伤。等腰梯形机构就能近似地满足这个要求。

二、铰链四杆机构的演化

除了铰链四杆机构外，工程中还广泛应用着其他类型的四杆机构。这些四杆机构都可

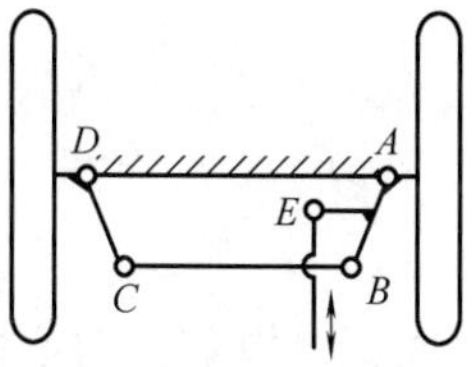

(a) 等腰梯形双摇杆结构

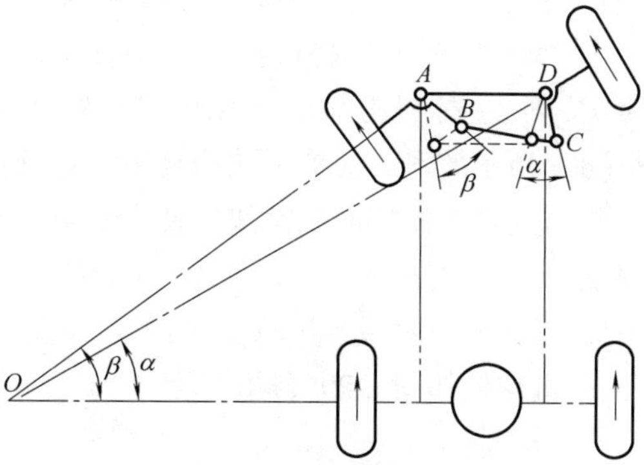

(b) 两前轮转向原理示意

图 2-27　前轮转向机构

以看成是由铰链四杆机构演化而来的。演化的方法有将转动副转化成移动副、变换机架和扩大转动副。

1. 转动副转化成移动副

如图 2-28（a）所示的曲柄摇杆机构中，当曲柄 1 转动时，摇杆 3 上 C 点的轨迹是以 D 为圆心的圆弧。故可将摇杆 3 做成曲线滑块，使它沿着以 D 为圆心的曲线导轨 β-β 运动，这样做 C 点的运动规律并没有改变，但此时机构已转化为具有曲线导轨的曲柄滑块机构，如图 2-28（b）所示。

当摇杆长度越长时，圆弧曲线越平直。当摇杆为无限长时，圆弧曲线将变成一条直线，曲线导轨则演变成直线导轨，回转副 D 演变成移动副，机构演变为曲柄滑块机构，

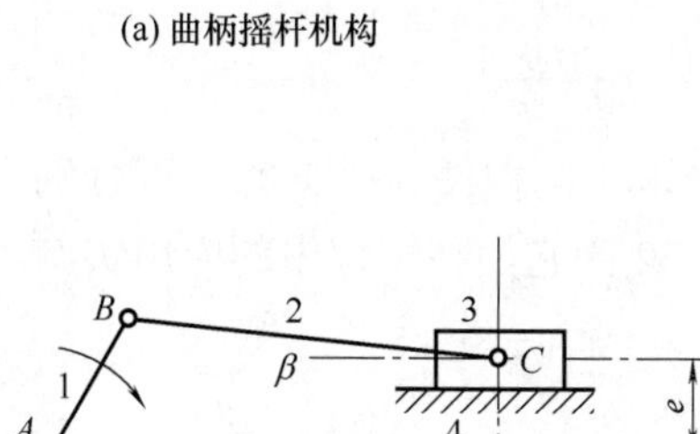

(a) 曲柄摇杆机构

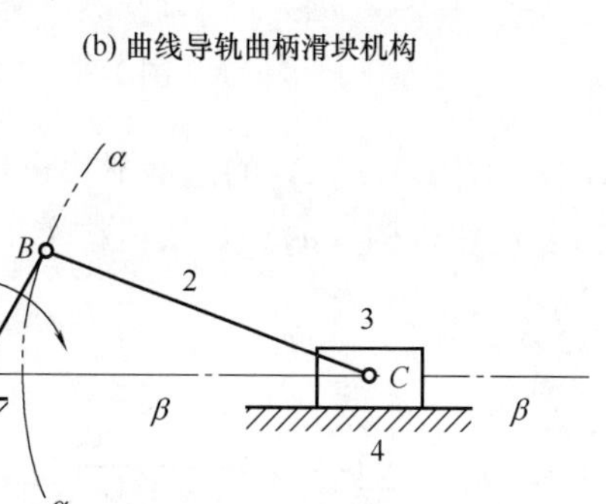

(b) 曲线导轨曲柄滑块机构

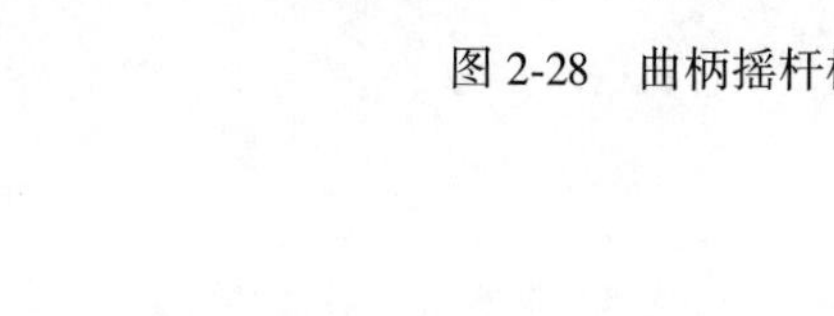

(c) 偏置曲柄滑块机构

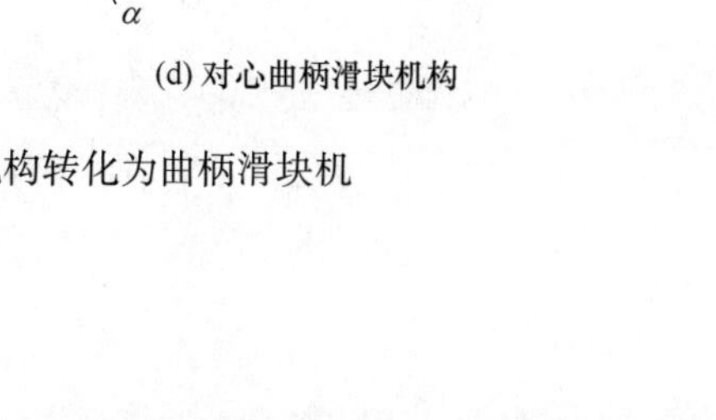

(d) 对心曲柄滑块机构

图 2-28　曲柄摇杆机构转化为曲柄滑块机

如图 2-28（c）、（d）所示。滑块机构移动导路到曲柄回转中心 A 之间的距离 e 称为偏距。若 e 不为零，则为偏置曲柄滑块机构；若 e 等于零，则为对心曲柄滑块机构。内燃机、空气压缩机、冲床等的主体机构都是曲柄滑块机构。

图 2-28（d）所示的对心曲柄滑块机构中，连杆 2 上 B 点相对于其 C 点的运动轨迹为圆弧 α-α，设想将连杆 2 做成曲线滑块，使它沿着与滑块 3 固连的以 C 为圆心、以 BC 为半径的圆弧轨道运动，则机构的运动情况并未改变，如图 2-29（a）所示。若再设想将连杆 2 的长度变为无穷大，圆弧 α-α 将变成直线，连杆 2 演变成直线滑块，对心曲柄滑块机构演变成了正弦机构，如图 2-29（b）所示。

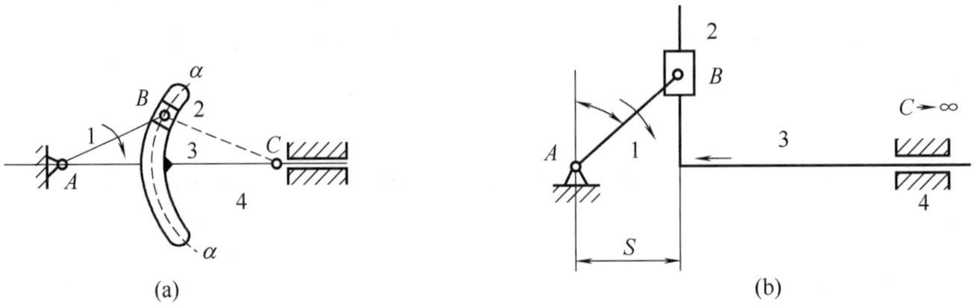

图 2-29 曲柄滑块机构演化为正弦机构

2. 取不同的构件为机架

平面低副机构中，当选取不同的构件为机架时，各构件之间的相对运动关系并不会改变。这一性质称为“低副运动可逆性”。利用这个特性，在图 2-30（a）所示的曲柄摇杆机构中，若改取构件 1 为机架，则得到如图 2-30（b）所示的双曲柄机构；若改取构件 3 为机架，则得到如图 2-30（d）所示的双摇杆机构；若改取构件 2 为机架，则得到另一个曲柄摇杆机构，如图 2-30（c）所示。

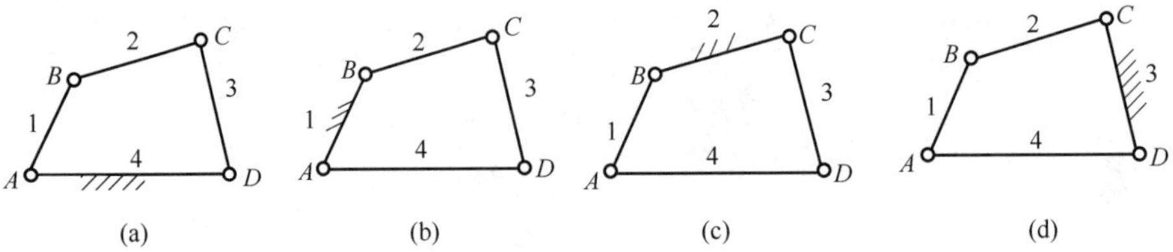

图 2-30 铰链四杆机构的演化

同样对于图 2-31（a）的曲柄滑块机构，当选取不同构件为机架时，可分别得到导杆机构（b）、定块机构（c）、摇块机构（d）。图 2-32 为它们在工程中的应用实例。

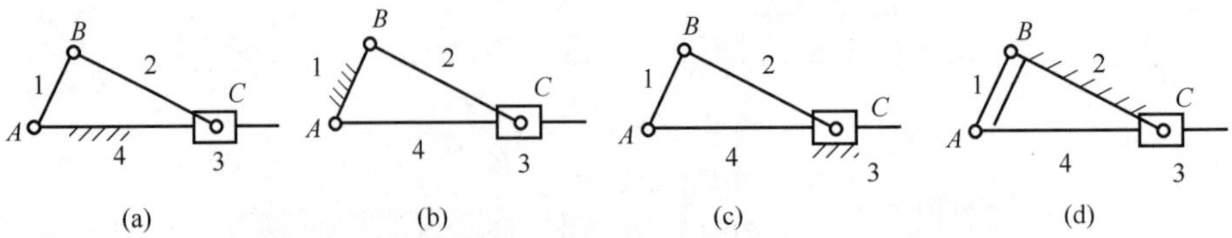

图 2-31 含有一个移动副四杆机构的演化

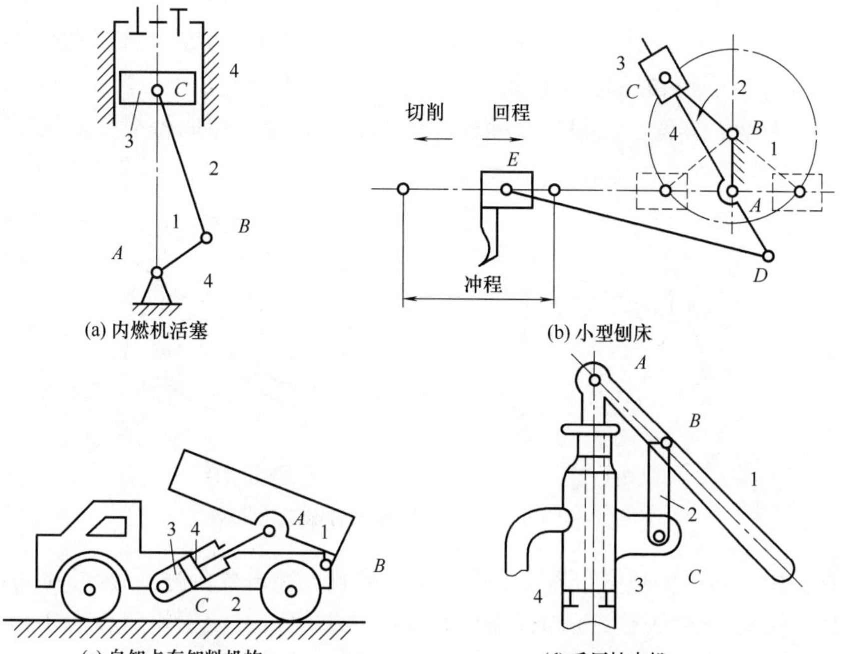

(a) 内燃机活塞　(b) 小型刨床　(c) 自卸卡车卸料机构　(d) 手压抽水机

图 2-32　含有一个移动副四杆机构的应用

对于含有两个移动副的正弦机构（曲柄移动导杆机构），若选不同构件为机架，则还可得到双滑块机构、双转块机构，如图 2-33 所示。

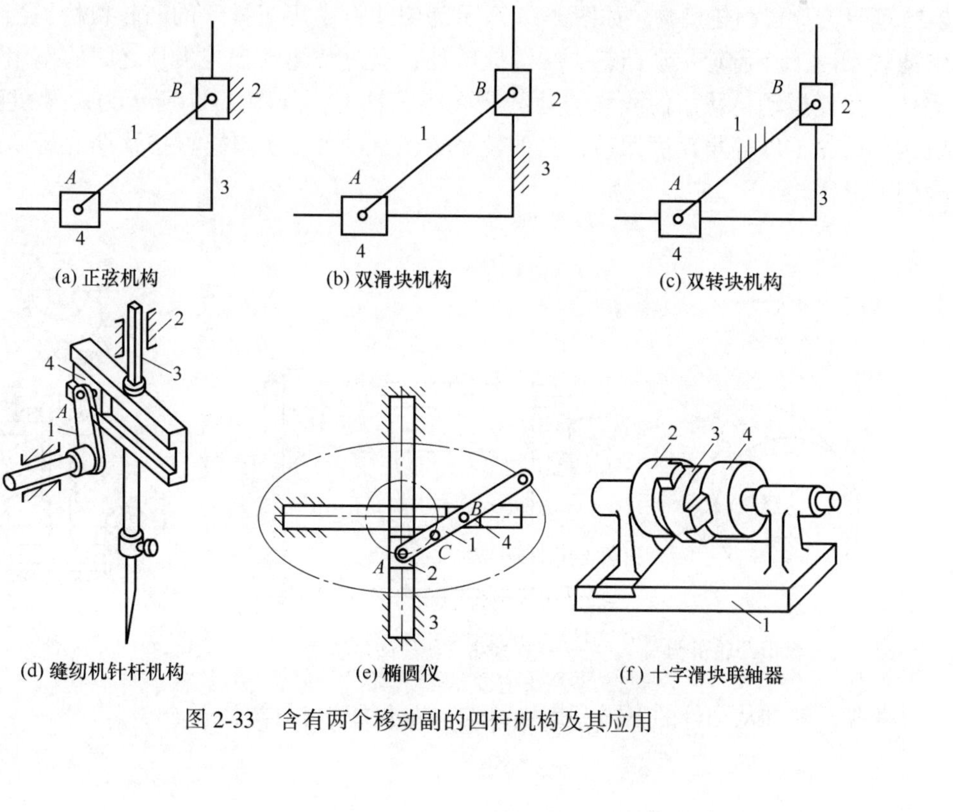

(a) 正弦机构　(b) 双滑块机构　(c) 双转块机构　(d) 缝纫机针杆机构　(e) 椭圆仪　(f) 十字滑块联轴器

图 2-33　含有两个移动副的四杆机构及其应用

3. 扩大转动副的尺寸

图 2-34（a）所示为曲柄摇杆机构，若将转动副 B 的半径扩大至超过曲柄 AB 的长度，便得到图 2-34（b）所示的偏心轮机构。此时，曲柄 1 变成了一个回转中心为 A、几何中心为 B 的偏心圆盘，其偏心距即为曲柄长，此偏心轮机构与原曲柄摇杆机构图 2-34（a）是等效机构。

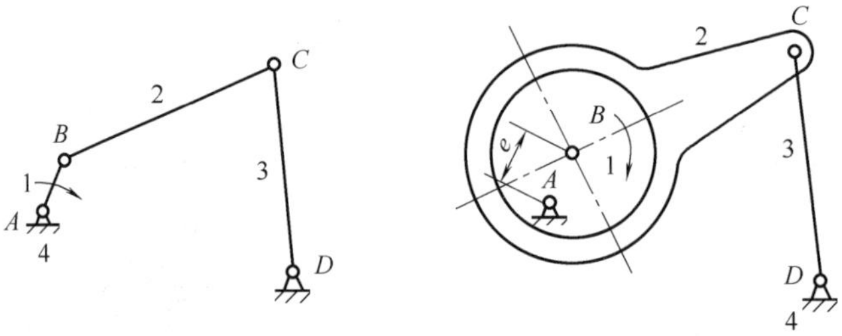

(a) (b)

图 2-34 曲柄摇杆机构演化为偏心轮机构

实际机械中，当曲柄长度很短、曲柄销需承受较大冲击载荷时，通常将曲柄做成偏心轮或偏心轴、曲轴，在冲床、压印机床、破碎机、纺织机、内燃机等设备中可见到这种结构。

三、凸轮机构

凸轮机构主要由凸轮、从动件（也称推杆）和机架组成，它是一种高副机构。一般情况下，凸轮为主动件，且作连续的等速运动，从动件则按照预定的运动规律运动。如图 2-35 所示为盘形凸轮机构。如图 2-36 所示为绕线机中用于排线的凸轮机构，当绕线轴 3 快速转动时，经齿轮带动凸轮 1 缓慢地转动，通过凸轮轮廓与尖顶之间的作用，驱使从动件 2 往复摆动，从而使线均匀地缠绕在绕线轴上。如图 2-37 所示为内燃机配气凸轮机构，凸轮 1 以等角速度回转，它的轮廓驱使从动件 2（阀杆）按预期的运动规律启闭阀门。

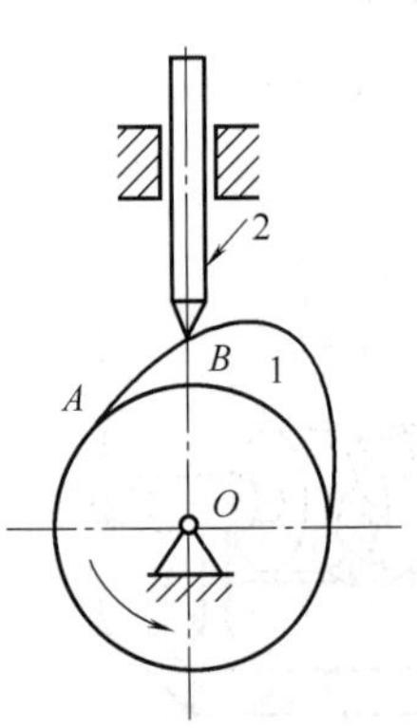

图 2-35 盘形凸轮机构

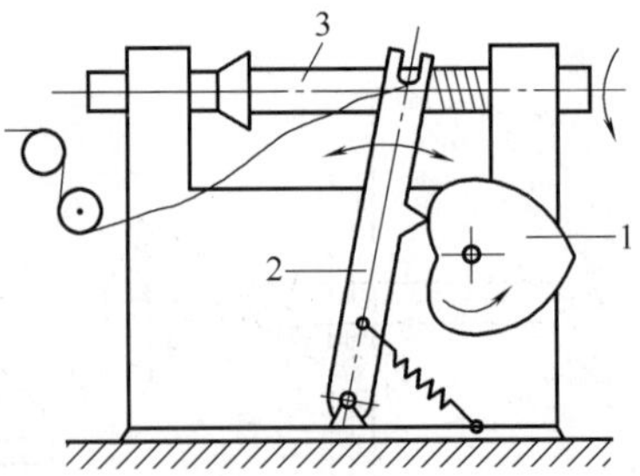

图 2-36 绕线凸轮机构

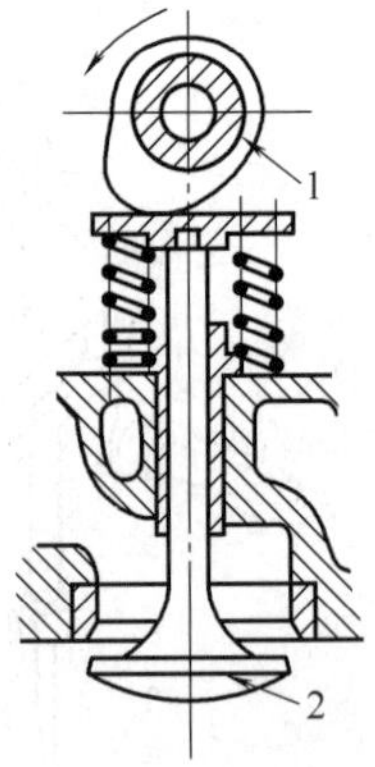

图 2-37 内燃机配气凸轮机构

根据凸轮和从动件的不同形状和形式，凸轮机构可分类如下。

1. 按凸轮的形状分类

（1）盘形凸轮。它是凸轮的最基本形式。这种凸轮是一个绕固定轴线转动并且有变化半径的盘形零件，如图 2-35、图 2-36 和图 2-37 所示。

（2）移动凸轮。当盘形凸轮的回转中心趋于无穷远时，凸轮相对机架作直线运动，这种凸轮称为移动凸轮，如图 2-38 所示。

（3）圆柱凸轮。将移动凸轮卷成圆柱体即成为圆柱凸轮，如图 2-39 所示。

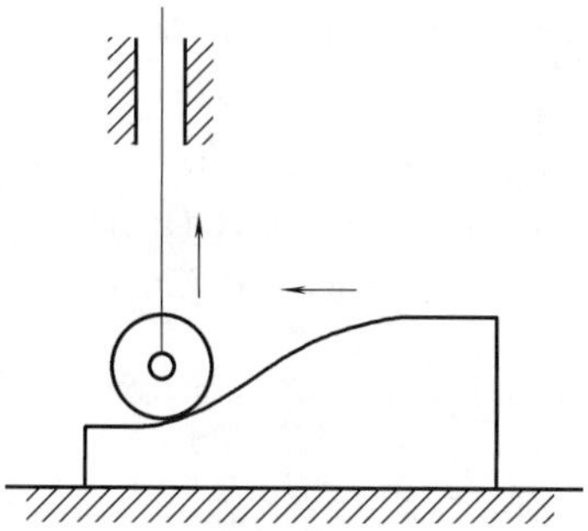

图 2-38　移动凸轮

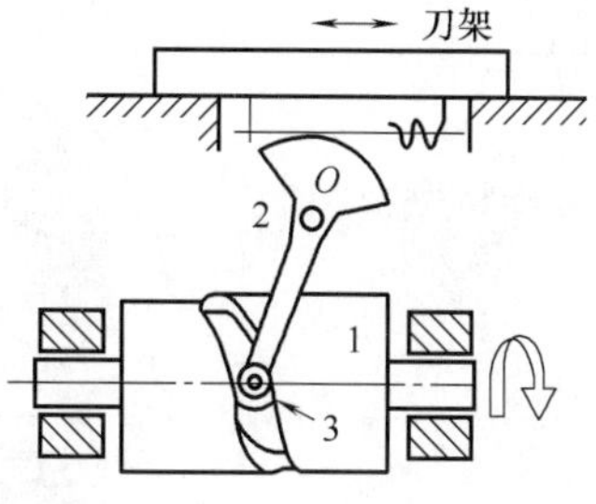

1—凸轮主体；2—扇形齿轮（从动件）；3—凹槽

图 2-39　圆柱凸轮

2. 按从动件的形式分类

（1）尖顶从动件。如图 2-35 和图 2-36 所示，尖顶能与复杂的凸轮轮廓保持接触，因而能实现任意预期的运动规律，但尖顶与凸轮是点接触，磨损快，只宜用于受力不大的低速凸轮机构。

（2）滚子从动件。如图 2-38 所示。为了克服尖顶从动件的缺点，在从动件的尖顶处安装一个滚子，即成为滚子从动件。滚子和凸轮轮廓之间为滚动摩擦，耐磨损，可承受较大载荷，所以是从动件中最常用的一种形式。

（3）平底从动件。如图 2-37 所示，这种从动件与凸轮轮廓表面接触的端面为一平面。显然，它不能与凹陷的凸轮轮廓相接触。这种从动件的优点是：当不考虑摩擦时，凸轮与从动件之间的作用力始终与从动件的平底相垂直，传动效率较高，且接触面间易形成油膜，利于润滑，故常用于高速凸轮机构。

以上三种从动件都可以相对于机架作往复直线运动或作往复摆动。为了使凸轮与从动件始终保持接触，可以利用重力、弹簧力（图 2-35、图 2-36 和图 2-37）或依靠凸轮上的凹槽（图 2-39）来实现。

凸轮机构的优点是只需设计适当的凸轮轮廓，便可使从动件得到所需的运动规律，并且结构简单、紧凑，设计方便。它的缺点是凸轮轮廓与从动件之间为点接触或线接触，易磨损，所以通常多用于传力不大的控制机构。

四、齿轮机构

1. 齿轮机构的特点

齿轮传动的主要优点是：传动功率大（可达 10×10^4kW 以上）、速度范围广（圆周速度可从很低到 300m/s）、效率高（0.94~0.99）、工作可靠、寿命长、结构紧凑、能保证恒定的瞬时传动比，可传递空间任意两轴间的运动和动力。

主要缺点：制造和安装精度要求高，成本高；精度低时传动噪声和振动较大；不宜用于中心距较大的传动。

2. 齿轮机构的分类

齿轮机构的主要类型、特点及应用范围见表 2-1。

表 2-1 齿轮机构的主要类型、特点及应用范围

分类		图例	特点与应用范围
平面齿轮机构	外啮合直齿圆柱齿轮机构		两齿轮转向相反；齿轮与轴线平行，工作时不存在轴向力，重合度小，传动平稳性较差，承载能力低，多用于转速较低的传动，尤其适用于变速箱的换挡齿轮
	外啮合斜齿圆柱齿轮机构	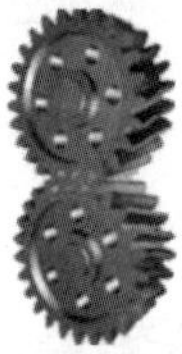	两齿轮转向相反；轮齿与轴线成一定夹角，工作时存在轴向力，所需支撑比较复杂；重合度较大，且传动平稳，承载能力高，适用于转速高、承载大或要求结构紧凑的场合
	外啮合人字齿圆柱齿轮机构		两齿轮转向相反；可看成一个由两个螺旋角大小相等，方向相反的斜齿轮组合而成的齿轮，承载能力比斜齿轮还高，轴向力可相互抵消，但制造复杂，成本高。这种机构多用于重载传动，对轴系结构的设计有特殊的要求
	齿轮齿条传动		可实现旋转运动与直线运动的相互转换，齿条可看作是半径无限大的一个齿轮。承载力大，传动精度较高，可无限长度对接延续，传动速度高，但对加工及安装精度要求高，磨损大，主要用于升降机、数控切割机等直线运动与旋转运动相互转换的场合
	内啮合圆柱齿轮机构		两齿轮转向相同；重合度大，轴向间距小，结构紧凑，传动效率高；用途广泛，主要用于组成各种轮系
空间齿轮机构	蜗杆蜗轮机构		两轴线交错；一般呈 90°；可以得到很大的传动比；啮合时齿面间为线接触，其承载能力大，传动平稳，噪声很小，具有自锁性；传动效率较低，磨损较严重；蜗杆轴向力较大，常被用于两轴交错、传动比大、传动功率不大或间歇工作的场合
	锥齿轮机构		两轴线平面垂直相交；可分为直齿锥齿轮机构与曲齿锥齿轮机构，其中直齿锥齿轮机构制造安装简便，但承载能力差，传动稳定性差，主要用于低速、低载传动；曲齿锥齿轮机构重合度大，承载能力高，工作平稳，可用于高速、重载的传动中

续表

分　　类		图　　例	特点与应用范围
空间齿轮机构	交错轴斜齿轮机构		两轴线交错；啮合时两齿轮为点接触，传动效率低，易磨损，适用于速度小、载荷低的传动

3. 轮系

一系列齿轮构成的传动系统称为轮系，轮系可以实现变速传动、远距离传动、分路传动、换向传动、运动的合成、运动的分解、获得较大传动比、实现大功率传动等。

根据轮系运转时各齿轮轴线相对机架位置是否固定，可将轮系分为定轴轮系和周转轮系两种基本类型。

轮系在运转过程中，若每一个齿轮的轴线位置相对于机架均固定不变，则该轮系为定轴轮系。如图 2-40 所示，各齿轮的轴线相对于机架都是固定的，所以该轮系为定轴轮系。

轮系在运转过程中，至少有一个齿轮的几何轴线不是相对于机架固定不变的，即其轴线不固定而是绕某一固定轴线回转，这样的轮系称之为周转轮系。从图 2-41 可以看出，轮系运转时，齿轮 1 和齿轮 3 的轴线相对于机架固定，而齿轮 2 绕自身轴线回转的同时，又随着构件 H 一起绕着固定轴线 O_H 作周转运动，所以可以形象地把齿轮 2 比喻成像地球一样的行星，既有自转也有公转，故称其为行星轮，构件 H 称为行星架或系杆，行星架是用于支承行星轮并使其得到公转的构件，轴线固定的齿轮 1 和齿轮 3 则称为太阳轮。

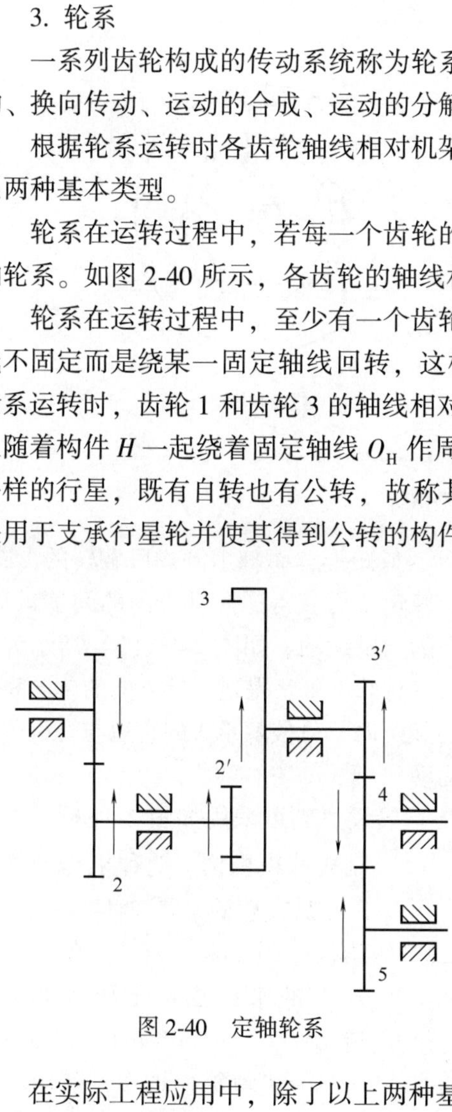

图 2-40　定轴轮系

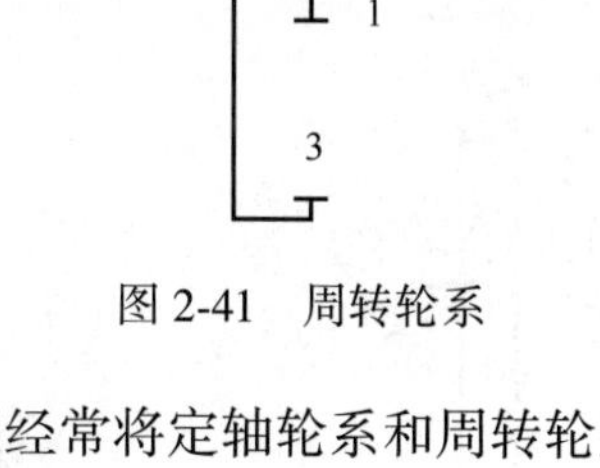

图 2-41　周转轮系

在实际工程应用中，除了以上两种基本轮系之外还经常将定轴轮系和周转轮系或者几个基本周转轮系组合在一起使用，这种组合轮系称为复合轮系。

五、间歇运动机构

（一）棘轮机构

1. 棘轮机构的工作原理和类型

如图2-42（a）所示为外啮合棘轮机构，主要由棘轮1、驱动棘爪2、制动爪4及机架组成。摆杆空套在与棘轮固连的从动轴 O 上，并与驱动棘爪2用转动副相连，在曲柄的驱动下绕 O 作往复摆动。弹簧5用来使制动爪和棘轮保持接触。当摆杆作逆时针方向摆动时，驱动棘爪便插入棘轮的齿槽中，使棘轮跟着转过一定的角度，此时，制动爪在棘轮的齿背上滑动。当摆杆顺时针方向转动时，制动爪阻止棘轮向顺时针方向转动，驱动棘爪在棘轮齿背上滑动，这时，棘轮便静止不动。这样，当摆杆作连续的往复摆动时，棘轮便作单向的间歇运动。如图2-42（b）所示为内啮合棘轮机构。

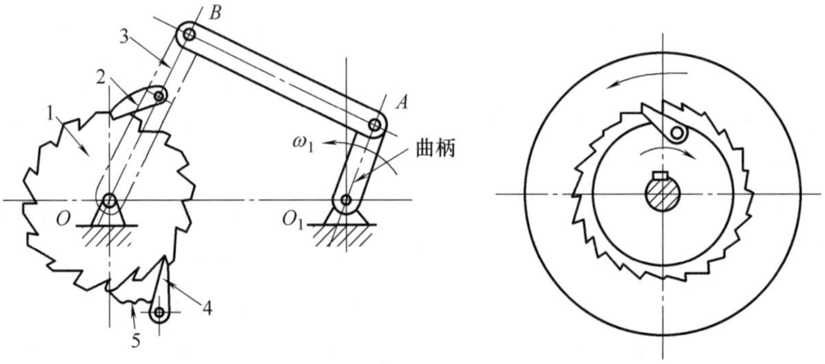

(a) 外啮合棘轮结构　　(b) 内啮合棘轮结构

1—棘轮；2—驱动棘爪；3—棘爪；4—制动爪；5—弹簧

图2-42　棘轮机构

若要使棘轮得到双向间歇运动，则棘轮轮齿可制成矩形，而棘爪制成可翻转的形式，如图2-43（a）所示。当棘爪3处于实线状态时，棘轮2可获得逆时针方向的间歇运动；棘爪3处于虚线状态时，棘轮2可获得顺时针方向的间歇运动。如图2-43（b）所示为另一种可变向棘轮机构。当棘爪2按图示位置放置时，棘轮1可获得逆时针方向的单向间歇运动；当把棘爪2提起并绕其本身轴线转180°后再放下时，就使棘爪2的直边与棘齿的左侧齿廓接触，从而使棘轮获得顺时针方向的间歇运动。

若要使摆杆来回摆动时都能驱动棘轮向同一方向转动，则可采用如图2-44所示的双动式棘轮机构。此种机构的棘爪3可制成直的［图2-44（a）］或钩状［图2-44（b）］，在主动摆杆1的来回摆动下驱动棘轮2转动。

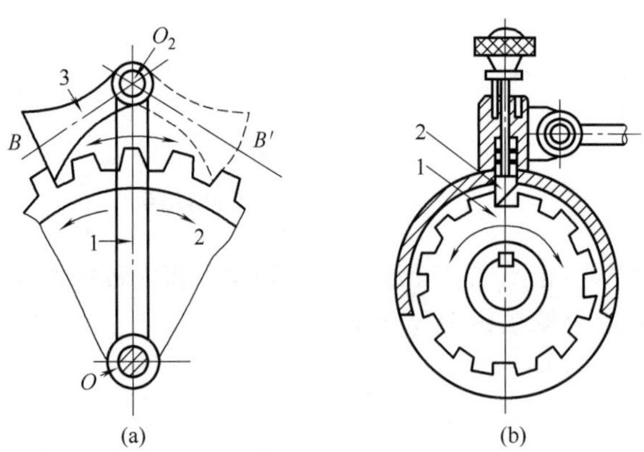

(a)　　(b)

图2-43　可变向棘轮机构

上述棘轮机构中，棘轮的转角都是相邻齿所夹中心角的倍数。也就是说，棘轮的转角是有级性改变的。如果要实现无级性改变，就需要采用无棘齿的棘轮。如图2-45所示的棘轮机构中是通过棘爪 2 与棘轮 3 之间的摩擦力来传递运动的（4 为制动棘爪），故又称为摩擦式棘轮机构。摩擦式棘轮机构的优点是噪声小，不会有轮齿式棘轮的“嗒嗒”声，并且它的转角可以无级调整；缺点是接触面容易发生滑动，导致传动不准确。

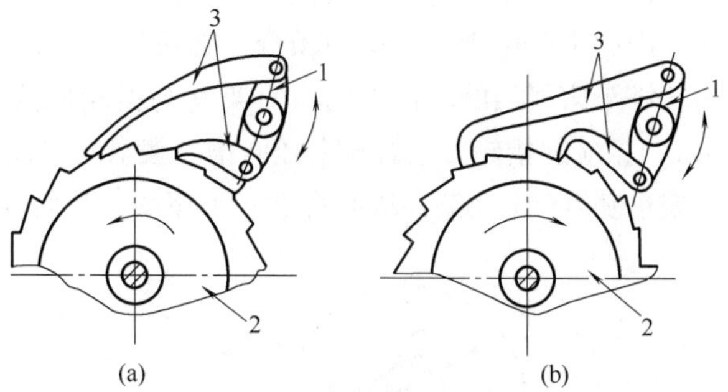

图 2-44　双动式棘轮机构

2. 棘轮机构的应用

棘轮机构的优点是结构简单，转角大小调节方便，缺点是传动力不大，且传动平稳性差，只适用于转速不高的场合，如各种机床中的进给机构。棘轮机构的另一个典型应用是实现超越运动。图 2-46 所示为自行车后轴的内齿式双棘爪结构，其中棘轮与链轮固连，棘爪与车轮固连。脚踏的转动通过链条传递给后轴链轮，链轮带动棘轮同步旋转，棘轮通过棘爪驱动后轮，从而使自行车前进。如果保持脚踏不动，后车轮便会超越链轮而转动，此时棘爪在棘齿背上滑过，发出“嗒嗒”声，驱动力无法由车轮传递到脚踏。

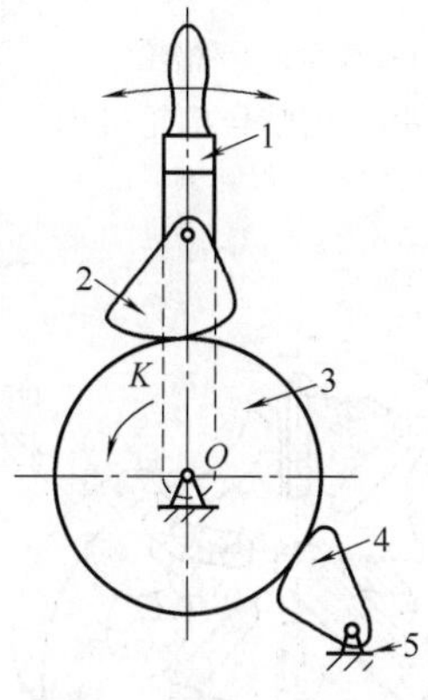

1—摇杆；2—棘爪；3—棘轮；
4—制动棘爪；5—机架

图 2-45　摩擦式棘轮机构

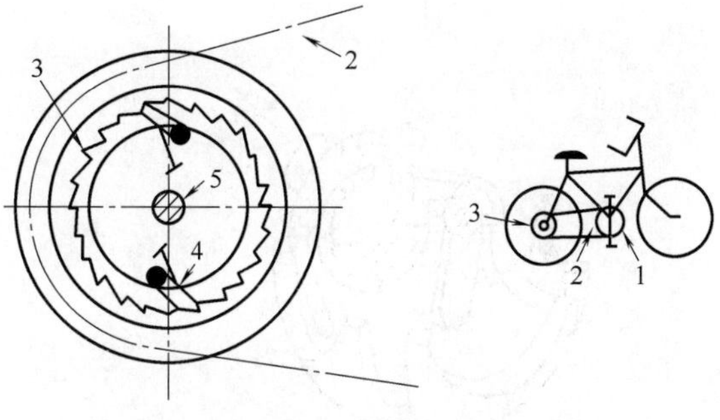

1—大链轮；2—链条；3—小链轮；
4—棘爪；5—后轮轴

图 2-46　内齿式双棘爪结构

（二）槽轮机构

槽轮机构也是一种间歇运动机构。它由槽轮 2、拨盘 1 和机架组成，如图 2-47 所示。具有圆销 A 的拨盘 1 是主动件，具有径向槽的槽轮 2 是从动件。当拨盘 1 作连续回转时，圆销 A 进入从动槽轮 2 的径向槽时，即拨动槽轮 2 转动；当圆销 A 由径向槽滑出时，槽轮 2 即停止运动。为了使槽轮 2 具有精确的间歇运动，当圆销 A 脱离径向槽时，拨盘 1 上的锁止弧应恰好卡在槽轮 2 的凹圆弧上，迫使槽轮 2 停止运动，直到圆销 A 再次进入下一个径向槽时，锁止弧脱开，槽轮才能继续回转。

对于外啮合的槽轮机构，槽轮转向与拨盘的转向相反。由图 2-48 可见，内啮合的槽轮机构，槽轮与拨盘的转向相同。除此以外，还有槽条机构、球面槽轮机构（图 2-49）

等。槽轮机构结构简单，机械效率高，但圆销切入切出径向槽时加速度变化较大，冲击严重，因此不能用于高速运动场合，在机床、生产线自动转位机构中很常用。图 2-50 所示为转塔车床刀架的转位机构。刀架（与槽轮固连）的 6 个孔中装有 6 种刀具（图中未画出），相应的槽轮 2 上有 6 个径向槽。拨盘 1 转动一周，圆销 A 将拨动槽轮转过 1/6 圆周，刀架也随着转过 60°，从而将下一工序的刀具转换到工作位置。

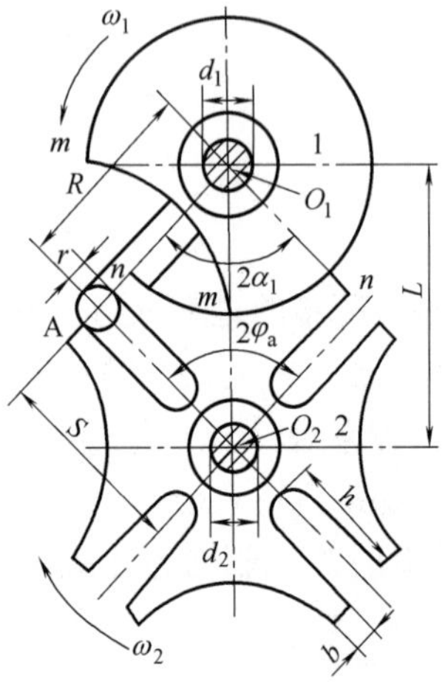

1—拨盘；2—槽轮

图 2-47　外啮合槽轮机构

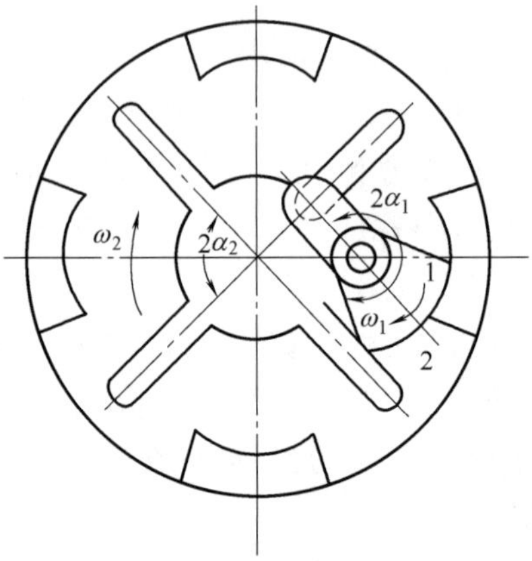

1—拨盘；2—槽轮

图 2-48　内啮合槽轮机构

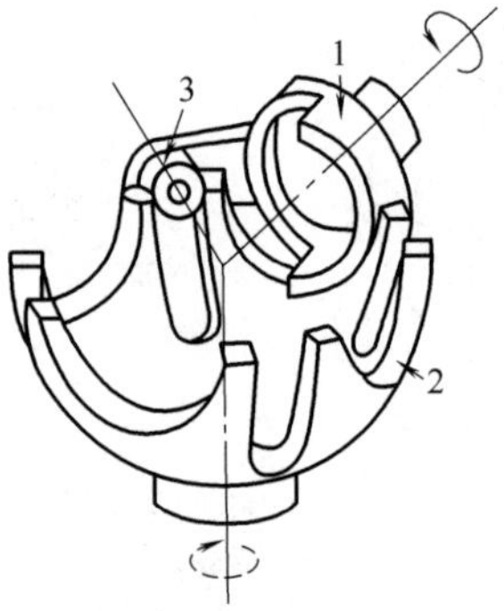

1—拨盘；2—槽轮；3—拨销

图 2-49　球面槽轮机构

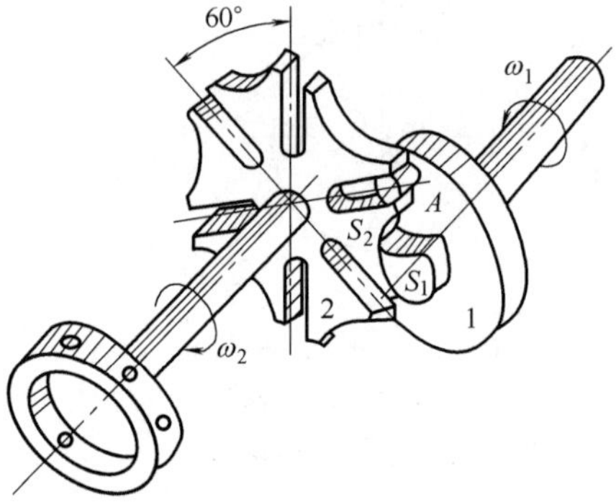

图 2-50　转塔车床刀架的转位机构

（三）不完全齿轮机构

不完全齿轮机构是在普通渐开线齿轮的基础上演化而来的，不同之处在于轮齿没有布满整个圆周。它分为外啮合和内啮合两种类型，其中，外啮合机构中，主动件和从动件转向相反，如图 2-51 所示；内啮合机构中，则转向相同。不完全齿轮机构的优点是结构简单、制造方便，不完全齿轮机构常用于计数器、多工位自动化机械中。在不完全齿轮机构中，主动轮 1 只有一个或几个齿，从动轮 2 上具有多个与主动轮啮合的轮齿和锁止弧，从而把主动轮的连续旋转转化为从动轮的间歇运动。

不完全齿轮机构的优点是结构简单、制造方便，可以方便地设计从动轮的静止时间和运动时间。缺点是从动轮时而匀速转动、时而静止，在运动静止之间转化时有严重的冲击和振动，所以只能用于低速轻载的场合。不完全齿轮机构常用于计数器、多工位自动化机械中。

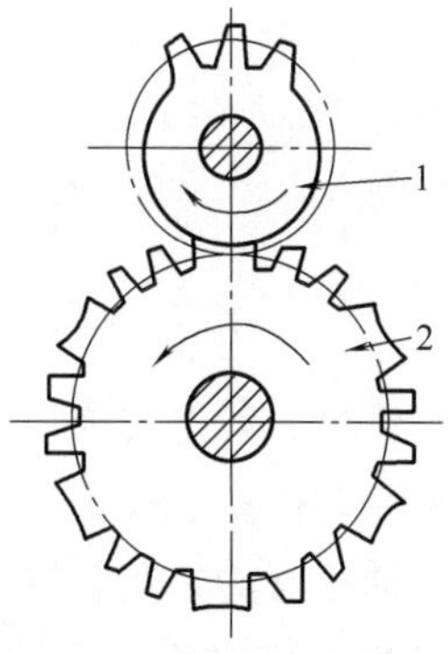

1—主动轮；2—从动轮

图 2-51　不完全齿轮机构

（四）凸轮间歇运动机构

棘轮和槽轮机构是目前应用较为广泛的间歇运动机构。但由于其机构和运动、动力性能的限制，它们的运转速度不能太高，一般每分钟不宜高于 100～200 次，否则将会产生过大的动载荷，引起较强烈的冲击和振动，机构的工作精度难以保证。随着科学技术的发展，高速自动机械日益增多，要求机构动作频率越来越高。例如电机矽钢片的冲槽机，冲槽速度高达每分钟 1200 次左右。为了适应这种需要，凸轮式间歇运动机构得到越来越广泛的应用。

凸轮间歇运动机构由主动轮和从动盘（分度盘）组成，主动凸轮作连续转动，通过其凸轮廓线推动从动盘作预期的间歇分度运动。按结构主要分为两类。如图 2-52 所示的圆柱分度凸轮，凸轮 1 呈圆柱形。滚子 3 均匀地分布在分度盘 2 的端面，动载荷小，无刚性和柔性冲击，适合高速运转，无须定位装置，定位精度高，结构紧凑；但加工成本高，装配与调整的要求高。第二类是弧面分度凸轮机构，如图 2-53 所示，凸轮形状如同圆弧面蜗杆一样，滚子中心均匀地分布在分度转盘的圆柱面上，犹如蜗轮的齿。这种凸轮间歇运动机构可以通过调整凸轮与转盘的中心距来消除滚子与凸轮接触面间的间隙以补偿磨损。

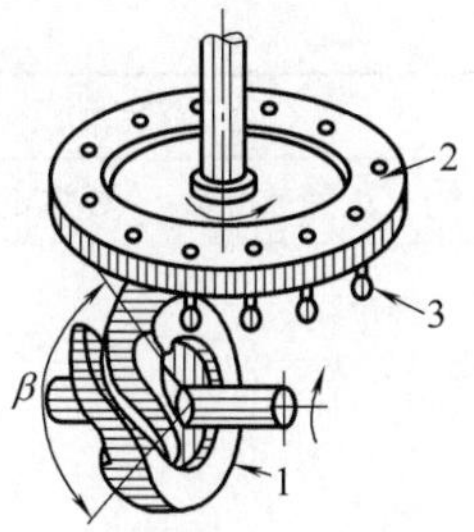

1—凸轮；2—分度盘；3—滚子

图 2-52　圆柱分度凸轮机构

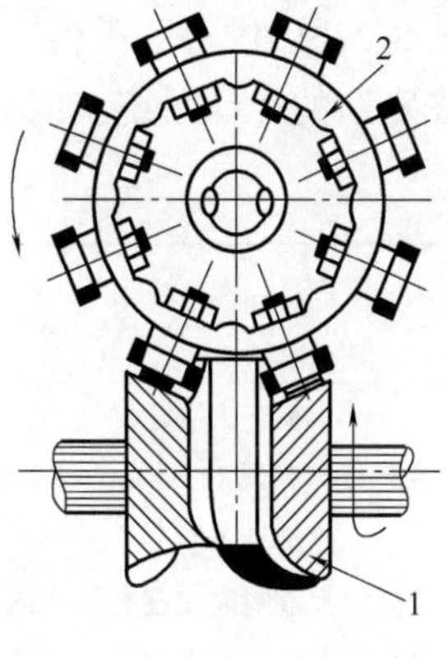

1—凸轮；2—分度盘

图 2-53　弧面分度凸轮机构

凸轮间歇运动机构的优点是运转可靠、传动平稳，转盘可以实现任何运动规律，还可以用改变凸轮推程运动角来得到所需要的分度转盘转动与停歇时间的比值。凸轮间歇运动机构常用于传递交错轴间的分度运功和需要间歇转位的机械装置中。

第三节 轻工机械常见传动装置

工作机一般都要靠原动机供给一定形式的能量（绝大多数是机械能）才能工作。但是，把原动机和工作机直接连接起来的情况是很少的，往往需在两者之间加入传递动力或改变运动状态的传动装置，其主要原因是：

（1）工作机所要求的速度，一般与原动机的最优速度不相符合，故需增速或减速（实用中多为减速）。此外，原动机的输出轴通常只作匀速回转运动，但工作机所要求的运动形式却是多种多样的，如直线运动、间歇运动等。

（2）很多工作机都需要根据生产要求进行速度调整，但依靠调整原动机的速度来达到这一目的往往是不经济的，甚至是不可能的。

（3）在有些情况下，需要用一台原动机带动若干个工作速度不同的工作机。

（4）为了工作安全及维护方便，或因机器的外廓尺寸受到限制等其他原因，有时不能把原动机和工作机直接连接在一起。

由此可见，传动装置是大多数机器或机组的主要组成部分。实践证明，传动装置在整台机器的质量和成本中都占有很大的比例。机器的工作性能和运转费用也在很大程度上取决于传动装置的优劣。因此，不断提高传动装置的设计和制造水平具有极其重大的意义。

根据工作原理的不同，可将传动分为两类：①机械能不改变为另一种形式的能的传动——机械传动（指广义的机械传动）；②机械能改变为电能，或电能改变为机械能的传动——电传动。机械传动又分为摩擦传动、啮合传动、液力传动和气力传动。它们的特性对比列于表 2-2，以供对各类传动做一般比较时参考。现代机器往往需要综合运用上述某些传动组成复杂的传动系统，以满足对机器提出的各种功能要求。

表 2-2 各类传动特性的对比

各种特点	电力传动	机械传动			
		啮合的	摩擦的	液力的	气力的
便于集中供应能量	+				+
在远距离传动时,设备简单	+				
能量易于储存					+
易于在较大范围内实现有级变速	+	+	+		
易于在较大范围内实现无级变速	+		+	+	
保持准确的传动比		+			
可用于高转速	+				+
易于实现直线运动		+	+	+	+
周围环境温度变化影响很小	+	+			+
作用于工作部分的压力大		+	+	+	
易于自动控制和远程控制	+				

机械传动的分类如表 2-3 所示，电力传动、液力传动和气力传动装置有专门书籍，在此仅简单介绍几种常用的机械传动。

表 2-3　机械传动的分类

按传力方式分	摩擦传动	直接接触	摩擦轮传动
		靠中间件	带传动(挠性传动)
	啮合传动	直接接触	齿轮、蜗杆及螺旋传动
		靠中间件	同步带传动、链传动(挠性传动)
按改变传动比的可能性分	定传动比传动		
	变传动比传动	有级变速传动	
		无级变速传动	

一、带传动

按其工作原理不同，带传动分为摩擦型（普通）带传动（图 2-54）和啮合型同步带传动（图 2-55）。

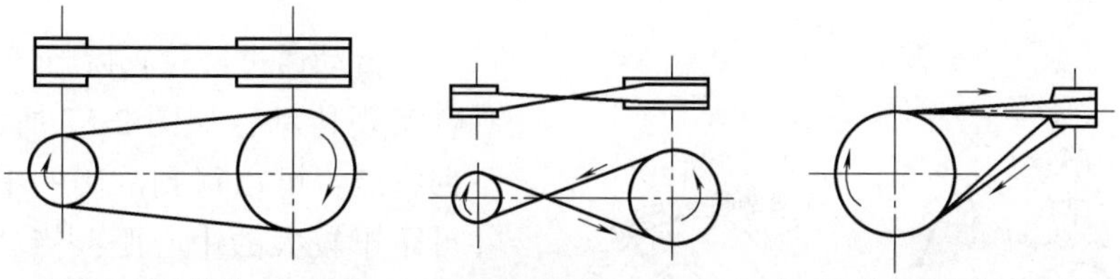

(a) 开口传动　(b) 交叉传动　(c) 半交叉传动

图 2-54　普通带传动布置形式

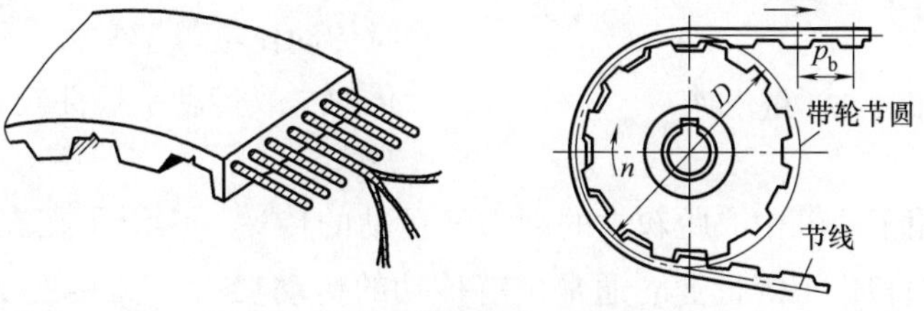

图 2-55　同步带结构与同步带传动

普通带传动是靠带与带轮间的摩擦力传递运动和动力。

根据传动带的截面形状，摩擦型带传动可分为平带传动、V 带传动和圆带传动等，如图 2-56 所示。V 带传动又可分为普通 V 带传动、窄 V 带传动、多楔带传动、大楔角 V 带传动、宽 V 带传动。

普通带传动的主要优点：有缓冲和吸振作用；运行平稳，噪声小；结构简单，制造成本低；可通过选择带长以适应不同的中心距要求。普通带传动过载时带会在带轮上打滑，对其他机件有保护作用。

普通带传动的缺点：传动带的寿命较短；传递相同圆周力时，外廓尺寸和作用在轴上的载荷比啮合传动大；带与带轮接触面间有相对滑动，不能保证准确的传动比。因而，普

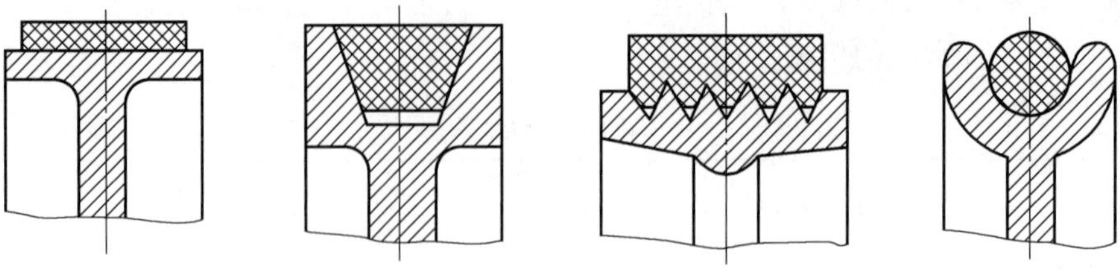

(a) 平带　(b) 普通 V 带　(c) 多楔带　(d) 圆带

图 2-56　传动带截面形状

通带传动一般仅用来传递动力。

同步带传动能克服上述缺点，故越来越广泛地应用于仪器仪表和办公设备，用来传递运动，但同步带传动对制造安装精度要求较高。

目前，带传动所能传递的最大功率为 700kW，工作速度一般为 5~30m/s。采用特种带的高速带传动速度可达 60m/s，超高速带传动速度可达 100m/s。带传动的传动比一般不大于 7，个别情况可达到 10（常用小于或等于 5 的传动比）。

二、链传动

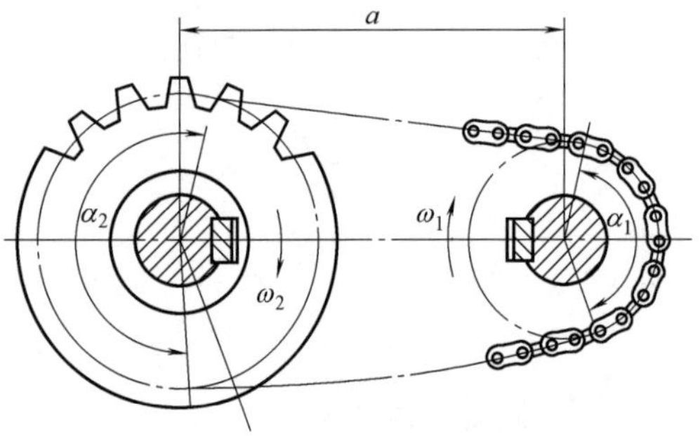

图 2-57　链传动

链传动通过链轮轮齿与链条链节相互啮合实现传动，如图 2-57 所示。它具有下列特点：可以得到准确的平均传动比，并可用于较大的中心距；传动效率较高，最高可达 98%；张紧力较小，作用在轴上的载荷较小；容易实现多轴传动；能在恶劣环境（高温、多灰尘等）下工作；瞬时传动比不等于常数，链的瞬时速度是变化的，故传动平稳性较差，速度高时噪声较大。

链传动主要用于两轴中心距较大的动力和运动的传递，广泛用在农业、采矿、冶金、起重、运输、石油和化工等行业。通常，链传动的传动功率小于 100kW，链速小于 15m/s，传动比不大于 8。先进的链传动功率可达 5000kW，链速达到 35m/s，最大传动比可达到 15。

滚子链为最常见的传动链，由内链板 1、外链板 2、套筒 3、销轴 4 和滚子 5 组成，如图 2-58 所示，套筒与内链板、销轴与外链板分别用过盈配合（压配）固联，使内、外链板可相对回转，滚子与套筒间是间隙配合。当链节进入、退出啮合时，滚子沿链轮轮齿滚动，实现滚动摩擦，减小磨损。为减轻重量，制成“8”字形。这样质量小，惯性小，具有等强度。

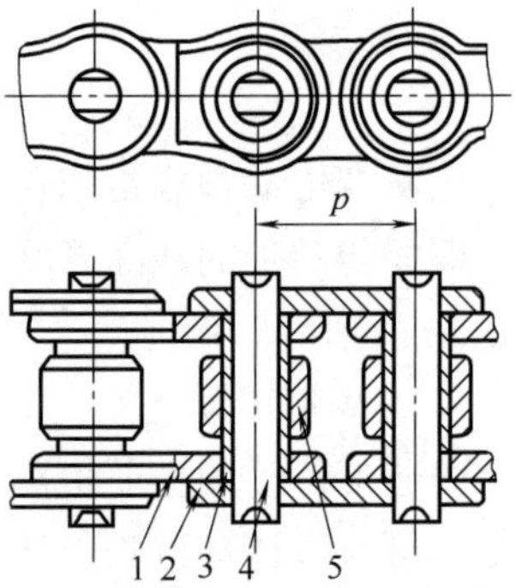

1—内链板；2—外链板；3—套筒；4—销轴；5—滚子

图 2-58　滚子链

参 考 文 献

[1] 孙恒，陈作模，葛文杰. 机械原理［M］. 7版. 北京：高等教育出版社，2006.

[2] 曹惟庆. 机构组成原理［M］. 北京：高等教育出版社，1983.

[3] 濮良贵，陈国定，吴立言. 机械设计［M］. 9版. 北京：高等教育出版社，2013.

[4] 郭仁生，魏宣燕. 机械设计基础［M］. 北京：清华大学出版社，2005.

第三章　陶瓷机械

陶瓷是陶器与瓷器的统称，常用氧化物（氧化铝、氧化锆、氧化钛等）和非氧化物（氮化硅、碳化硼等）制造。陶瓷具有优异的绝缘、耐腐蚀、耐高温、硬度高、密度低、耐辐射等诸多优点，已在国民经济各领域得到广泛应用。传统陶瓷制品包括日用陶瓷、建筑卫生陶瓷、工业美术陶瓷、化工陶瓷、电气陶瓷等，种类繁多，性能各异。随着高新技术工业的兴起，各种新型特种陶瓷也获得了较大发展，陶瓷已日趋成为卓越的结构材料和功能材料。

第一节　陶瓷机械的产生和发展

一、陶瓷机械的产生和发展

陶瓷加工历史悠久，地球上自有人类活动以来，就有陶瓷加工，以至于考古学家把远古人类生活的年代划分为旧石器时代和新石器时代。在长达250万年的旧石器时代，石器是人类的主要劳动工具。距今8000年前，人类开始以磨制的石斧、石锛、石凿和石铲，琢制的磨盘和打制的石锤、石片、石器为主要工具。后来，随着金属工具的出现，人类逐渐掌握了各种陶瓷的开采和加工的方法。

在工业革命以前，所有陶瓷开采和加工都是用手工完成的。直到19世纪，欧洲才出现了第一台用于加工陶瓷的机械，这给陶瓷加工行业带来了一场革命。陶瓷机械发明以后，陶瓷加工从繁重的体力劳动中解脱出来。从此，陶瓷加工开始从手工操作向机械化方向发展。

20世纪中叶，陶瓷机械化生产加工设备在德国、法国、西班牙等欧洲国家得到迅速发展，推动了陶瓷加工机械的技术进步。20世纪80年代后期，凭借廉价优质的优势，意大利成为世界陶瓷机械制造业的发达国家。之后，亚洲的日本、中国也诞生了很多优秀的陶瓷装备企业。

陶瓷加工设备随着新技术的出现而得到不断发展，同时其加工工艺也得到不断提高。陶瓷加工从板材向异型件发展，随之出现圆弧板切机、圆弧板磨机、石线切机、数控雕刻机等一系列异型陶瓷加工设备。陶瓷加工设备也随科学技术的发展而不断完善和更新，从简单电气控制向PLC控制和数控方向发展。加工方法也从机械加工向高压磨料水加工、激光加工、火焰加工、喷砂加工等方向发展。辅助设备也从单一机械装置向数控化和智能化方向发展。

二、陶瓷机械的特点与分类

陶瓷机械设备是陶瓷工业生产过程中的机械设备。陶瓷产品品种的开发、产量、质量的增加和提高，产品成本的降低，劳动生产率的提高，都与陶瓷机械设备的发展有着密切的联系。机械设备为工艺服务，陶瓷工业的发展促进机械设备的进步，机械设备的进步又可促进陶瓷工业的发展，两者相辅相成。

陶瓷机械设备具有以下特点：

① 加工对象以矿物为原料。

② 工艺过程多且复杂。

③ 产品产量大，自动化程度高。

④ 动作复杂，工作速度高。

1. 主要用途分类

陶瓷机械设备按其生产过程中的主要用途可划分为十大类：

① 原料开采、加工、精选机械。

② 原料的制备机械。

③ 成型机械：包括成型、干燥、修坯用的机械。

④ 施釉、装饰、彩印等艺术加工机械设备。

⑤ 煅烧设备：包括制品的素烧、釉烧、烤花、补（重）烧等。

⑥ 制品的深加工机械：如磨底、抛光、磨平、切割等。

⑦ 专业辅助件（如模具、窑具）生产机械设备。

⑧ 包装机械。

⑨ 原料与制品质量检测机械和仪器仪表。

⑩ 通用配套设施：如燃料、水电供应设施，称量计量设备，运输机、风机、空气压缩机、真空泵等。

2. 按机械设备的来源和使用特性分类

陶瓷机械设备按其来源和使用特性可分为三大类：

① 行业专业机械设备：如滚压成型机、行列式微压注浆机、全自动压砖机等。

② 行业通用设备：如球磨机、泥浆泵、辊道窑等。

③ 通用机械设备：指在各行业都能选用的机械设备，如皮带运输机、空气压缩机、衡器等。

三、中国陶瓷机械的发展和现状

中国陶瓷机械的发展最早可追溯到20世纪60~70年代，当时唐山、景德镇等地国有陶瓷机械厂大都以生产制造一些简单的日用陶瓷机械设备为主，到80年代开始引进、仿制日本等国的日用陶瓷设备。1983年，佛山市耐酸陶瓷厂从意大利引进第一条全自动陶瓷墙地砖生产线。同年，石湾耐酸陶瓷厂（海鸥公司的前身）主办的利华装饰砖厂在国内率先引进意大利唯高公司的墙地砖自动生产线，年产30万平方米彩釉砖。

20 世纪 70~80 年代，轻工业部对主要的生产陶瓷的一些地区的陶瓷机械方面的工厂进行了大规模的技术改造和扩建工作。通过一段时间的技术升级和厂区扩建，形成了以唐山轻工业机械厂、佛山市陶瓷机械总厂、湖南省轻工业机械厂、景德镇陶瓷机械厂、淄博陶瓷机械厂和宜兴陶瓷机械厂等多家具有较强陶瓷机械设计能力、加工设备齐全、有一定检测手段的定点陶瓷机械制造企业；此外还有一些规模较小、技术力量薄弱、加工设备一般的小型陶瓷机械制造的专业厂家。据不完全统计，到 1990 年，国内专业生产陶瓷机械的厂家已达 60 多家，从业职工达 15000 多人。他们为中国陶瓷机械工业的快速发展和中国陶瓷机械设备的现代化做出了较大的贡献。这期间完成了原料制备、日用陶瓷成型机械设备的引进、消化、吸收工作，推出了一系列先进优良的陶瓷机械设备，除满足国内日用、建筑、电瓷等陶瓷企业的要求，还远销亚、非、欧等 15 个国家和地区，这个时期是国有陶瓷机械制造厂最辉煌的时期。生产的主要品种有 15t 以下的各种球磨机、蒸发量最大为 32000kg H_2O/h 的喷雾干燥塔、各种型号规格的滚压成型机、160t 以下的压砖机。

“十五”期间，随着陶瓷业的高速发展，陶瓷机械行业也逐渐兴旺起来，在有关科研设计单位、大专院校和陶瓷机械厂的共同努力下，我国的引进、消化、吸收及国产化工作取得了令人瞩目的进展，一批新型的陶瓷机械在国内陶瓷企业得到应用，有些还开始对外出口。如 TYK-1000 吨及 YP600 吨液压自动压砖机的研制成功，填补了我国大型液压自动压砖机的空白，对建筑陶瓷业技术进步起到了较大推动作用；大型的烧煤气和烧重油的辊道窑烧成工艺实现了自动控制，为建立现代化墙地砖生产线走出了关键一步。相关资料显示，1993 年陶瓷机械工业总产值在 5 亿元以上，生产陶瓷机械的专业厂家 11 家，从业人员超过 1 万人，年度生产陶瓷机械 8056 台，共 60988 吨，是当时最好水平，其中 50%以上是建筑陶瓷装备。由于建筑工业兴旺，所需用设备很多，如大型球磨机、柱塞泵、喷雾干燥成套设备、卫生瓷立式浇注线等设备销量都很大。仅唐山轻机厂 1993 年就生产 15t 球磨机 300 余台，喷雾干燥成套装备 80 多套，与之配套柱塞泵 170 多台。

进入 21 世纪后，中国陶瓷机械化生产加工设备飞速发展。据统计，截至 2018 年，中国陶瓷砖生产面积达 90. 11 亿平方米，中国建筑陶瓷生产线更新需求达到 317 条。2019 年 6 月，国产 HT 36000 压机正式投入试运行，这是全球传统模框压制成型式最大吨位压机，对中国陶瓷机械行业而言是一件标志性的技术创新，说明中国陶瓷装备领域已经具备了问鼎全球顶尖水平的实力，与海外一流企业的差距在不断缩小。但也应该看到，目前国内高端陶瓷机械市场仍以进口设备为主，特别是意大利的建筑和卫生陶瓷技术和设备。

1. 建筑陶瓷机械行业发展现状

伴随着瓷砖产业的迅猛发展，其上游产业建筑陶瓷生产机械设备行业也得到了迅速发展。从 20 世纪 90 年代初到现在，建筑陶瓷生产机械装备已全面实现了国产化。

历经几十年的快速发展，中国建筑陶瓷机械行业已充分市场化，全部都是民营企业。近年来，中国建筑陶瓷机械行业呈现两大趋势：一是众多陶瓷机械企业的产品纷纷走出国门并走俏国际市场，在东南亚等地已全面取代欧洲产品而成为当地陶机市场的主流品牌；二是陶瓷机械企业的联盟、整合使得品牌价值得以体现。中国陶瓷机械装备企业目前已完全掌握了建筑陶瓷机械装备的核心技术，由此形成了中国特色的建筑陶瓷生产制式。中国陶瓷机械装备技术不断走向成熟，并以其性价比的优势逐渐成了中国国内市场的主流，而进口装备正在逐年减少，从最初中国国内市场上清一色的进口装备到目前的进口装备的市场份额不到10%。能够提供从原料制备、成型、烧成、装饰，到砖坯深加工设备、包装等整厂机械设备，产值达100多亿元人民币。

2. 卫生陶瓷机械现状

传统的卫生陶瓷成型方法占地面积大，作业环境差，生产周期长，产量低，而且劳动强度大，要求作业人员经验丰富，不易完全实现机械化大生产。随着劳动用工成本的提高，卫生陶瓷作为劳动密集型行业必须走向自动化、机械化生产的模式，要想实现卫生陶瓷工厂的整体自动化，高压注浆设备是理想的选择。中国已有唐山贺详公司和北京森兰特公司可以生产卫生陶瓷的高压注浆设备。

近年来，中国部分卫浴陶瓷生产企业已经将旧的生产工艺改造成全新的生产工艺，实现了卫生陶瓷生产的整线机械化和自动化，采用高压注浆成型，机械手施釉，工序间自动转运，坯体和成瓷均采用立体存储，产品采用在线自动检验，大大降低了工人的劳动强度，减少了操作工人。中国已经具备为卫生陶瓷工厂提供自动化、机械化整线机械装备的能力。截至2022年年底，中国已是全球最大的卫生陶瓷生产基地和消费市场，从整体条件看，我国的卫生陶瓷产业无疑是最有竞争力的，在相当长的一段时间，随着城镇化建设的推进和国外市场的稳定需求，中国本土内部市场与国际贸易市场还会继续繁荣。

3. 日用陶瓷机械现状

日用陶瓷的修坯、上釉、酒瓶生产等环节是用工人数最多的环节，也是日用陶瓷生产过程中对质量控制的关键工序。在人力资源和环保要求下，日用陶瓷机械设备正在向能耗低、自动化程度高的方向转变。我国日用陶瓷工业所用到的机械装备基本完成了从原料制备、成型到烧成机械设备等的研制和开发，在满足中国国内的日用陶瓷厂的需求外，已出口到东南亚、中亚、南美等国家，实现了陶瓷机械装备从进口到出口的跨越。

近年来，中国日用陶瓷机械的发展特点主要表现在：①借鉴建筑陶瓷行业的成功经验，将其应用到日用陶瓷生产中。如借鉴墙地砖自动施釉设备，研制了一批喷釉、浸釉、淋釉机械设备，大大提高了生产效率和产品质量；②利用少空气快速干燥技术，研制快速干燥器，取代原来的链式干燥机，大大节省了空间，提高了干燥效率；③数控技术的应用，将加工中心应用于陶瓷母模制造，提高了陶瓷母模的加工质量和速度；④滚压成型线已经开始批量推向市场，目前已有多条生产线成功应用于日用陶瓷厂。

4. 现代陶瓷与应用

（1）手机陶瓷后壳。众所周知，手机机身材料在不到10年的时间里从塑料到金属再到玻璃的演变，近年来随着人们对手机使用质感的提升，陶瓷机身手机的市场占比逐渐增大，华为P40 Pro的后壳材质也再次回归陶瓷，通过技术创新和匠心打磨让这一古老材质焕发生机。图3-1为华为P40 Pro手机陶瓷后壳。

华为P40 Pro采用的纳米微晶陶瓷材质是以纳米级微晶锆为粉体，平均值为284nm（最大534nm），经120h、1500℃的高温烧结而成，以精细的表面处理，由定制的金刚石刀头进行4道CNC数控加工工序，加工成复杂的曲面结构。同时，这种材料的莫氏硬度达到8.5，接近蓝宝石材质，硬度高、抗热震性良好、散热快、抗弯强度高、耐磨性好。

（2）陶瓷切削刀具。传统切削刀具因其局限性已无法胜任现代科技发展所需要的各种高强、高硬及高速工程材料的切削加工，而陶瓷切削刀具则以其优异的耐热性、耐磨性和化学稳定性，在高速切削领域和切削难加工材料方面显示了传统刀具无法比拟的优势。陶瓷切削刀具的生产主要采用粉体机械混合+热压烧结或无压烧结制成。有专家认为，陶瓷刀具材料是21世纪最有希望、最有竞争力的刀具材料，它的发展有可能引起切削加工技术的第三次革命。

图3-1　华为P40 Pro手机陶瓷后壳

陶瓷刀具的品种、牌号很多（图3-2），按其主要成分大致可分为氧化铝（Al_2O_3）系和氮化硅（Si_3N_4）系两大类。目前世界上生产的95%的陶瓷刀具属于氧化铝（Al_2O_3）系。

图3-2　陶瓷刀具

（3）纳米陶瓷刀。纳米陶瓷刀采用高科技纳米氧化锆为原料，使用精密陶瓷高压研制而成，故也称陶瓷刀（图3-3）。

图3-3　纳米陶瓷刀

纳米陶瓷刀的莫氏硬度为9，仅次于世界上最硬的物质——钻石（10）。使用时不摔至地面、不用外力撞击、不去剁或砍，正常使用的情况下永久都不需磨刀；抗腐蚀、不留铁腥味、永不生锈、易清洗；不会给食物带来异味，削过的水果不变颜色；刀具重量仅为同类型金属刀具重量的1/2。

中国陶瓷行业的快速发展，以及世界陶瓷制造中心地位的形成，又有力地推动了中国陶瓷机械装备的创新发展。从原材料制备→成型→烧成→后期冷加工→装饰→分拣包装等机械设备，无论是从产品的种类、数量、质量，抑或是技术含量，中国陶瓷机械装备都进入了世界先进水平。从单机设计制造到整线工程的设计整合，中国陶瓷机械无疑是世界陶瓷技术装备的一支重要力量。

第二节　陶瓷生产工艺技术流程

古代陶瓷生产工艺技术流程有练泥、拉坯、印坯、利坯、晒坯、刻花、施釉、烧窑、彩绘、釉色变化等。随着陶瓷机械的发展，人工制备陶瓷逐渐转变为自动化陶瓷机械制备陶瓷，陶瓷的制备工艺流程又分为日用陶瓷生产工艺技术流程和特种陶瓷生产工艺技术流程。

一、日用陶瓷生产工艺技术流程

1. 原料加工

由于在原料加工方面采用了先进的生产手段和检测方法，自动化水平高，能同时快速检测和控制各种原料配比流量，并可根据检测结果随时修正，从而确保了所需原料的成分恒定不变。陶瓷原料已实现“三化”，即专业化、标准化和商品化，陶瓷原料的加工精选均由专业化的原料公司来完成，如高梯度磁选、超微粉碎、离心分级、微机配料、涡流混合以及强化检测监控等技术均获得了广泛的应用。图3-4为原料粉碎用的颚式破碎机。

图3-4　颚式破碎机

原料加工专业化和自动化，更有利于实现原料资源的综合利用和环境保护。近年，我国对作为陶瓷原料的高岭土尾矿的资源化利用进行了研究：高岭土原矿提取黏土后，可以利用尾矿制备轻质墙板和制作水泥基材料；从尾矿中提取硅酸钠制备光伏玻璃用低铁石英砂；制备纯净白炭黑；从尾矿中提取氯化铷制备玻璃制品、陶瓷相关制品、无机高分子絮凝剂以及高岭土尾矿轻质通孔陶粒等。

2. 成型工艺技术

目前日用陶瓷成型工艺除已有的滚压成型、注浆成型和塑压成型外，具有较大进展和应用前景的尚有等静压成型、高压注浆和超声注浆成型等，激光快速成型则正处于研制与完善之中。

传统的滚压成型是从旋坯成型发展而来的。它是把型刀改为滚压头。滚压头和模型各自绕定轴转动，将投放在模型内的塑性泥料延展压制成坯体，而坯体的外形和尺寸完全取决于滚压头与模面所形成的“空腔”。先进的滚压自动线不断推出，与滚压机联成机组的干燥设备已朝快速干燥方向迈进。如挪威 Figgjo AS 公司的 SKK 滚压成型设备上就成功地使用了微波脱模干燥器。英国的微波-真空干燥与滚压或注浆设备联机形成自动化的生产线，既提高了生产效率，又保证了产品质量。

注浆成型目前主要是高压注浆成型，一般采用多孔塑料模具，利用高压将坯件一次压注到含水量 16%~17%，因而可立即送入干燥室干燥。该设备采用电子控制系统，成品率可达 95%，高压注浆成型设备已广泛用于卫生洁具成型，目前在日用陶瓷异型产品成型中已逐步推广应用。

塑压成型又称兰姆成型法，它是将可塑泥料放在模型内在常温下压制成坯的一种成型方法。20 世纪 70 年代末期在美国日用陶瓷生产开始运用，这种成型方法的特点是设备简单，操作方便，适于鱼盘类和其他广口异形产品的成型。在建筑卫生陶瓷生产中，西式琉璃瓦和部分中式琉璃制品、饰面瓦也已采用塑压法成型，其模具一般使用钢模，并已实现了全自动化生产，但此法只能成型板、盘等形状简单的扁平制品。

等静压成型是将待压试样置于高压容器中，利用液体介质不可压缩的性质和均匀传递压力的性质从各个方向对试样进行均匀加压。自 20 世纪 70 年代末德国将其用于日用陶瓷生产以来，已开始普及到欧美和其他国家，大有压倒滚压成型之势。等静压成型的最大特点是：产量大、质量好、产品规格一致、取消了石膏模和干燥工序、能适应于多种产品的生产等，因而深受生产厂家的欢迎。2018 年年初，中国科达制造股份有限公司为湖南醴陵玉祥瓷业研发国内首条日用陶瓷等静压自动化生产线，投产以后，相同产能下，可以减少 60%的人工，生产效率大幅提升。

激光快速成型，即 3D 打印陶瓷技术，它是由激光束根据计算机提供的制品断面形状分析数据，将坯料一层一层地粘接成型。这种成型方法是 1985 年由美国首先研制成功的，1991 年投入实际应用，最初用来制作模型，其后试用于高技术陶瓷零部件的成型。此法对坯料性能要求较高，1996 年新加坡率先将此法试用于餐具上。随着近年的发展，激光快速成型技术已在工业造型、机械制造、航空航天、军事、建筑、影视、家电、轻工、医学、考古、文化艺术、雕刻、首饰等领域都得到了广泛应用。目前成熟的 3D 打印陶瓷技术中，光固化成型是其中分辨率最好、成型精度最高的成型方式。陶瓷 3D 打印技术可以制作出与传统陶瓷成型方法不同的造型，如内部结构的造型、几何重复构成的造型、角度变化丰富的造型、小批量个性化的造型等，丰富了陶瓷的造型品种。陶瓷 3D 打印技术的应用，作为一种新型的造型手段，给陶瓷产品设计带来新的思路，并且有效地提高了陶瓷产品设计成型的效率。

3. 烧成工艺

陶瓷材料的烧成工艺向着节能、高质和快速烧成方向发展，已由过去以隧道窑为主发展为以节能的辊道窑和间歇窑为主。

20 世纪 80 年代初至 90 年代初，随着陶瓷纤维和其他耐高温绝热材料的问世，隧道窑的结构已进入扁平低截面和低蓄热窑车的新时期。高速等温燃烧器的应用大大提高了隧道窑的燃烧效率，通风循环系统的改进及电子计算机的应用，使隧道窑的操作和控制更趋合理和自动化，烧成时间也有所缩短。

在对传统隧道窑进行改进的同时，各种新型窑炉不断涌现。辊道窑早期主要用于建筑陶瓷墙地砖的烧成，目前已普遍采用辊道窑，其主要特点是快速、节能、温差小且易于自动化。图 3-5 为辊道窑外观。

图 3-5　辊道窑

间歇窑主要以梭式窑为主，随着全纤维、大容量梭式窑的设计、制造及在生产中的使用，已经克服了能耗大，产量低的弱点，越来越显示出间歇窑操作灵活、投资少、占地面积少、建造周期短等无可比拟的优点。如英国、澳大利亚等国已经设计了使用温度为 1300~1400℃、最大有效容积达 300m^3 的全纤维间歇窑并已投入生产，能耗也已接近隧道窑水平，取得了良好的经济效益。

目前，新型烧成设备的种类已越来越多。如德国奥比特窑，单件坯体向前移动时可不断旋转，使其受热更为均匀。英国 CCE 公司设计推出一种新型快烧轨道窑，它具有辊道窑的所有优点和独特性能，但又与辊道窑有不同之处，它可以设计为很宽且承载重，并可消除制品和炉膛的任何相对移动，该窑不需要窑车，基建投资低，这种窑炉使用非常灵活方便。

微波烧结是在物体内部发生的，可大大缩短烧成时间，并能改善产品的微观结构和性能。采用微波烧结来烧碳化硼陶瓷，只需要 3~10 分钟。英国、德国、美国和日本等国共同研制开发成功了一种新型微波烧结窑炉，把微波能和气体辐射热有机地结合起来，这样既解决了微波烧成不易控制的问题，又解决了传统烧成周期长、能耗高的诸多问题，既可实现快烧，又可使烧成成本大大降低。这种窑炉可用于各种陶瓷的烧成。图 3-6 为医用高温微波烧结炉。

4. 装饰工艺

批量日用陶瓷装饰大多仍采用贴花方法。为适应机械化自动化贴花操作，已有用热贴花纸取代冷贴花纸，用卷筒花纸取代单张花纸。为提高花纸质量和艺术效果，网印花纸应用越来越多，比例已占到85%以上，且大部分是多种过渡色的电分版小膜花纸。在挂网制版技术上，英、德、日等先进国家均能达到150线/英寸，英国正在研究200线/英寸的超细网屏。

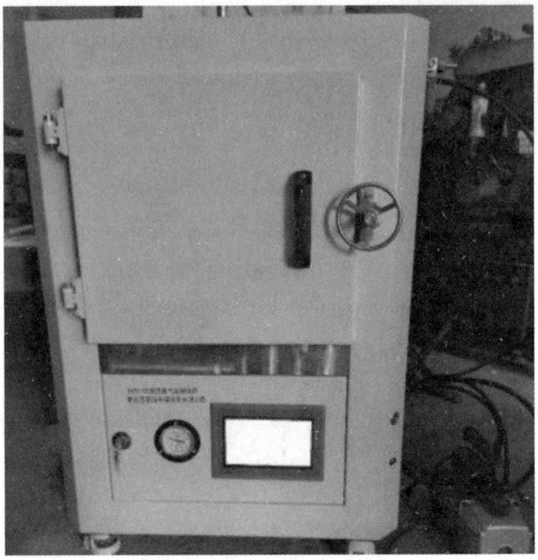

图 3-6　医用高温微波烧结炉

直接在陶瓷产品上印花各国也有发展，如网印、滚印、转移印花等，随着印刷技术的不断改进，许多凹凸不平的产品部位也能印出效果清晰的花面。直接印花技术的采用，丰富了陶瓷的装饰技法，但一些高档的艺术作品人们还是喜欢手工绘制的。图 3-7 为深圳金谷田 KGT-2513UV 型陶瓷印花机。

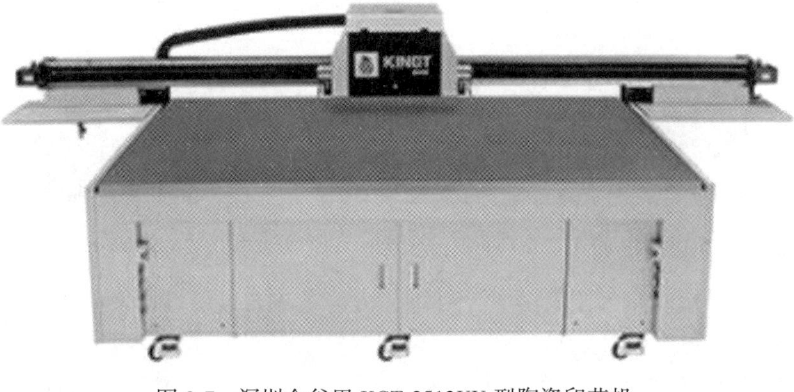

图 3-7　深圳金谷田 KGT-2513UV 型陶瓷印花机

在合成陶瓷颜料研究中，一些呈鲜艳光亮而烧成范围又宽的新型颜料，例如锗系颜料发展很快，从而可使陶瓷产品的彩烤温度降到 600 ~ 700℃。为使低温颜料更适于陶瓷装饰，国外还用硅酸作为包裹材料，为一些低温不稳定颜料在陶瓷装饰上开拓了新路子。三原色陶瓷颜料的问世，打破了陶瓷颜料专色专用的陈规。印花工艺与先进制版技术的结合，印出了高分辨率的画面，装饰效果层次分明，能逼真地复制古画名画、天然彩色摄影等名贵艺术作品。

二、特种陶瓷生产工艺技术流程

1. 特种陶瓷的成型

（1）热压铸成型。热压铸成型也是注浆成型的一种，但不同之处在于它是在坯料中混入石蜡，利用石蜡的热流特性，使用金属模具在压力下进行成型，冷凝后获得坯体的方法。热压铸成型的工作原理如下：先将定量石蜡熔化为蜡液再与烘干的陶瓷粉混合，凝固后制成蜡版，再将蜡版置于热压铸机筒内，加热熔化成浆料，通过吸铸口压入模腔，保压、去压、冷却成型，然后脱模取出坯体，热压铸形成的坯体在烧结之前须经排蜡处理。该工艺适合形状复杂、精度要求高的中小型产品的生产，设备简单、操作方便、劳动强度小、生产效率高，在特种陶瓷生产中经常被采用。但该工艺工序比较复杂、耗能大、工期长，对于大而长的薄壁制品，由于其不易充满模具型腔而不太适宜。

（2）挤压成型。将粉料、黏结剂、润滑剂等与水均匀混合，然后将塑性物料挤压出刚性模具即可得到管状、柱状、板状以及多孔柱状成型体，其缺点主要是物料强度低容易变形，并可能产生表面凹坑和起泡、开裂以及内部裂纹等缺陷。挤压成型用的物料以黏结剂和水作为塑性载体，尤其需用黏土以提高物料相容性，故其广泛应用于传统耐火材料，如炉管以及一些电子材料的成型生产。图 3-8 为陶瓷挤压机。

（3）流延成型。流延成型是将粉料与塑化剂混合得到流动的黏稠浆料，然后将浆料均匀地涂到转动着的基带上，或用刀片均匀地刷到支撑面上，形成浆膜，干燥后得到一层薄膜，薄膜厚度一般为 0.01~1mm。流延法用于铁电材料的浇注成型。此外，它还被广泛用于多层陶瓷、电子电路基板、压电陶瓷等器件的生产中。

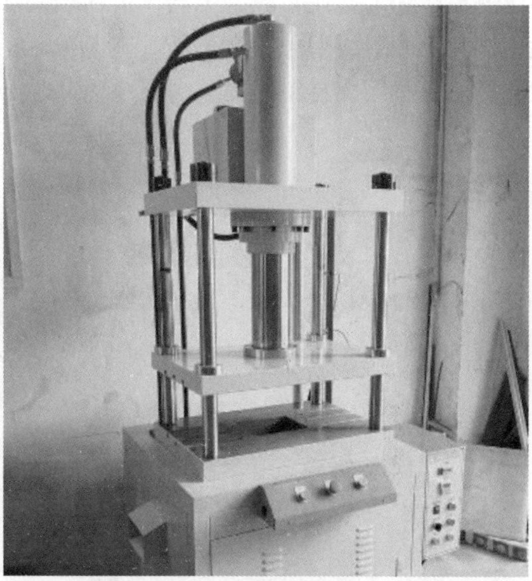

图 3-8　陶瓷挤压机

（4）凝胶注模成型。凝胶注模成型是一种胶态成型工艺，它将传统陶瓷工艺和化学理论有机结合起来，将高分子化学单体聚合的方法灵活地引入陶瓷的成型工艺中，通过将有机聚合物单体及陶瓷粉末颗粒分散在介质中制成低黏度、高固相的浓悬浮体，并加入引发剂和催化剂，然后将浓悬浮体（浆料）注入非多孔模具中，通过引发剂和催化剂的作用使有机物聚合物单体交联聚合成三维网状聚合物凝胶，并将陶瓷颗粒原位黏结而固化成坯体。凝胶注模成型作为一种新型的胶态成型方法，可用于净尺寸成型形状复杂、强度高、微观结构均匀、密度高的坯体，烧结成瓷的部件较干压成型的陶瓷部件有更好的电性能。目前已广泛应用于电子、光学、汽车等领域。

（5）气相成型。利用气相反应生成纳米颗粒，如能使颗粒有效而致密地沉积到模具表面，累积到一定厚度即成为制品，或者先使用其他方法制成一个具有开口气孔的坯体，再通过气相沉积工艺将气孔填充致密，用这种方法可以制造各种复合材料。由于固相颗粒的生成与成型过程同时进行，因此可以避免一般超细粉料中的团聚问题。在成型过程中不存在排除液相的问题，从而避免了湿法工艺带来的种种弊端。

（6）轧膜成型。将准备好的坯料伴以一定量的有机黏结剂置于两辊之间进行辊轧，然后将轧好的坯片经冲切工序制成所需的坯件。轧辊成型时坯料只是在厚度和前进方向上受到碾压，宽度方向受力较小。因此，坯料和黏结剂会出现定向排列。干燥烧结时横向收缩大易出现变形和开裂，坯体性能会出现各向异性。另外，对厚度小于 0.08mm 的超薄片，轧膜成型是难以轧制的，质量也不易控制。

（7）注浆成型。根据所需陶瓷的组成进行配料计算，选择适当的方法制备陶瓷粉体进行混合、塑化、造粒等，才能应用于成型。注浆成型适用于制造大型的、形状复杂的、薄壁的陶瓷产品。对料浆性能也有一定的要求，如流动性好、黏度小，利于料浆充型，稳定性好。料浆能长时间保持稳定，不易沉淀和分层，含水量和含气量尽可能小等。注浆成型的方法有空心注浆和实心注浆。为提高注浆速度和坯体质量，可采用压力注浆、离心注浆和真空注浆等新方法。注浆成型工艺成本低、过程简单、易于操作和控制，但成型形状粗糙，注浆时间较长，坯体密度、强度也不高。在传统注浆成型的基础上，发展产生了新的压滤成型和离心注浆成型工艺，借助于外加压力和离心力的作用来提高素坯的密度和强度，避免了注射成型中复杂的脱脂过程，但由于坯体均匀性差，因而不能满足制备高性能、高可靠性陶瓷材料的要求。图 3-9 为高压注浆机。

图 3-9　高压注浆机

2. 特种陶瓷的烧结方法

（1）无压烧结。无压烧结是使用最广泛的一种方法。它在大气中烧结，即不抽真空，也不加任何保护气体在电阻炉中进行烧结。这种方法适用于烧结氧化物陶瓷，非氧化物陶瓷有时也采用常压烧结。无压烧结用电阻炉的关键部件是发热体元件。通常生产中应根据不同材料的烧结温度而选择不同加热体的电阻炉。

（2）热压烧结。热压烧结即是将粉末填充于模型内，在高温下一边加压一边进行烧结的方法，同时进行加温、加压（机械压力而不是气压）的烧结。加压方式一般都是单向加压，热压时的压力不能太高，一般为 50MPa。而冷压成型的压力可达 200MPa，甚至更高。热压烧结的加热方式仍为电阻加热，加压方式为液压传动加载。热压烧结使用的模具多为石墨模具。热压烧结的主要优点是加快致密化进程，减少气孔隙，提高致密度，同时可降低烧结温度。然而，因成本较高，其应用受到限制。

（3）放电等离子烧结（spark plasma sintering，SPS）。又称等离子活化烧结（plasma activated sintering，PAS），是制备功能陶瓷材料的一种全新技术，它具有升温速度快、烧结时间短、组织结构可控、节能环保等鲜明特点，可用来制备金属材料、陶瓷材料、复合材料，也可用来制备纳米块体材料、非晶块体材料、梯度材料等。

第三节　典型陶瓷粉体生产设备

一、颚式破碎机

颚式破碎机（图 3-10）结构简单，制造容易，工作可靠。颚式破碎机的工作部分是两块颚板，一块是固定颚板（定颚），垂直（或上端略外倾）固定在机体前壁上，另一块是活动颚板（动颚），位置倾斜，与固定颚板形成上大下小的破碎腔（工作腔）。活动颚板对着固定颚板做周期性的往复运动，时而分开，时而靠近。分开时，物料进入破碎腔，成品从下部卸出；靠近时，使装在两块颚板之间的物料受到挤压、弯折和劈裂作用而破碎。

图 3-11 为颚式破碎机组成及机构运动简图。颚式破碎机构件较少，结构紧凑，破碎腔内充满程度较好，所装物料块受到均匀破碎，加以动颚下端强制性推出成品卸料，故生产率较高；物料块在动颚下部有较大的上下翻滚运动，容易排出。主要缺点是破碎过程单一，还容易出现物料过粉碎现象；设备整体比较大，需要坚固的支撑基础；电耗、钢耗等能源消耗大，不能有效地实现节能作用。

图 3-10　颚式破碎机

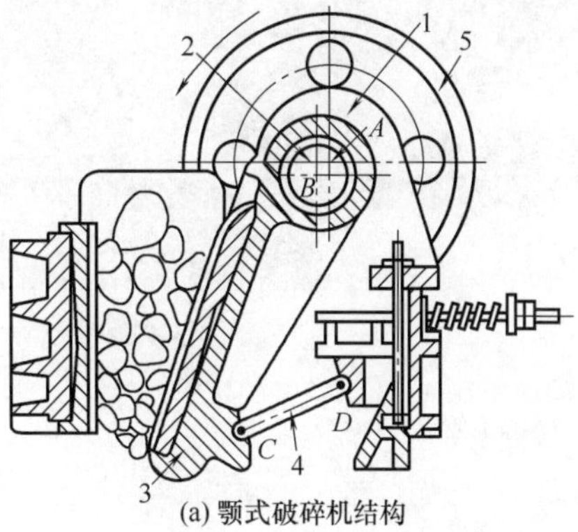

(a) 颚式破碎机结构

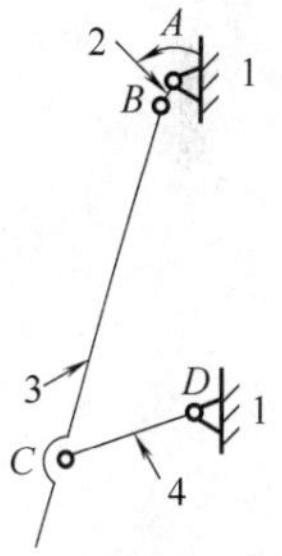

(b) 运动简图

1—机架；2—曲轴；3—动颚；4—肘板；5—带轮

图 3-11　颚式破碎机组成及机构运动简图

颚碎机通常是用作物料的第一次破碎，选型时不仅要满足机器生产能力的要求，而且要根据被破碎物料的块度来选择。

颚碎机运行时会产生很大的惯性力，不可避免要发生振动，因此应安装在坚固的基础上，基础质量可取为机器质量的 5~10 倍。颚碎机的基础不要与厂房的基础相连，以免机器的振动影响建筑物。颚碎机的安装位置要远离成型和烧成车间，以免影响这些车间的正常操作。

颚碎机操作时应按先开机后加料、先停料后停机的顺序，使机器在空载下启动。加料时要严防螺母、铁块等混入，以免发生事故。加料要均匀，特别大块的物料不要勉强加入。破碎室中物料的高度不要超过破碎室高度的2/3。要随时注意轴承的温升和机器的运行声音，发现不正常情况时要立即停机处理。

机器运转时，严禁进行任何维修工作，不准跨越进料口栏杆。处理破碎室堵塞时，禁止站在破碎室的物料上或用手去扒大块物料，应当使用撬棍或专门的铁钩去清理。

颚碎机工作时会产生粉尘，往被破碎的物料上喷水是防止粉尘产生的有效办法，也可在破碎机出料口处装设收尘设备，以防粉尘飞扬。

二、球磨机

球磨机是物料被破碎之后，再进行粉碎的关键设备。球磨机是工业生产中广泛使用的高细磨机械之一，其种类有很多，如管式球磨机、棒式球磨机、水泥球磨机、超细层压磨机、卧式球磨机、球磨机轴瓦、节能球磨机、溢流型球磨机、陶瓷球磨机、格子球磨机。图3-12为陶瓷球磨机。

图3-12 陶瓷球磨机

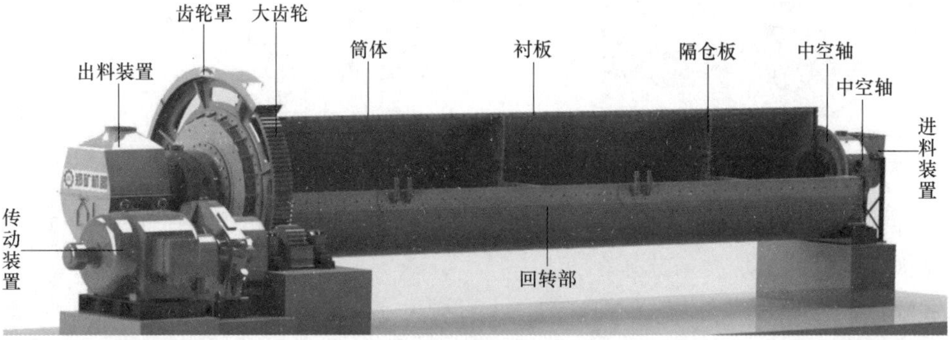

图3-13 球磨机结构示意图

球磨机由水平的筒体，进出料空心轴及磨头等部分组成（图3-13），筒体为长的圆筒，筒内装有研磨体，筒体为钢板制造，由钢制衬板与筒体固定，研磨体一般为钢制圆球，并按不同直径和一定比例装入筒中，研磨体也可用钢段。根据研磨物料的粒度加以选择，物料由球磨机进料端空心轴装入筒体内，当球磨机筒体转动时，研磨体由于惯性和离心力，以及摩擦力的作用，使它附着在筒体衬板上被筒体带走，当被带到一定高度的时候，由于其本身的重力作用而被抛落，下落的研磨体像抛射体一样将筒体内的物料给击碎。

球磨机是目前工业上广泛使用的粉磨机械。根据生产规模和条件等的不同，有各种不同形式的球磨机。不过，就陶瓷工业来说，由于生产工艺要求（如需要准确控制每批原料的各项工艺参数，原料中不允许铁质掺入等）以及从结构简单、操作维修方便、使用上机动灵活等方面考虑，通常采用间歇式球磨机。

球磨机型号规格的选择，应根据工厂的规模、技术力量和维修能力等情况来决定。一般大型球磨机工作强度大，单位功耗低，但是设备笨重，安装维修比较困难，使用上也不够机动灵活。中、小型球磨机体积小，重量轻，机动灵活，适应性强，安装维修方便，但是工作强度小，单位功耗高。球磨机的台数根据需要粉磨的物料量和球磨机的生产能力由计算确定，总台数不宜太多。

三、振动筛

为了提高筛分效率和筛面的工作强度，除了使筛机本身摇动以达到物料在筛面上产生相对运动的目的外，还可以使筛机产生高频率的振动。这种振动加剧了物料之间和物料与筛面之间的相对运动，这对提高细筛的筛分效率特别有利。产生振动的方法可以使用由偏重旋转时产生的惯性力，偏心轴旋转时的强制作用以及电磁力的间歇牵引等，因此振动筛分为惯性振动筛、偏心振动筛和电磁振动筛等几种。

将颗粒大小不同的碎散物料群，多次通过均匀布孔的单层或多层筛面，分成若干不同级别的过程成为筛分。大于筛孔的颗粒留在筛面上，称为该筛面的筛上物；小于筛孔的颗粒透过筛孔，称为该筛面的筛下物。

振动筛是利用振子激振所产生的往复旋型振动而工作的。振子的上旋转重锤使筛面产生平面回旋振动，而下旋转重锤则使筛面产生锥面回转振动，其联合作用的效果则使筛面产生复旋型振动。它的振动轨迹是一复杂的空间曲线。该曲线在水平面投影为一圆形，而在垂直面上的投影为一椭圆形。调节上、下旋转重锤的激振力，可以改变振幅。而调节上、下重锤的空间相位角，则可以改变筛面运动轨迹的曲线形状并改变筛面上物料的运动轨迹。图 3-14 为陶瓷振动筛。

图 3-14　陶瓷振动筛

在筛框中，筛网应均匀地拉紧，这样可以消除筛网的局部下垂，避免积聚妨碍筛分进行的厚层物料，而且工作时筛网不会发生抖动，防止筛网与筛框的碰撞和筛丝的反复弯曲。轴承因过载烧坏是振动筛最常发生的故障。使用中应注意检查轴承升温，并按规定对轴承进行润滑和保养。

四、陶瓷过滤机

陶瓷过滤机工作基于毛细微孔的作用原理，采用微孔陶瓷作为过滤介质，利用微孔陶瓷大量狭小具有毛细作用原理设计的固液分离设备，在负压工作状态下的盘式过滤机，利用微孔陶瓷过滤板独特通水不透气的特性，抽取陶瓷过滤板内腔真空产生与外部的压差，使料槽内悬浮的物料在负压的作用下吸附在陶瓷过滤板上，固体物料因不能通过微孔陶瓷过滤板被截留在陶瓷板表面，而液体因真空压差的作用及陶瓷过滤板的亲水性则顺利通过进入气液分配装置（真空桶）外排或循环利用从而达到固液分离的目的。图 3-15 为陶瓷过滤机。

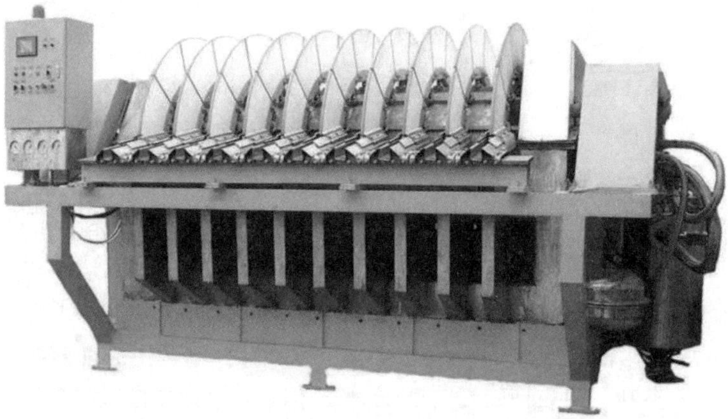

图 3-15 陶瓷过滤机

陶瓷过滤机外形及机理与盘式真空过滤机的工作原理相类似，即在压强差的作用下，悬浮液通过过滤介质时，颗粒被截留在介质表面形成滤饼，而液体则通过过滤介质流出，达到了固液分离的目的，其不同之处在于过滤介质——陶瓷过滤板具有产生毛细效应的微孔，使微孔中的毛细作用力大于真空所施加的力，使微孔始终保持充满液体状态，无论在什么情况下，陶瓷过滤板不允许空气透过，由于没有空气透过，固液分离时能耗低、真空度高。

无论过滤介质的结构和过滤的推动力如何，过滤速度取决于滤液通过过滤介质和滤饼的速度。因为过滤介质和滤饼中的通道很小，滤液在这些通道内的流态属于层流。

滤液要同时通过滤布和滤饼两部分，因为滤饼和滤布是串联的，过滤面积相等，在同一时间内通过滤布和滤饼的滤液体积又是一样的，故两者的过滤速度相等。

过滤操作有两种不同的典型方式：一种是恒压过滤，即在过滤过程中，压力差保持不变；另一种是恒速过滤，即在过滤过程中过滤速度保持不变。

以不同的压力差进行恒压过滤时，在多数场合下都发现滤饼的比阻与压力差有关，压力差增大，滤饼结构变得致密，比阻增大。对于压缩性较大的滤饼，随着压力差的增大，比阻的增加是比较快的，同时，由于结构比较致密，滤饼的含水量也比较少。

五、练泥机

泥浆经压滤机过滤后得到的泥饼，由于过滤工艺本身的原因，泥饼中各组分的分布往往是不均匀的，例如中心附近的泥料比靠近滤布处的泥料含水量较高，瘠性物料因粒度较粗，较多地分布在泥饼的下部等。此外，在泥饼中还含有一定数量的气泡，同时在泥饼的堆叠过程中又会裹入一些空气。泥料中各组分分布不均匀和含有气泡，这对泥料的工艺性能和产品质量是十分有害的。为了消除泥料的这些缺陷，在陶瓷工业中，一般是用真空练泥机对泥料进行加工，泥料经真空练泥机加工后，各组分的分布趋于均匀，结构比较致密，泥料的可塑性和干燥强度都有提高。因此，真空练泥机是陶瓷工业中一种重要的机械设备。

原泥料从加料斗喂入后，首先在槽内受到不连续螺旋刀的破碎、揉练、混合后推压入嘴形筒内，逐渐将泥筒填满并被推入前端的嘴形套筒。由于嘴形套筒的流通面积是逐渐变小的，泥料受到挤压和消除螺旋结构并起到对真空室的密封作用。泥料被推进真空室时，切割成泥条或泥片并靠自重落到室底，此时泥料中包含和附着的气体被真空泵抽吸排出。经脱气后（真空处理）的松散泥料又靠不连续螺旋刀或连续螺旋叶的作用，被推向前端的挤压螺旋，泥料沿轴向也是逐渐填满机身的，显然在未挤满挤压螺旋之前，泥料继续脱气抽真空后，在挤压螺旋强力推动下泥料被挤向机头，然后经机嘴或模具挤出。图 3-16 为练泥机。图 3-17 为练泥机结构示意图。

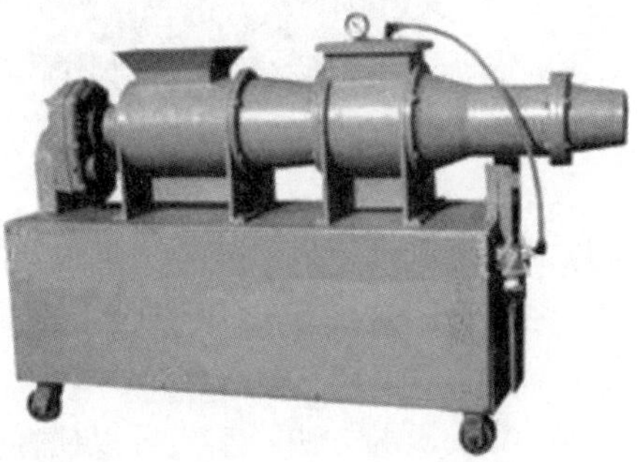

图 3-16 练泥机

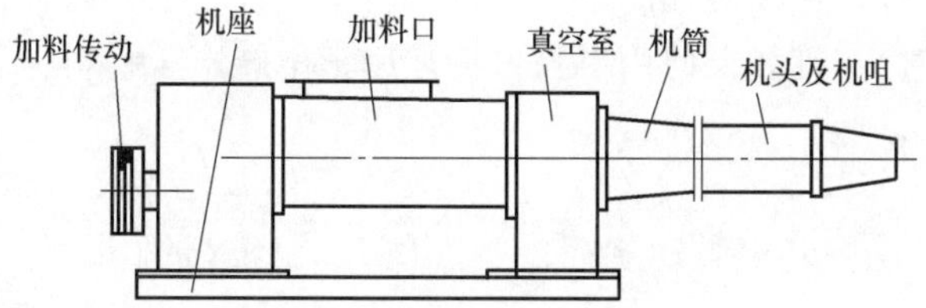

图 3-17 练泥机结构示意图

六、干燥机

干燥机在很多生产领域都可以应用到，分为专业的回转、三筒、单筒等结构，根据加工的物料内部的结构和配套设备也不相同，其中以粉体为例，粉体是粉末，根据不同的粉体特性，所采用的设备也不相同，通过将上料机、烘干机、热风等配套成一个专业的粉体干燥机设备。回转圆筒干燥机是其中的典型，回转圆筒干燥机是一种处理大量物料干燥的干燥机。由于它能使物料在圆筒内翻动、抛撒、与热空气或烟道气充分接触，干燥速度快、运转可靠、操作弹性大、适应性强、处理能力大。图 3-18 为回转圆筒干燥机。

回转圆筒干燥机主要由回转体、扬料板、传动装置、支撑装置及密封圈等部件组成。干燥机是一个与水平方向略成倾斜的圆筒，物料从较高的一端加入，高温热烟气与物料并流进入筒体，随着筒体转动，物料运行到较低一端。在圆筒内壁上的抄板把物料抄起又撒下，使物料与气流的接触表面增大，以提高干燥速率并促进物料前行。干燥后的产品从底端下部收集。

图 3-18 回转圆筒干燥机

当前工业生产常采用喷雾干燥器，方法是把干燥得到的粉料与泥浆混合使之成为均匀的可塑泥料，用这种方法制备泥料，泥料的含水量可以通过调节粉料与泥浆的配合比例准确地予以控制。

用喷雾干燥的方法脱水，可以使操作过程自动化、连续化，减少操作人员。同时泥料的质量稳定，操作可靠。然而，喷雾干燥是用物理方法脱水的，需要供给热量作为水分蒸发之用，同时，泥料雾化还要消耗能量，而且设备也比较复杂和庞大，这些都是缺点。尽管如此，对于大规模生产，如果使用得当，特是用于生产干压粉料，总的来说还是比较经济合理的。

七、造粒机

造粒是在原料细粉中加入一定量的塑化剂，制成粒度较粗，具有一定假颗粒级配，流动性好的团粒，以利于陶瓷坯料的成型。喷雾造粒是陶瓷粉体造粒的重要方法之一。图 3-19 为喷雾干燥造粒机。

图 3-19 喷雾干燥造粒机

喷雾干燥造粒机的基本原理是把带有黏合剂的粉料，用喷雾器喷入造粒塔中进行雾化，塔中的雾滴被塔中热气流干燥成颗粒状粉体，然后从干燥塔底部卸出（图 3-20）。具体过程分为三个阶段：

① 料浆雾化。料浆由供料系统中的隔膜泵以一定压力从喷嘴压入干燥塔，压力的能量转换为动能，料浆由下向上从喷嘴喷出，形成一层高速的液膜，液膜随即分裂为液滴。雾化产生的液滴尺寸与压力成反比，喷嘴的生产能力与压力的平方成正比。

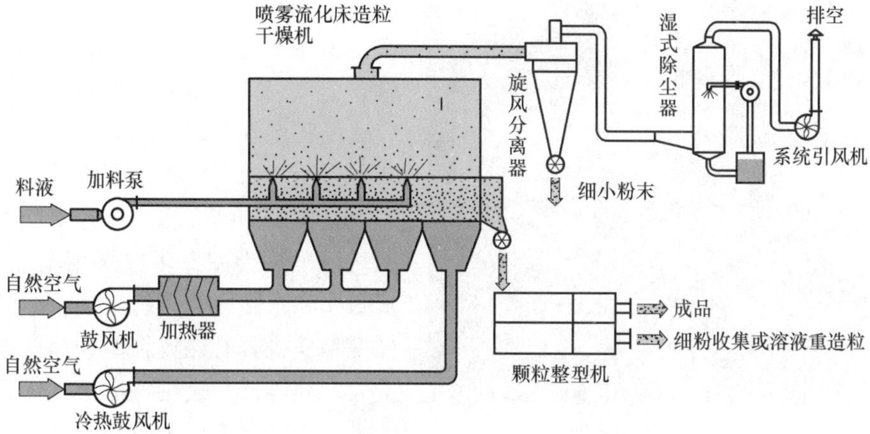

图 3-20　喷雾干燥造粒机的结构图

② 雾粒干燥成球。雾粒与热空气以混合流的方式工作，热空气通过顶盖上的热空气分配器进入塔内，热风分配器产生一股向下的流线空气气流，雾滴由下向上喷入热空气流。雾滴由于表面张力作用而形成球形，同时由于雾滴具有很大的表面积，其中水分迅速蒸发干燥，而最终收缩形成干燥的球形颗粒粉料。

③ 颗粒粉料卸出。形成的球形颗粒粉料在干燥塔内逐渐沉降，与热空气分离，塔下部的漏斗型腔使颗粒料汇集并从出料口卸出。较细的颗粒料与干燥空气一起由与漏斗型腔上部相连的抽风机抽取而进入除尘系统。

从经济性来说，料浆的含水量越小越好，但是含水量小，雾化困难，一般料浆含水量以 35%~40% 为宜。设备工作时，应不断观察进、排气温度，记录温度变化情况，及时调节进料量。进气温度影响干燥器的蒸发率，从经济性来看，进气温度高，效果较好。排气温度应尽可能低，但排气温度影响产品的含水量，排气温度越低，产品含水量越高。排气温度可用调节进料量的方法予以改变，增加进料量，排气温度降低，反之亦然。干燥塔内一般应保持 100~300Pa 的负压，塔内压力的大小可通过阀门调节。

八、除铁器

在制备陶瓷制品所使用的黏土中，往往会有铁杂质的存在。铁是很强的着色剂，对于精陶来说，如果铁是杂质，必须除去，否则影响性能；普通陶瓷，为了增加坯体的白度，也需要除铁，因为铁会发色；对于特种陶瓷而言，铁会降低基板的绝缘性能，所以陶瓷浆料除铁器是制备陶瓷制品时不可或缺的设备。

陶瓷浆料除铁器的基本原理有两种：一种是利用磁场力对磁性物质的吸引力，将铁质矿物从浆料中分选出来并将其除掉的设备叫作磁选机，通常称为除铁机。达到分选的基本条件是，磁场对铁磁物质的吸引力（F）要大于阻止磁性颗粒被分离出去的合力（F_C），它包括铁磁性颗粒的重力、离心力、惯性力和流体阻力等。另一种是利用软磁材料在外加磁场中产生较高于磁场强度的感应磁场，并利用此感应场强进行吸铁，称为工作场强。软

图 3-21 电磁式除铁器

磁材料在背景磁场中可在其表面产生很高的工作场强，工作场强与软磁材料的磁导率 μ 有关，一般工作场强可达 2～3 倍的背景场强。软磁材料在磁场中表现出高感应磁场状态，在退磁状态下表现为零磁性状态。图 3-21 为电磁式除铁器。

从应用的情况看，陶瓷生产中的除铁工艺以湿法为主，多数采用电磁除铁机、永磁棒和永磁板等传统工艺，但是永磁高梯度除铁机具有磁场强度和梯度高、处理量大、耗电低、使用寿命长等优势，随着技术的成熟逐渐成为主流。

第四节 典型陶瓷烧结设备

一、陶瓷工业窑炉

1. 间隙式烧结炉

间隙式烧结炉以钟罩炉为典型。钟罩炉以其炉内温度场与气氛场均匀、稳定，精度高，重复性好，而适宜于高性能、多品种、小批量产品的生产。图 3-22 为钟罩炉。

图 3-22 钟罩炉

设备由矩形炉体、升降机构、电气控制、气氛控制、循环冷却等部分组成，其特点为：全纤维炉衬、节能、蓄热少、升降温速率快，分区多点控温，温度均匀性好，工艺保护气体流量稳定，气氛波动小，循环冷却系统，多点透气，冷却均匀。钟罩炉最重要的要求是温度曲线与气氛曲线的控制，两曲线之间的协调以及窑腔内温度与气氛的保证。该设备具有两个创新点：其一为加热元件的设置保证每堆产品的加热状态完全一样，加热元件（硅碳棒）上加工小孔导气，使工艺气体从硅碳棒上小孔导出，以得到每堆产品的气氛状态完全一样；其二为采用质量流量计作为工艺气体流量调节装置，调整精确，重复性、稳定性好。采用工控机对窑炉工作过程进行控制与监督。窑内温度、气氛、流量、压力等工艺曲线可编程序实时控制，对窑炉运行各种参数进行显示、记录与存储。

2. 连续式烧结窑

连续式烧结适宜于大批量产品烧结，窑内空间大，氧化气氛充足；上下加热室贯通，使每个温区内温度均匀；两列同时前进的推板分开（通称窑道分开），使推板上烧结的产品周边空间基本相似，温度与气氛均匀一致；每个温区之间设有锁口，由每个温区前后锁口形成一个温度与气流稳定性好的区域。这种窑炉具有很好的热工性能。

对于瓷片电容、片式元件、敏感元件，其烧结最好选择宽窑腔单推板窑；瓷料烧结最好选择宽窑腔双推板窑。这种结构有两个不足：其一为窑腔加大必须加大功率配备；其二为窑顶加宽，窑顶的结构强度要求提高。解决的办法为：设备额定功率配备加大，提高保温性能，在窑腔入口与出口段设置长度大于500mm的窄窑腔结构减少热损失，使设备运行功率降至最低。窑顶结构强度从炉体金属外壳强度、拱顶砖周边保温结构强度以及科学施工三个方面加以保证。在电子陶瓷元件烧结中，气压、温度、气流的影响不可忽视。往往在一年四季，天气变化，均会直接影响烧结产品的成品率。为解决这一问题，在宽窑腔的窑炉的入口横送与出口横送的轨道上，加装封闭门。门的驱动可根据情况采用机械式或气动式。主推进器与出料台加罩，保证窑炉在封闭状态下运行，既避免了天气变化、窑炉周边环境变化的影响，又可减少散热损失。

3. 全密封高温气氛保护窑

生产中使用Ni电极代替银钯电极的电子陶瓷、荧光粉、钒制品、陶瓷金属化等均需在全密封状态下烧结。窑炉入口与出口都处于密封状态。

12m全密封高温窑就属于这类窑型，其主要技术指标如表3-1所示。

表3-1　技术指标

指标	参数
窑长	12m
窑口尺寸	350mm×220mm
窑温稳定性	≤±2℃/24h
保护气氛	N_2;H_2;H_2-N_2 混合
最高窑温	1450~1750℃
其他	窑温1000℃以上窑腔内 $w(O_2)$ 不大于 50×10^{-6}

该窑特点：窑炉前后带密封室，所有加热元件、测量热偶引出孔均采取有效密封，窑顶盖板用环氧树脂搅拌的氧化铝粉密封，从而保证了窑体的密封性。

在全密封状态下，窑压达到100MPa左右，对于烧结中产生的大量废气采取由窑顶排气孔引出。对于H_2-N_2类保护气体，可在窑顶前后设长明火，以将其中的H_2烧掉。全密封窑的安全保护是非常重要的，因此设计了防爆装置。在设计防爆孔时，考虑了防爆片冷却问题，不至于因温度过高造成防爆片损坏。

对于气氛保护高温窑，加热元件的选用需引起足够重视，如N_2气氛中，MoSi棒工作温度为1500℃，超过1500℃会使寿命急剧缩短。对还原气氛烧结，采用金属加热器。对于电子陶瓷中的Ni电极烧结，窑温属中温范围，采用N_2保护，只是要求p（O_2）能达到10×10^{-6}~20×10^{-6} Pa，该种窑型非常适用。由于产品烧结产生吸氧反应，配置了精密流量调节及氧分析仪。在吸氧激烈区域送入微量 O_2 以补充吸氧反应所消耗的氧。该窑的最后一节采用水冷或夹层风冷，保证产品与推板温度的降低，从而使窑炉出口端的密封室不至于因温度太高而使密封困难。

应用范围：主要应用于电子元件和物理元件的大批量生产，由于其良好的密封性和稀有气氛保护，也为一些精密元器件的生产提供了条件。

二、卧式无压烧结炉

无压烧结是在无外界压力条件下，将具有一定形状的坯体放在一定温度和气氛条件下经过物理化学过程变成致密、体积稳定、具有一定性能的固结致密块体的过程。无压烧结是通过粉末颗粒间的黏结完成致密化过程，其驱动力主要是孔隙表面自由能的降低。由于无压烧结主要通过烧结方法的选择来达到在晶粒生长最少的前提下使坯体实现致密化，因此设备简单，易于工业化生产，是最基本的烧结方法。

图 3-23　卧式无压陶瓷烧结炉

无压烧结过程中，颗粒粗化、素坯致密化、晶粒生长三者主要在不同的温度区间进行，利用这种关系，就可通过烧结温度的控制，获得致密化速率大、晶粒生长较慢的烧结条件。烧结制度的控制，主要是控制升（降）温速度、保温时间及最高温度等。最常用的无压烧结为等速烧结。图 3-23 为卧式无压陶瓷烧结炉。

无压烧结广泛地应用于陶瓷烧结，适用于不同形状、大小陶瓷制品的烧制，由于其较大的烧结空间，使其可以实现材料的批量烧结。

三、热压烧结炉

热压烧结是利用热能与机械能将制品致密化的过程。此过程的特色是烧结温度可依外加压力的大小而比无压烧结低 200~400℃，同时外加的能量使得制品致密化的速度加快，因此完全致密且晶粒细致的制品可在较低的温度及较短的时间内完成。而如采用真空热压烧结，由于热压过程中保持有较高的真空度，能够进一步有效地降低制品的烧结温度并高效排除微小气孔中的气体，从而进一步促进热压材料的致密化过程。

众所周知，烧结温度的降低，对于微粉制品，能有效地防止晶粒的长大，对于最终产品质量的稳定有着极其重要的意义。尤其是对于纳米陶瓷材料，由于颗粒直径的减小、比表面积增大、表面活化能增加、颗粒间的接触面积增加，造成最终烧结的驱动力增大，降低了大气孔的产生及气孔的数量。研究发现，纳米级粉末制品的烧结驱动力是普通制品的几十甚至上百倍。抑制烧结过程中晶粒的长大是获得纳米陶瓷制品最为关键的过程，而真空热压烧结工艺能够很好地实现这一点。图 3-24 为真空热压烧结炉。图 3-25 为真空热压烧结炉结构图。

图 3-24　真空热压烧结炉

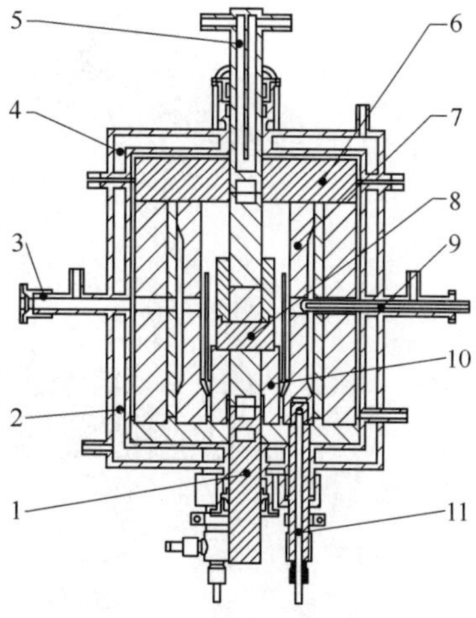

1—下压头；2—炉体；3—观测头；4—炉盖；
5—上压头；6—保温桶；7—发热体；8—模具；
9—温度传感器；10—支撑体；11—引入电极

图 3-25　真空热压烧结炉结构图

四、热等静压烧结炉

热等静压（HIP）是在高温高压密封容器中，以高压气体为介质，对其中的粉末或待压实的烧结坯料（或零件）施加各向均等静压力，形成高致密度坯料（或零件）的方法。该法采用金属、陶瓷包套（低碳钢、Ni、Mo、玻璃等）或不采用，使用氮气、氩气作为加压介质，使材料热致密化。图 3-26 为热等静压烧结设备。

图 3-26　热等静压烧结设备

图 3-27 为热等静压烧结设备结构图。热等静压设备主要由高压容器、加热炉、压缩机、真空泵、冷却系统和计算机控制系统组成，其中高压容器为整个设备的关键装置。目前，先进的热等静压机为预应力钢丝缠绕的框架式结构。高压容器的端盖与缸体间的连接采用无螺纹设计，因筒体和框架均采用钢丝预应力缠绕，所获得负预应力可通过计算确定，即使当装置处于工作的最大压力状态时，其强大的应力也是由预应力缠绕钢丝所承受，即应力被集中消除，承载区域独立安全。同时钢丝缠绕还起到防爆和屏障的作用。加热炉负责提供热等静压所必需的热量，通常为电阻式加热炉，可视不同温度挡的要求，采用不同的电

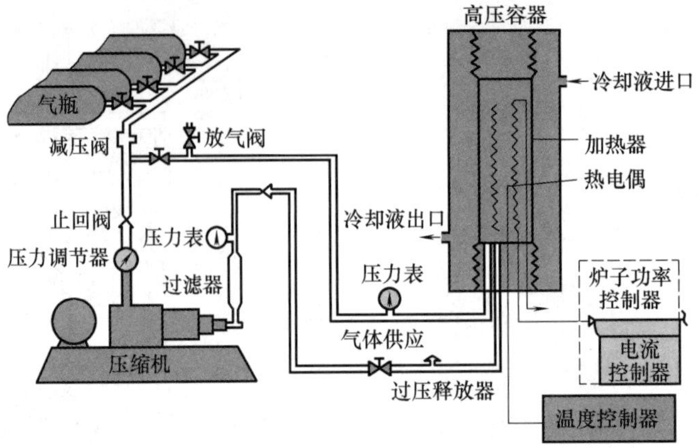

图 3-27 热等静压烧结设备结构图

阻材料，如最高工作温度为 1450℃条件时可用钼丝加热炉，为 2000℃条件时可用石墨加热炉。压缩系统通常采用非注油式电动液压压缩机，并配置有过压保护、防振装置和自动调节部件，可给热等静压提供高达 200MPa 的高压气体。真空泵则采用旋转叶轮式，用于设备的抽空排气，同时可去除容器内水气、氧和其他挥发性杂质。

第五节 其他陶瓷生产设备

一、陶瓷修坯机

自动修坯机单机由旋转机轮、定位机构、修坯削刀和水修海绵轮等组成。由机械手（或称吸盘器）与前后烘干器连接。坯体经修坯机干修或湿修后烘干后入窑素烧（二次烧成工艺）或送去施釉（一次烧成工艺）。自动修坯机是盘类生产线的重要组成部分。

二、施釉机

施釉机中的典型为三管施釉机，三管施釉机结构简单，操作方便，工效高，劳动强度小，釉面均匀，质量良好。全机由刹车装置、机架、车头主轴、坯座、釉盘、捬水笔、凸轮装置、皮球、储釉桶、减速传动装置等部件组成。

三管施釉机工作过程为，电机经减速后，分别带动车头主轴、凸轮轴和储釉桶内搅拌机构回转，凸轮轴上装有两组凸轮共九个，分别是施外釉、底釉凸轮两个、施内釉凸轮两个、捬水凸轮四个、回釉凸轮一个，分别控制两个车头主轴完成整个动作，由于两组凸轮空间位置相错 180°，所以两个车头主轴工作是交替进行的，便于一人操作。

三、装饰机

陶瓷装饰是指在陶瓷上进行艺术加工的方式和技法，具体方法有单色釉、杂色釉、结晶釉等，装饰方法可单项运用，也可综合运用。

陶瓷的装饰经历了丝网印花、辊筒印花之后，近几年又掀起了喷墨打印的高潮，喷墨打印技术已被称为中国陶瓷墙地砖印花技术的第三次革命，被越来越多的国内陶瓷企业看好。喷墨打印机，较之丝网印花和辊筒印花，具有许多无可比拟的优势。它能在极短的时间内达到个性化的要求，更加适合当今瓷砖装饰时装化、个性化、小批量、多花色的发展趋向。喷墨产品的精细度与高清晰的图片并没有太大区别，并且传统技术的产品都会受到规格方面的限制，而喷墨技术在理论上没有规格限制。另外，近几年来仿古砖生产迅猛发展，一些高端品种诸如仿树皮、仿原木之类的饰釉砖表面是凹凸不平的立体面，其采用丝网印花和辊筒印花都是无法实现的，只有喷墨印花可以得心应手，随心所欲。不仅更真实地还原自然材料的纹理和效果，还能在凹凸面上实现印刷。

四、陶瓷磨边机

陶瓷磨边机主要为瓷砖磨边机，又名圆弧抛光机，该机是在瓷砖磨边机基础上改进设计而成，具有多功能、效率高等诸多优点。以机械生产为例，瓷砖磨边机可以开楼梯防滑槽、踢脚线、内墙45°倒角、修边等，是用在陶瓷加工厂最多的一种设备，也是功能较全面的陶瓷件加工设备之一。截至目前，最新款的圆弧线条抛光机，还增加了石材线条、瓷砖线条等功能。

五、给料机

为了保证粉碎机械有较高的生产能力和工作效率，均匀给料是必要的，而且，当工艺条件发生变化时，还要及时地调节给料量，使之能保持在良好的条件下工作，为此，必须配用适当的给料机作为自动给料之用。例如，在悬辊式磨机上就装有能根据磨机底盘上料层的厚薄自动调节给料量的给料设备。

用间歇式球磨机粉磨釉料或坯料时，通常都是几种不同物料按一定比例加入球磨机内的，这些不同的物料分别储存在各自的料仓中。为了准确地配料，一般是在料仓下面敷设供小车运行的轨道，料斗秤装在小车上，当小车运行到某个料仓的下面时，为了按需要数量装入储存在料仓中的物料，在料仓出料口下面，需要装设能均匀给料的给料机，以便把物料均匀地给到料斗中称量。各种物料按配方称好后，再把料斗送到球磨机上加料。

给料机一般是按照物料体积均匀给料的，如果要求各种物料配比的准确度不十分严格，那么，可以用给料机做体积计量进行配料，这样可以使结构简化，操作者也容易掌握，但是，在要求准确配料的场合，应采用各种自动或半自动的称量设备。

六、混合和搅拌机械

陶瓷生产中用的坯料和釉料，一般是由几种不同的物料按一定比例配合而成的。各种物料按配方称量好以后，必须均匀混合。各组分混合的均匀程度对陶瓷制品的质量影响很大，如果混合得不均匀，将出现物料中各部分成分不一样和含水量不相同的情况，结果将造成大量的废品。

物料的混合是在混合或搅拌机械中进行的。有些搅拌机械除可进行物料的混合操作外，还可用于使料浆中固体颗粒不发生沉淀，使之保持均匀的悬浮状态。

参考文献

[1] 袁运开，顾明远. 科学技术社会辞典 [M]. 杭州：浙江教育出版社，1992.

[2] 苏金城. 我国陶瓷机械装备工业的规划与展望 [J]. 中国陶瓷工业，1995，002 (001)：13-17.

[3] 张柏清，陈华龙. 中国陶瓷机械的发展现状和展望 [J]. 中国陶瓷工业，2014，21 (1)：40-42.

[4] 段继光，金湘中. 陶瓷刀具的生产与应用概况 [J]. 工具技术，1993，27 (1)：8-12.

[5] 肖诗纲. 刀具材料的新发展（上）[J]. 机械工艺师，1994 (3)：38-40.

[6] 于涛. 先进陶瓷刀具材料及质量的研究现状与发展趋势 [J]. 中国机械工程，1998，9 (8)：57-60.

[7] 艾兴，萧虹. 陶瓷刀具切削加工 [M]. 北京：机械工业出版社，1988.

[8] 黄传真. 新型复相陶瓷刀具材料的研制及切削可靠性研究 [J]. 材料导报，1996 (3)：82.

[9] 吴基球，李竟先，李月琴，等. 国外日用陶瓷工艺技术现状及发展趋势 [J]. 河南建材，2001 (1)：24-26.

[10] 李阳. 卫生陶瓷生产工艺链能效评估及优化方法研究 [D]. 广州：广东工业大学，2016.

[11] 编委会. 现代矿山选矿机械设备实用技术手册 [M]. 北京：北京矿业出版社，2011.

[12] 孙长良，孙成林. 选矿厂工艺设备安装与维修 [M]. 北京：冶金工业出版社，2010.

[13] 张强. 选矿概论 [M]. 北京：冶金工业出版社，2006.

[14] 易丹青，刘会群，王斌. 金属硅化物 [M]. 北京：冶金工业出版社，2012.

[15] 王石，匡万兵，刘亚红. 电子陶瓷用的几种新型烧结设备 [J]. 电子元件与材料，2007，26 (8)：65-66.

第四章　玻璃机械

玻璃透明且质硬，具有良好的光学和电学性能，较好的化学稳定性，以及一定的耐热性能。因此，玻璃制品被广泛应用于轻工、建筑、交通、医药、卫生、食品、化工、电子、航天等各个领域。在激烈的市场竞争态势下，传统的玻璃制造技术与设备已经无法适应新时期下玻璃行业的发展，创新玻璃机械与设备已成为推动玻璃行业发展的必由之路。

第一节　玻璃机械的产生与发展

一、世界玻璃机械的产生与发展

玻璃制备技术的产生可以追溯到公元前 36 世纪，那时古代的埃及和米索不达米亚已经制造了玻璃制品。公元前 16 世纪，古埃及出现了玻璃珠子和玻璃镶嵌片。公元前 1 世纪叙利亚人创造了吹制工艺，可以将玻璃液随心所欲地吹成各种形态的器皿。以后相继出现了模具吹制法，这是批量玻璃器皿生产的开始。

公元 1 世纪，罗马成为玻璃制造业的中心。罗马帝国的玻璃工艺有吹制、吹模、切割、雕刻、缠丝、镀金等。12 世纪，随着贸易的发展，威尼斯成为世界玻璃制造业的中心。威尼斯玻璃生产的鼎盛时期是 15~16 世纪，产品几乎独占欧洲市场。17 世纪，欧洲的玻璃工业发展迅速，法国已经用铸造法生产大面积的玻璃镜和平板玻璃。英国人发明了两项重要的技术：一是铅玻璃，二是熔化技术。熔化技术将燃料由木材变为煤炭，又使用了闭口坩埚。此外，瑞士人狄南还发明用搅拌法制造光学玻璃，为熔制高均匀度的玻璃开创了新途径。

到了 18 世纪末，化学和物理学的几个分支学科迅速发展，促进了玻璃制作工艺的发展，从这时开始，制作平板玻璃长期采用两种方法：冠形制板法和圆筒法。到了 19 世纪，玻璃理论和制备工艺取得了巨大的进步。人们研究了玻璃熔体的搅拌，并成功生产用于制作消色差复合透镜的光学玻璃。1881 年，阿贝和肖特首次对玻璃性质和组成的关系进行了富有成效的研究，同时又着手改进光学仪器。19 世纪，基础工业迅速发展，池炉的使用使玻璃大批量地连续生产成为可能，加上使用机械设备，平板玻璃得以机械化生产。

20 世纪以来，玻璃的生产技术获得了极其迅速的发展，生产方法有多种，如：平板玻璃生产包括有槽法、无槽法、平拉法、对辊法和格拉威伯尔法。1957 年，英国人皮尔金顿发明了浮法工艺，并获得了专利权。由于成本低，产量高，浮法工艺逐步取代了平板玻璃的传统工艺，成为世界上最先进的工艺方法。1975 年，美国匹兹堡公司（PPG）发明了新浮法（LB 法），并获得了专利权。欧文斯发明了第一台自动瓶罐成型机，20 世纪中期又出现了行列式制瓶机，近年来又出现了更为先进的成型设备，使玻璃制品的生产大多数已从手工变为半自动化或自动化控制生产。

二、我国玻璃机械的产生与发展

我国玻璃机械如其他工业，在最开始的时候都是依赖于国外进口，后来随着中国成为“世界工厂”，大量产品得益于时势飞速发展了起来，玻璃机械产业也是时代的幸运儿之一，并逐渐形成了两大沿海集群产业区，分别是以佛山、广州、深圳为主的珠三角片区和上海、苏州、杭州、张家港为主的长三角片区，之后又不断往北方沿海区及更多内陆城市扩散发展。

现在，我国玻璃机械的发展速度和规模已经进入世界前列，有不少企业已经带着自主研发的产品走出去，在国际展会上与全世界的玻璃机械设备同台竞技。在某些项目上，我国已处于世界领先水平，但这并不代表我国玻璃机械产业的发展就足以与外国不相伯仲，事实上，我国玻璃机械设备整个产业离国际先进水平还有一段距离，因为依旧有大多企业的产品科技含量不高、附加值低，处于中低档的水平。

第二节 玻璃的生产工艺

玻璃的制造工艺因制品种类不同而有所不同，但基本上均需将各种原料混合后在高温下熔融，然后用不同的成型方法将玻璃液体冷凝成不同形状的固体。本节重点介绍不同玻璃的主要生产工艺。

一、平板玻璃

平板玻璃的基本定义是透明的平整玻璃，它应具有光滑的抛光表面并在透过玻璃看物体时没有视觉扭曲现象。

1. 浮法工艺

平板玻璃常采用浮法生产。浮法是指玻璃液漂浮在熔融金属锡液表面上生产平板玻璃的方法，这种生产方法的主要优点是玻璃质量高，拉引速度快，产量大，产品规格多样化，板宽大，便于生产自动化。

浮法玻璃生产的工艺过程是：来自池窑的经熔化、澄清、冷却的优质玻璃液，进入锡槽后，漂浮在熔融锡液表面，完成摊平、抛光、冷却、成型等过程，形成高质量的平板玻璃。

熔窑内配合料经熔化、澄清、冷却成为 1100~1500℃ 的玻璃液，通过熔窑与锡槽相连接的流槽，流入熔融的锡液面上，在自身重力、表面张力以及拉边机的拉引力的作用下，玻璃液摊开成为玻璃带，在锡槽中完成抛光与拉薄，在锡槽末端的玻璃带已冷却至600℃左右，即将硬化的玻璃带被拉引出锡槽，通过过渡辊台进入退火窑。

浮法玻璃的成型是在锡槽中进行的，其过程包括展薄、抛光、拉引等几个阶段。

2. 压延法

压延法用于制造厚平板玻璃、压花玻璃、夹丝玻璃等。压延方法分为两种：平面压延法和辊间压延法。

平面压延法是将玻璃液倒在浇铸台的金属板上，然后用沉重的金属辊（水冷却过的）压延使之成为平板，再送入退火窑退火。由于玻璃液温度高，不易建立稳定的温度制度，在浇铸台发生不平的收缩，给玻璃板带来明显的褶皱和波纹，在玻璃板的下面常常产生很小的裂纹。

辊间压延法是玻璃液由池窑工作池沿流槽流出，送入成对的用水冷却的中空压辊，经辊压而成平板，再送入退火窑退火。采用对辊压制的玻璃液两面的冷却强度大致相近。由于玻璃液与压辊成型面的接触时间短，也就是成型时间短，故采用温度较低的玻璃液。

二、瓶罐玻璃

瓶罐玻璃是能用盖子或塞子密封，可定量盛装各种物料的空心玻璃制品，是食品、饮料以及很多产品的包装容器，运用十分广泛，广泛用作饮料、酒类、化学制品、药品、文教用品和化妆品等的包装容器。

瓶罐玻璃一般采用连续作业的池窑进行熔制。池窑型的选择和结构的确定主要取决于瓶罐的产量，一般采用换热器纵焰池窑或蓄热室马蹄焰池窑。自动制瓶生产时，大多采用蓄热室马蹄焰或横火焰池窑。

瓶罐玻璃的成型方法主要有人工成型、半自动化成型和自动化成型等。

人工成型是一种古老的成型方法，目前仍应用于容量大、形状复杂、需求量不大的瓶罐的生产。人工吹制的主要工具是吹管。

半自动的正口机和倒口机曾被广泛应用，它是用压缩空气来代替人工吹制的，但仍需人工供料、人工开闭模子和人工转移玻璃料坯。

1915年，滴料式供料机研制成功，它是将玻璃液从熔炉中投入雏形模的设备，可以有规律地提供一定形状、重量且温度均匀的密实料滴。1925年出现了第一台行列式制瓶机。自动制瓶机的种类有很多，目前常用的主要有：欧文斯制瓶机、JIBM型压-吹制瓶机、林取10型制瓶机、行列式制瓶机等。图4-1所示为欧文斯制瓶机成型过程。

瓶罐玻璃成型后，各部位的温度显然极不相同，所以需要退火。瓶罐玻璃的退火点约为545℃，可使温差消除又不会因其自重而变形。然后缓慢地冷却，防止玻璃中再出现温差。当玻璃冷却到485℃时，冷却速度可以加快。

三、微晶玻璃

微晶玻璃就是把加有晶核剂（个别不加晶核剂）的特定组成的玻璃在一定温度下进行晶化热处理，使原单一的玻璃相形成微晶相和玻璃相均匀分布的复合材料。微晶玻璃具

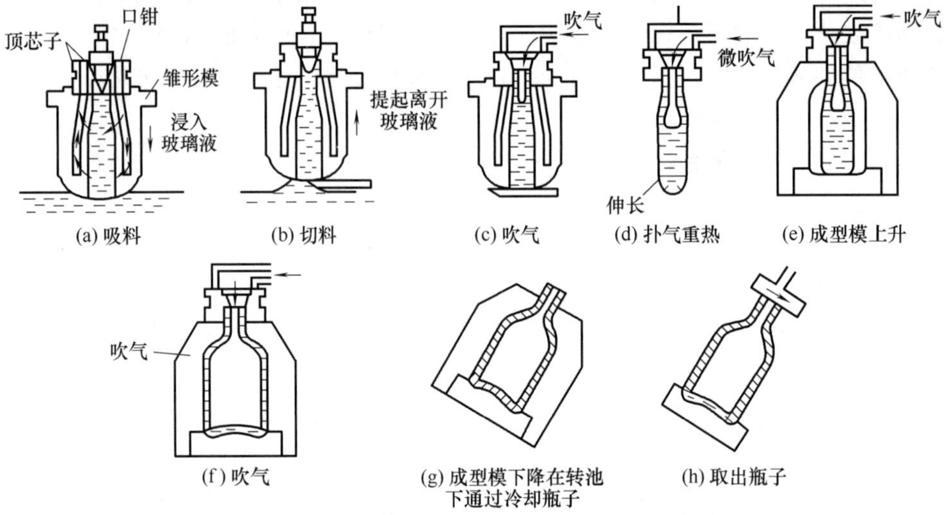

图 4-1 欧文斯制瓶机成型过程示意图

有很多优良性能，如膨胀系数变化范围大、机械强度高、化学稳定性及热稳定性好、使用温度高、坚硬耐磨等。微晶玻璃的性能由析出晶相的种类、微晶体尺寸与数量、残余玻璃相的性质与数量等因素决定。调整上述因素，可以生产出各种预定性能的微晶玻璃，微晶玻璃目前的品种已有数千种。

微晶玻璃的独特性能使其应用十分广泛，如表 4-1 所示。

表 4-1 微晶玻璃的应用

主要使用性能	应用实例
低膨胀、耐高温、耐热冲击	天文反射望远镜、餐具、高温电光源用玻璃、实验室用加热器、代石英玻璃等
高强度	汽车、轮船、飞机、火箭、卫星的结构材料、墙体材料、饰面材料、封装材料等
高硬度耐磨	轴承、汽缸、纺织机导线杆、研磨设备内衬及研磨介质、切削刀具、地板等
易机械加工	可机械钻孔、切削、生产要求耐腐蚀、耐热冲击及加工精度高的部件、代不锈钢、塑料等
耐腐蚀	化工管道、球磨机的球、衬垫、高纯化工产品生产设备等
透明、耐高温、耐热冲击	高温观察窗、化工输送管道、阀、泵等
高介电透明	彩色电视材料、光变色元件、指示元件等
低介电损失	雷达罩、集成电路的基板、丝网印刷介电体等
感光显影	需要复杂加工的产品如显示图像、仪器标尺等

微晶玻璃生产的工艺流程如下：

配合料制备→玻璃熔融→成型→加工→结晶化热处理→后加工。

在微晶玻璃的结晶过程中，最初是形成晶核，晶体以晶核为中心而成长。加入配合料中的成核剂在熔制过程中均匀地溶解于玻璃熔融体中，当玻璃处于结晶温度时，成核剂能降低玻璃形成晶核所需的能量，使核化可以在较低的温度下进行，然后晶化，使晶体均匀成长。微晶玻璃的配方及生产工艺条件应满足下述要求：玻璃易于熔制并且不被污染；在熔制及成型过程中不析晶；在结晶化热处理时能迅速实现体积析晶；产品能满足设计的理化性能要求。微晶玻璃的成分中难熔组分多，熔化温度高，一般在1500~1600℃，设计配方时，应在不影响产品性能的前提下，调整组成，降低熔化温度。

微晶玻璃的晶相矿物组成与基础玻璃成分有很大的关系，因此必须很好地选用耐火材料，以避免因某些组分的融入而改变基础玻璃的成分以至于降低晶化速度。当玻璃液中混有不均质体时在晶化过程中也会造成晶化速度不同或产生异种晶体，使微晶玻璃中产生色纹和裂痕，因此在玻璃熔制时应采取搅拌措施。

微晶玻璃的软化温度较高，在熔制及成型过程中容易产生析晶，应使成型温度范围高于软化温度，并采用高速成型。成型方法与普通玻璃制品相同，如吹制、压制、拉制、压延、浇铸等，也可用机械自动成型。

微晶玻璃的热加工、冷加工应尽可能在结晶化热处理之前完成。

结晶化热处理是微晶玻璃产生预定晶相和玻璃相的关键工序。微晶玻璃的结构取决于结晶化热处理的温度制度。在结晶化热处理过程中，玻璃将发生分相、晶核形成和晶体成长等过程。对于不同种类的微晶玻璃，都有自己的结晶化热处理温度制度。一般可分为两类：一类是阶梯式温度制度；另一类是等温温度制度，如图4-2所示。

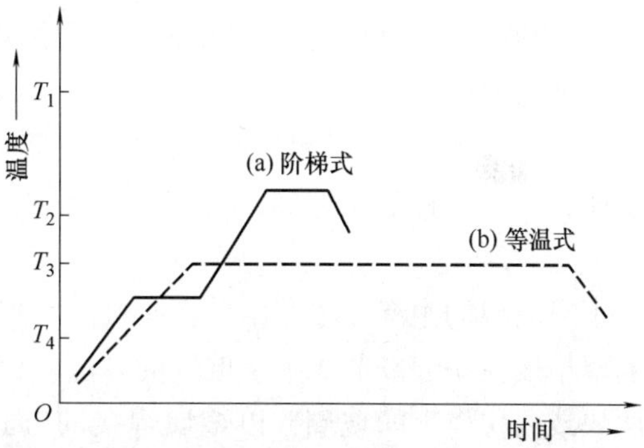

图4-2　结晶热处理温度制度

晶化后的微晶玻璃可以根据制品的精度要求进行研磨抛光或进行各种装饰加工，也可以采用表面涂层和离子交换的方法进行增强处理。

四、其他玻璃生产工艺

玻璃制品种类繁多，其分类方法也有很多，随着科学技术的不断进步，新的玻璃品种也在不断出现，常见的玻璃制品还有以下几种。

（1）玻璃马赛克。玻璃马赛克是建筑材料中用量较大的内、外墙装饰材料。它色彩鲜明、化学稳定性好、具有较高的强度、价格低廉、施工便宜，且对阳光具有漫反射作用而使色泽更加优雅。玻璃马赛克所用的原料主要有四类：主要原料、着色原料、乳浊原料及废玻璃马赛克。

生产方法有熔融法（池窑连续熔化法和坩埚窑间歇熔化法）及烧结法等。目前普遍使用的是熔融法。熔融法是以石英砂、石灰石、长石、纯碱、着色剂和乳化剂等为主要制作原料，经过高温熔化后用轴压延法或平面压延法成型，最后退火而成。烧结法是以废玻璃、胶黏剂等材料，经过压块、干燥、烧结和退火等工艺而制成的。

（2）钢化玻璃。钢化玻璃是普通平板玻璃二次加工后的产品，具有强度高、热稳定性好、碎裂以后的断裂面多为圆形、对人的伤害小等特点。表4-2为钢化玻璃与退火玻璃部分性能的对比。

表 4-2　　钢化玻璃与退火玻璃部分性能对比

品种	厚度/mm	抗弯强度/MPa	耐冲击(钢球高度)/m	耐热温度/℃
退火玻璃	5	49	<0.5	60
钢化玻璃	5	148	>2.5	250

钢化玻璃生产工艺见本章第三节。

(3) 夹层玻璃。夹层玻璃是由两片或两片以上的玻璃用合成树脂胶片（主要是聚乙烯醇缩丁醛薄膜）粘接在一起而制成的一种安全玻璃，可以有遮阳、电信、加热等性能，多用于汽车、船舶、电视屏保护罩等。安全技术要求高的夹层玻璃常用于防盗、防弹、飞机、银行窗口、水下建筑物等。

具体生产工艺为把聚乙烯醇缩丁醛放在两层玻璃之间，加热至70℃左右，然后用滚轴把中间的空气压出，让聚乙烯醇缩丁醛把两层玻璃紧粘在一起。一般的夹层玻璃是以两层3mm的玻璃，中间夹上0.38mm的夹层，总厚度为6.38mm。亦可以用更多层、更厚的玻璃来增加强度。

(4) 中空玻璃。中空玻璃是在两片玻璃周边镶有垫条，从而构成一个充满干燥空气的整体，它是一种节能玻璃，有隔热、隔声及防结露等性能，主要用于采暖和空调的建筑中。

中空玻璃的生产方法有四种：胶接法、焊接法、熔接法和胶条法。胶接法：把玻璃与间隔框粘接在一起以形成中空玻璃的方法。该生产方法由美国和德国首先采用。焊接法：将两块或两块以上的玻璃，以金属焊接的方式，使其周边密封相连的生产中空玻璃的方法。熔接法：采用高频电炉将两块玻璃的边部同时加热至软化温度，再用压机将其边缘加压，使两块玻璃的四边都压合成一体，而其内部充入干燥空气，保持有一定厚度的空腔，两块玻璃保持互相平行的生产中空玻璃的方法。胶条法：两块玻璃四周用一条两侧粘有粘接胶的胶条粘接成具有一定空腔厚度的中空玻璃生产方法。

(5) 镀膜玻璃。在平板玻璃表面采用一定的工艺方法镀一层薄膜（金属膜、氧化物膜、有机膜等），使玻璃具有新的性质和新的用途，这样的玻璃称为镀膜玻璃。

目前，在平板玻璃上较为成熟的薄膜技术分为：真空工艺，即物理气相沉积（PVD），以及化学工艺，即化学气相沉积（CVD）。

(6) 光学玻璃。光学玻璃是光学仪器中使用最多的一种光学材料。用光学玻璃制成的透镜、棱镜、反射镜等是光学仪器中的主要器件，在光学系统中对光产生透射、折射和反射，具有高度的透明性、高度的物理化学均匀性、最小的内应力、一定的化学稳定性、较高的机械强度和耐热性能，并且具有特定的光学常数和同一批玻璃光学常数的一致性。

生产光学玻璃的原料是一些氧化物、氢氧化物、硝酸盐和碳酸盐，并根据配方的要求，引入磷酸盐或氟化物。为了保证玻璃的透明度，必须严格控制着色杂质的含量，如铁、铬、铜、锰、钴、镍等。配料时要求准确称量、均匀混合。主要的生产工艺过程是熔炼、成型、退火和检验。

(7) 保温瓶玻璃。保温瓶主要由瓶胆和外壳组成，瓶胆是一种双层或多层结构的薄壁玻璃容器，其内外瓶口熔封，夹层为真空状态，夹层的壁面镀以反射系数很高的银膜。

保温瓶玻璃具有良好的热稳定性和化学稳定性，能耐沸水的冲击而不破裂，能长期盛放热水不产生明显的脱片，并具有一定的机械强度。

（8）仪器玻璃。仪器玻璃具有良好的抗化学侵蚀性、抗热冲击性、机械强度，并且具有较高的使用温度和良好的加工性能。

仪器玻璃的熔化工艺主要根据玻璃成分和性质来指定，有时需要根据窑炉的结构作适当调整。一般来说应根据熔化的玻璃成分和性质来设计熔窑，以适应工艺的需要，但是在某些特殊情况下，只能利用原窑来熔化仪器玻璃，此时只好将熔制工艺做一些调整。如利用普通坩埚炉熔化硬料，只有采用延长熔化时间，或采用两次化料的方法，来达到熔料的目的。

（9）石英玻璃。石英玻璃是二氧化硅单一成分的玻璃，通常分为透明石英玻璃和不透明石英玻璃两大类。石英玻璃结构紧密，具有很多优异的性能。它的机械强度很高，但抗冲出强度较低，脆性较大；热膨胀系数很小，仅为普通玻璃的1/20~1/10；化学稳定性很高，但抗碱性差；石英玻璃还具有很多优异的光学性能，如折射率很小、具有良好的红外和紫外线透过性等；石英玻璃具有很高的介电强度、很低的电导率与介电损失。

（10）电真空玻璃。电真空玻璃是制造电真空器件的主要材料。在电真空器件中，玻璃主要用来制造玻壳、芯柱、排气管及连接件等。

电真空玻璃具有良好的电绝缘性能，以承受很高的工作电压；其介电损耗很小；因电子管一般都在高温、高频、高压下使用，因而电真空玻璃应具有较高的软化温度、很小的电导率；因其使用过程中要与金属封接，所以热膨胀系数要与封接件尽量接近、热稳定性要好。

（11）柔性玻璃。柔性玻璃产品，该类产品是指厚度小于100μm且具有良好柔韧性的平板玻璃。柔性玻璃在显示器、触摸传感器、柔性光伏产品和照明等领域发挥重要作用，在未来“卷对卷”生产制造中实现高效率、连续化应用。

柔性玻璃受其成型方法（如二次再拉法、浮法等）的影响，边缘会形成异状缺陷，需要对其边缘进行切割处理，消除拉边机造成的影响。同时因为需要对柔性玻璃进行切割加工，成为特定形状的玻璃产品，如手机盖板的“水滴屏”“刘海屏”等，而对玻璃进行U形或O形切割，为前置的摄像头预留空间，同时对于特定设计还需要进行L角、C角切割，如图4-3所示。

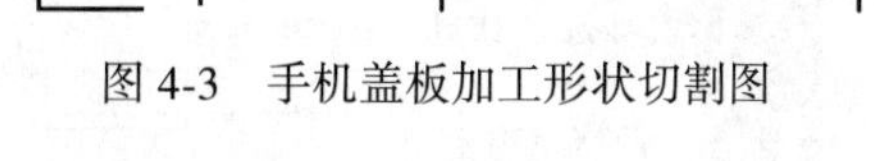

图4-3　手机盖板加工形状切割图

传统平板玻璃切割方法已经不能满足厚度小于100μm柔性玻璃的切割，因此需要进行非接触式的激光切割来对柔性玻璃进行加工。

第三节　典型玻璃成型机械

玻璃原料粉体的生产机械与陶瓷粉体基本相同，本节介绍采用玻璃粉体进行玻璃成型的成型机械。

玻璃的成型是指熔融的玻璃液转变为具有固定几何形状的玻璃制品的过程。玻璃液必须在一定的温度范围内才能成型，成型时，玻璃液在做机械运动的同时还与周围介质发生热传递。玻璃的成型方法有浮法（平板玻璃等）、吹制法（空心玻璃等）、压制法（烟缸等）、压延法（压花玻璃等）、浇铸法（光学玻璃等）、拉制法（窗用玻璃等）、离心法（玻璃棉等）、烧结法（泡沫玻璃等）、喷吹法（玻璃珠等）、焊接法（仪器玻璃等）以及上述几种方法的组合，如压-吹法等。

一、平板玻璃成型机械

最早的规模化生产平板玻璃的方法是冠形制板法和圆筒法，这两种工艺生产的平板玻璃质量都不高，普遍存在厚度不均匀、表面粗糙等缺点。19 世纪的工业革命促进了平板玻璃工业的发展，产生了有槽垂直引上法、平拉法和无槽垂直引上法等工艺，20 世纪 50 年代英国的皮尔金顿兄弟发明的浮法玻璃生产技术将平板玻璃的制备技术推向了一个新的时代。截至 2020 年 10 月，我国浮法玻璃生产线已超过 300 条。

1. 浮法玻璃

浮法玻璃生产流水线示意图如图 4-4 所示。

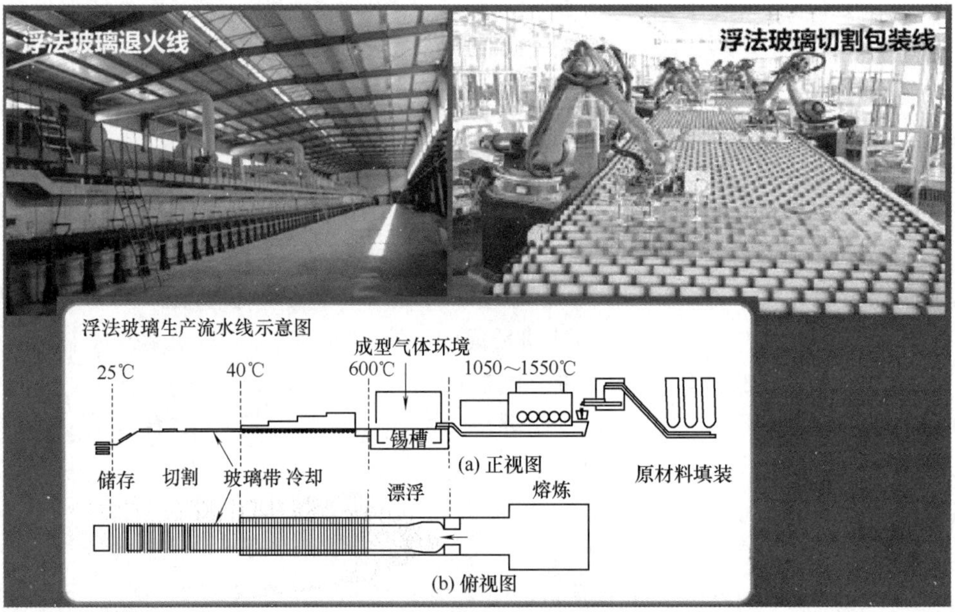

图 4-4 浮法玻璃生产流水线示意图

在浮法玻璃生产工艺中，玻璃的成型是在锡槽中进行的。必须控制好各成型阶段的玻璃黏度，例如在抛光阶段，应有较低的黏度；在拉薄阶段，则应有较高的黏度。

熔融玻璃液由熔窑末端经流液道和流槽，然后进入锡槽。此时，玻璃液的温度约为 1050℃，相应的黏度为 10^3Pa · s，玻璃液在重力和表面张力共同作用下，逐渐摊开展平，约经 1min，便能形成表面平整、光洁如镜的玻璃带。此时，如果无其他外力作用，对钠钙硅玻璃而言，其最终厚度约为 7mm，称为浮法玻璃的平衡厚度。如果有其他外力作用，则可根据施加于玻璃带上力的方向及其大小的不同，获得需要厚度的浮法玻璃。成型后的玻璃带，在750℃以上，还处于塑性状态，这时不宜对玻璃带进行机械传送，否则，玻璃带会产生严重的机械擦伤。因此，须将玻璃带在锡槽内进一步冷却到600℃左右，才能离开锡槽，进入过渡辊台和退火窑。图4-5为浮法玻璃生产线辊台部分。

图4-5　浮法玻璃生产线辊台部分

浮法玻璃的退火是在退火窑内完成的，玻璃的退火主要是通过控制温度的均匀缓慢降低，消除或减少玻璃带在成型时由于温度不均匀降低产生的热应力，并将玻璃带温度由600℃左右降低到70℃以下，满足玻璃带的裁切需要。

浮法玻璃退火窑大致分为加热均热预退火区、重要冷却区、冷却区、热风循环强制对流冷却区、自然冷却区、室温风直接对流冷却区6个区域，总长度80~120m。加热均热预退火区的作用是将玻璃带从600℃降低到玻璃的最高退火温度550℃，若要求能够生产在线镀膜玻璃，则可在该区前设喷涂区，长2.7~9m。该区下部可以安装SO_2气体进口管，以供玻璃表面处理用。重要冷却区的作用是以一定冷却速度进行均匀冷却，从而使玻璃带内的永久应力控制在允许的范围内，该区的温度范围为550~475℃。冷却区的冷却速度比重要冷却区快1.5倍左右，其温度范围为475~380℃。热风循环强制对流冷却区是利用窑内的热空气与室温空气混合的一定温度的热空气直接喷吹在玻璃带上，通过这种强制对流使玻璃带快速冷却，将玻璃带的表面温度降到230℃左右。之后，玻璃带出了退火窑的炉体，经过长约3m的自然冷却区后进入室温风直接对流冷却区加强冷却。

2. 平拉玻璃

平拉法是通过水平拉制手段生产平板玻璃的方法。这种成型方法由美国人发明，后经柯尔本及利比-欧文斯公司改造，故称为柯尔本利比-欧文斯法。平拉法从浅引上室玻璃液的自由表面垂直拉引，两边用对拉边机夹住，以保持一定的板宽。平拉法示意图如图4-6所示。

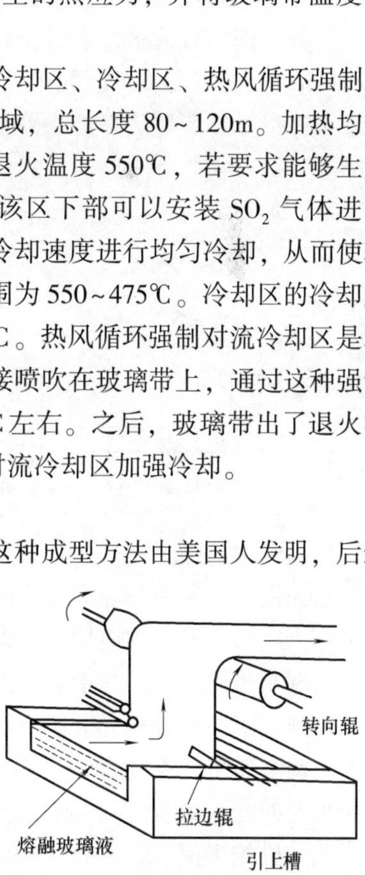

图4-6　平拉法示意图

1961年，比利时格拉威伯尔（Glaverilm）公司将平拉法与匹兹堡无槽法工艺特点有机结合起来，成型室的下部采用无槽法的深池结构，上部采用平拉法的转向拉引工艺，并完整地配置了成型温度调节与控制的手段、成型辊在线和离线修复的工装及成套操作规程，可以连续顺利地拉制厚度为0.8~12mm的玻璃。这就是格法工艺，也称为深池平拉法。该方法可以长期稳定地生产2mm以下的薄玻璃，并且平整度好、厚度差小、产品质量优异、成品率高，没有沾锡污染的板面，与医用载玻片、医用盖玻片、显微镜用载玻片、仪器仪表用玻璃、灯具用玻璃等特殊用途的超薄工业玻璃特性相适应，可作为浮法玻璃工艺的补充，也是目前唯一能与浮法并存的平板玻璃生产方法。

但是，由于平拉法依然是从自由玻璃液而垂直引上，况且需要在转向辊上转向，而且玻璃表面易产生麻点，因此，很难达到浮法玻璃的质量指标。2019年，国家已将平拉玻璃行业列入落后产能行业。

二、玻璃瓶罐成型机械

将满足成型要求的玻璃做成玻璃瓶罐的过程即为玻璃瓶罐的成型。制瓶机的成型方法主要有三种，即吹-吹法、压-吹法和压制法。

吹-吹法的基本原理与人工吹制瓶子相同，先将压缩空气吹入雏形模中，做成瓶子雏形，再将雏形料泡翻转，交给成型模，并向成型模中吹入压缩空气，最后做出瓶子。

压-吹法的基本原理是将吹落入雏形模内的料滴用金属冲头压制成瓶子的雏形，然后在成型模中吹制成完整的瓶子，压-吹法一般用于制作广口瓶。

压制法则比较简单，它是使料碗落下的料滴进入成型模内用金属冲头压制成型。如图4-7所示，其特点是：工艺简单、尺寸准确，制品外表面可带有花纹，但压制品表面有模缝，不光滑等。压制法不能生产内壁有花纹的制品、内腔上小下大的空心制品以及薄长制品。

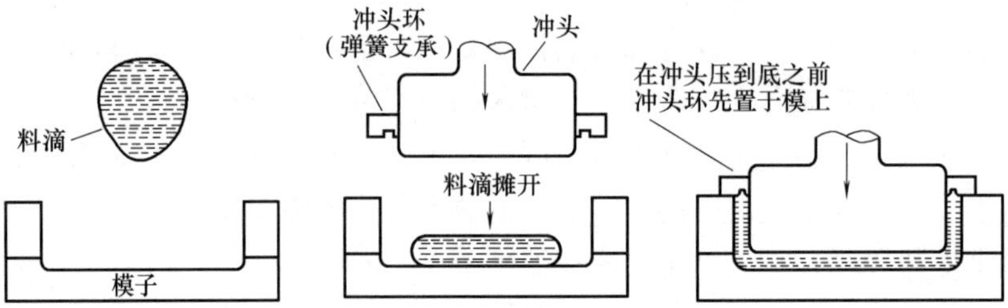

图4-7 压制法成型工艺过程

1. 行列式制瓶机

目前世界上制瓶行业大多采用行列式制瓶机。应用最广泛的是六组行列式制瓶机，而八组和十组的制瓶机的应用也逐渐增多，最高组数达到十二组。一组同时生产两个制品的双滴料制瓶机以及生产三个制品的三滴料制瓶机已得到广泛使用。

行列式制瓶机被称为I.S.制瓶机（简称行列机），于1925年问世。它是生产玻璃瓶罐的自动制瓶机，据统计，目前世界上生产玻璃瓶罐的成型机中，行列机约占60%，而它所生产的产品数量却占全部玻璃瓶罐的80%以上，已经得到了世界各国的广泛应用，成为制瓶机的主流。

我国于1967年自行设计和制造出第一台QD4行列式制瓶机，并已输出国外。行列式制瓶机是由数个完全相同的机组（分部）组成的，每个机组都是一个独立完整的制瓶机。它的机组数目有 2、4、5、6、8、10 不等。近年来制造的行列式制瓶机多为 6、8、10 组。图 4-8 为行列式制瓶机。

图 4-8 行列式制瓶机

2. 行列式制瓶机的特点

① 行列式制瓶机设置有导料系统，不用另设分料器。

② 行列式制瓶机的每个机组是完全独立的定时控制，可以单独启动和停车，不会影响其他机组，便于模具更换和机器维修。

③ 行列式制瓶机的生产范围广，它既可用吹-吹法，又可用压-吹法成型瓶罐。在制品质量和机速完全一致、料形相近时，各机组可以分别成型不同形状和尺寸的产品。对不同尺寸的形状的大口或小口瓶具有非常好的适应性和灵活性。

④ 行列式制瓶机能够使成型的瓶罐获得较好的玻璃分布，与其他成型机比较，有较高的单模生产效率。当以压-吹法生产各种瓶罐时，壁厚均匀，可以实现玻璃瓶罐的轻量化。

⑤ 当玻璃熔窑出料量减少时，行列式制瓶机可以减少运转的组数进行生产。

⑥ 行列式制瓶机的主要操作机构不转动，机器动作平稳，生产操作条件良好。

3. 行列式制瓶机工艺流程

行列机是两步成型机。对于制造小口瓶多采用吹-吹法操作，其工艺过程如下。

（1）装料。如图 4-9（a）所示，向行列机的初型模 1 中装料是由供料机和导料机构通过漏斗 2 完成的。为了装料方便，将初型模 1 倒置，这样上部开口较大，玻璃料块易于装入。所供玻璃料的料形要与初型模内腔轮廓相适应，以便料块能进入口模 4。

（2）扑气。扑气是利用压缩空气将进入初型模的料滴在瞬间吹入口模并成型瓶口外形的过程。如图 4-9（b）所示，当料块落入雏形模内后，扑气头 5 迅速移至漏斗上进行扑气，压缩空气道使玻璃料块进入口模 4，并充分镶嵌，形成瓶头。再依靠顶芯子 3 形成瓶口和气穴。依靠套筒 6 形成瓶口端面。

气穴是制锥形倒吹气的气路入口，因此要求它必须位于瓶口正中央，且要特别匀称，它直接影响制品壁厚的均匀程度。

玻璃料块的头部必须充分镶嵌在口模内，并得到及时的冷却，固定形状，保证能抵住倒吹气的拉力。扑气必须在装料完成后立即进行，否则玻璃冷却硬化后不能在口模内很好充填，瓶头就会有缺陷。如果扑气持续的时间过长，则会信使玻璃料接触面过冷，造成雏形表面皱纹或者瓶身中部薄壁，因此该过程的时间要短促。

（3）倒吹气。通过倒吹气吹制出雏形料泡，作为雏形的要求是雏形温度均一下降。由于充分的降温，使雏形具有一定的“刚性”（并未固化）。

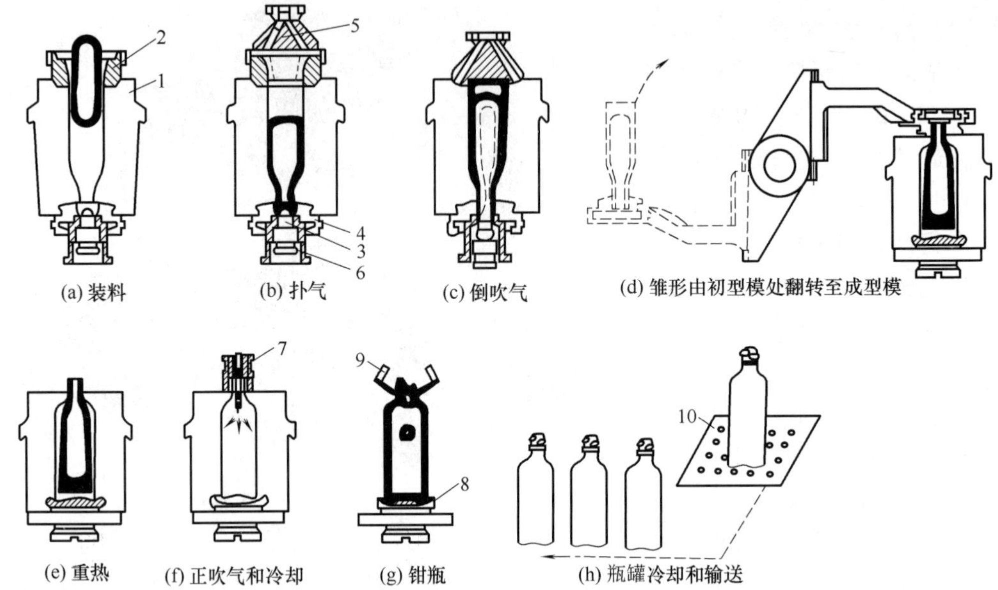

1—初型模；2—漏斗；3—顶芯子；4—口模；5—扑气头；6—套筒；7—吹气头；8—模底；9—钳瓶器；10—风板

图 4-9 吹-吹法操作工艺过程

扑气一旦结束，芯子立即退出口模，以使气穴表面重热。另外芯子退出又让出了倒吹气的通路，为制雏形作了准备，与此同时还发生下列动作［图 4-9（c）］：扑气头离开漏斗，漏斗离开初型模摆回原位，扑气头又返回并压到初型模上，作为模底，压缩空气立即由芯子和套筒的间隙进入气穴，并吹入玻璃正中制成匀称的雏形。

提前倒吹气有利于减少瓶身上的皱纹，适当地延长倒吹气时间可以缩小玻璃料雏形模和成型模散热量的过大差距，以利达到最高机速。

在制造轮廓不圆滑的瓶子（如扁平状瓶）时雏形在初型模开启后到翻转前的时间内，要重新吹胀。所谓吹胀，是将一股压缩空气喷入雏形内，使之轻微扩张，这样有利于瓶壁厚度均匀。

对于表面积较大的芯子在成型过程中，由于易热而黏附在玻璃上，因此应在雏形翻转后立刻用倒吹气气路吹气冷却，冷却芯子的空气必须在雏形模装料前切断，以免气体托住料块，影响装料。

（4）雏形翻转。如图 4-9（d）所示，初型模全开后，瓶头被口模钳住的雏形被翻转机构在垂直平面内转 180°，一方面将雏形由初型模送入正在进行闭合的成型模中；另一方面使雏形由倒置转为正立。当雏形放入成型模后，成型模刚好完全闭合。翻转机构再反转 180°回到初型模下方的原来位置，随后初型模迅速关闭，又重新开始下一工作周期。

初型模在一个工作周期中各步骤的准确时间是已经确定的。雏形翻送的速度不能太快或太慢。太慢，雏形受自身的重力作用而倒塌或下沉；太快，则受离心力作用使玻璃向雏形的底部集中，形成厚底薄肩。上述两种偏向均能改变甚至破坏雏形的合理状态，而且造成的弊病在正吹气时也无法挽救，致使制品壁厚不均。因此，翻送速度要根据雏形重量、黏度和形状来决定。

(5) 雏形重热和延伸。雏形与初型模接触表层部分与其内部的温度有相当大的差别，这一温差导致成型中的各种缺陷，为消除这一温差必须保证有足够的重热。重热是指利用玻璃内部的热量使表层玻璃的温度提高的过程［图 4-9（e）］。玻璃重热会导致表层重新变软，这不仅有助于玻璃料的良好分布，获得壁厚均匀的制品，而且能够消除表面皱纹，使制品表面光滑。如果成型之前的重热不充分，雏形的温差未能消除，雏形各处的软硬不一，成型吹制后内壁面凹凸不平，或瓶颈、瓶肩处有吹不饱满之处。充分的重热要在翻送后在闭合的成型模内进行。

当雏形被翻送至成型模后，模具闭合，雏形借其悬挂在成型模内，保持一段时间后再进行正吹气。此时，雏形与外界隔绝，重热条件很好。与此同时，悬挂的雏形由于自身重力作用而向下延伸拉长。这种延伸的长度称为延伸量。就重热而言，提前退出芯子以及延缓正吹气都有益于制品质量。

(6) 正吹气和冷却。瓶罐吹成后，玻璃与成型模全面接触而得到冷却。此外，还可采取如下两种措施对瓶罐进行强制冷却：一种是用冷风吹成型模外壁；另一种是吹气头继续吹气（设排气装置）直接冷却瓶罐内部，加快冷却速度［图 4-9（f）］。

(7) 钳瓶。钳瓶即是将成型好的制品钳出成型模位置，放置至冷却风板的过程。如图 4-9（g）所示，瓶罐在成型模内得到一定冷却后，成型模打开，直立在模底 8 上的瓶罐被钳瓶器 9 钳住，送至风板 10 上。至此，成型模一个工作周期就结束了，待模具冷却后，重新开始下一个周期。

(8) 瓶罐冷却和输送。输瓶是将设备取出的制品送往退火炉的过程，这一过程中制品尚未完全固化，容易出现相互间的黏附、裂纹等，因而应尽可能避免瓶子间的接触以及瓶子与其他部件的接触。

具体过程为：钳瓶器将瓶罐放在有筛孔的固定风板 10 上，冷却风通过孔眼对瓶底进行快速冷却［图 4-9（h）］。瓶底较厚且温度较高，首先得到强制冷却而硬化。瓶罐在固定风板上获得足够冷却后，被拨瓶器推到输瓶机的运输带上，进入退火窑退火。到此，行列机制造一个制品的周期结束。

三、钢化玻璃

玻璃的钢化就是通常使用化学或物理的方法，在玻璃表面形成压应力。玻璃承受外力时，首先抵消表层应力，从而提高了承载能力，增强玻璃强度和抗热震性。通常把经过物理或者化学钢化处理过的玻璃称作钢化玻璃。图 4-10 所示为钢化玻璃工艺后玻璃应力分布状况。

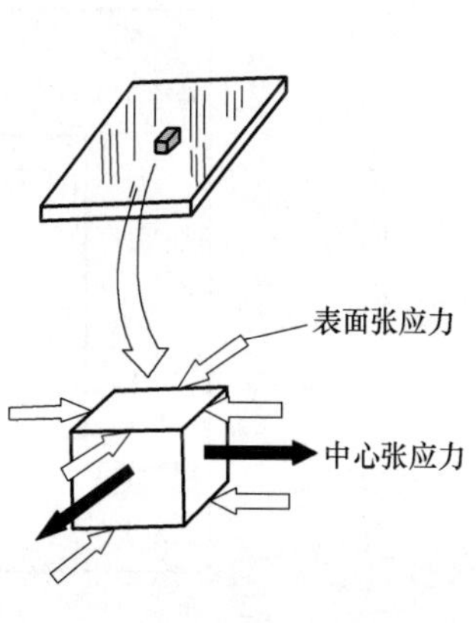

图 4-10　钢化玻璃应力分布状况

钢化玻璃的强度较之普通玻璃提高数倍，抗弯强度是普通玻璃的 3~5 倍，抗冲击强度是普通玻璃的 5~10 倍，提高强度的同时亦提高了安全性，其承载能力增大改善了易碎性质，即使钢化玻璃破坏也呈无中心张应力锐角的小碎片，对人体的伤害显著降低。而且钢化玻璃的耐急冷急热性质较之普通玻璃有2~3倍的提高，一般可承受150℃以上的温差变化，对防止热炸裂有明显的效果。钢化后的玻璃不能再进行切割和加工，只能在钢化前就对玻璃进行加工至需要的形状，再进行钢化处理，而且钢化玻璃强度虽然比普通玻璃强，但是钢化玻璃存在自爆（自己破裂）的可能性，而普通玻璃不存在自爆的可能性。由于钢化玻璃破碎后，碎片会破碎成均匀的小颗粒并且没有普遍玻璃刀状的尖角，从而被称为安全玻璃而广泛用于汽车、室内装饰之中，以及高楼层对外开窗户上。图4-11为芬兰Glaston公司的钢化玻璃生产线。

图4-11　芬兰Glaston公司钢化玻璃生产线

1. 物理钢化

物理钢化（或热钢化）是将高温的玻璃急速冷却到常温状态，使在玻璃厚度方向产生残余应力，在表面形成压应力的方法。物理钢化方法有风冷钢化、液冷钢化和微粒钢化等，其中最常用的是风冷钢化。钢化玻璃技术可以根据冷却设备设计的不同分为薄型钢化技术、区域钢化技术、全钢化技术和半钢化技术。

物理钢化法的生产工艺流程如下：

玻璃原片→检验→切裁→磨边→洗涤干燥→半成品检验→印商标→加热（弯钢化时要成型)→急冷→检验→包装→入库。

物理钢化的方法：按玻璃的输送方式不同可分为垂直钢化法和水平钢化法。水平钢化又分为水平辊道钢化和气垫法钢化。根据冷却介质的不同可以分为风钢化、液体钢化和微粒钢化。根据钢化程度不同可以分为全钢化、半钢化和区域钢化。

其中，区域钢化玻璃是指玻璃通过不同区域的不同加热或冷却，使得玻璃获得不同钢化效果，即某些区域为全钢化，某些区域为半钢化，如图4-12所示。

区域钢化技术往往是靠调节冷却效果以降低局部的钢化程度来达到，也就是一方面在

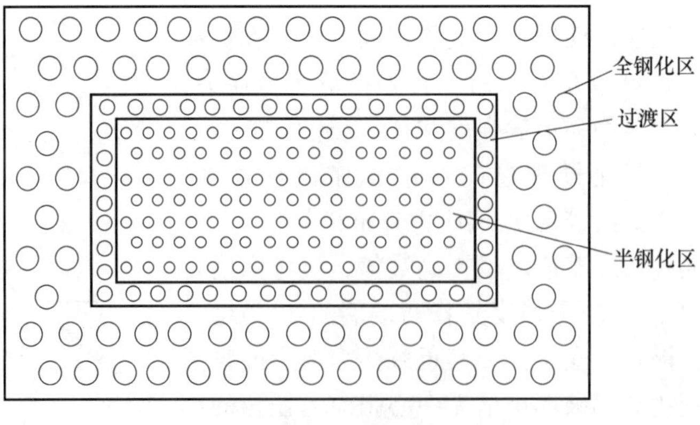

图4-12　区域钢化玻璃示意图

喷嘴与玻璃间局部设置铁丝网，一方面靠调节喷嘴的距离、风压，以减弱冷却效果。

区域钢化法在某些领域具有特殊作用。如区域钢化的汽车前挡风玻璃破碎时，由于区域钢化部分的碎片较大，可以保持驾驶员有一定的视野，但是又不对驾驶员造成伤害。

2. 化学钢化

化学钢化法是通过离子交换，改变玻璃表面成分，在玻璃表面形成预压应力层，阻止表面裂纹受力扩展，达到提高玻璃弯曲强度的目的。化学钢化玻璃主要在航空航天技术以及军事领域中应用。随着成本的下降，将在船舶、汽车、高速列车等交通工具的风挡玻璃，复印机、显示器、屏蔽玻璃、微波炉、冰箱面板、太阳能电池、太阳能热水器等家用电器和办公用品玻璃，轿车、警车、运钞车、防暴警察头盔面罩等民用领域中获得广泛应用。

化学钢化法的优点主要有：

① 强度高，应力均匀，无应力斑。

② 表面压应力高，张应力小，无自爆现象，增强后可以切割加工。

③ 玻璃变形小，光学性能好。

④ 热稳定性好，耐急冷急热冲击。

⑤ 表面结构致密，表面硬度增加。

⑥ 增强后的玻璃能够一次性承受1000℃高温环境，可以制作复合防火玻璃，特别适用于大面积、形状复杂、厚度较薄玻璃的增强。

化学钢化的基本原理是用改变玻璃表面的组成来提高玻璃的强度，目前有表面脱碱、涂覆热胀系数小的玻璃、碱金属离子交换等方法。离子交换化学钢化法是把玻璃浸在高温熔融盐中，玻璃中的碱离子与熔盐中的碱离子因相互扩散而发生离子交换，较大的离子取代玻璃表面上的较小的离子，使玻璃表面被“加密”，在玻璃表面形成压应力，玻璃获得增强。

碱金属离子交换可分为高温型离子交换和低温型离子交换两类。

（1）高温型离子交换法。在玻璃的软化点与转变点之间的温度区域内，把含 Na_2O 或 K_2O 的玻璃浸入含锂的熔盐中，使玻璃中的 Na^+ 或 K^+ 与比它们半径小的熔盐中的 Li^+ 进行交换，然后冷却至室温，由于含 Li^+ 的表层与含 Na^+ 或 K^+ 的内层热胀系数不同，表面产生残余压应力而强化。同时，玻璃中如含有 Al_2O_3、TiO_2 等成分时，通过离子交换，能产生热胀系数极低的 β-锂霞石（$Li_2O \cdot Al_2O_3 \cdot 2TiO_2$）结晶，冷却后的玻璃表面将产生很大的压应力，可得到强度高达700MPa的玻璃。

（2）低温型离子交换法。在不高于玻璃转变点的温度区域内，将玻璃浸在含有比玻璃中碱离子半径大的碱离子熔盐中。例如，用 Li^+ 置换 Na^+，或用 Na^+ 置换 K^+，然后冷却。由于碱离子的体积差造成表面压应力层，提高了玻璃的强度。虽然比高温型交换速度慢，但由于钢化中玻璃不变形而具有实用价值。

四、垂直拉管

1. 垂直引上法

垂直引上法如图4-13所示，玻璃液从环形的槽子砖内拉出，吹气头连续吹气形成玻璃管，经过冷却器冷却后送入引上机继续切割等后续工艺。垂直引上法既可以拉制薄壁又可以拉制厚壁玻璃管。在实际应用中，多拉制厚壁的玻璃管。由于在拉制过程中玻璃管的质量受槽子砖表面质量的影响很大，因此，无槽引上法取消了槽子砖，直接在玻璃液面上引出玻璃管，但是生产控制的难度增加。

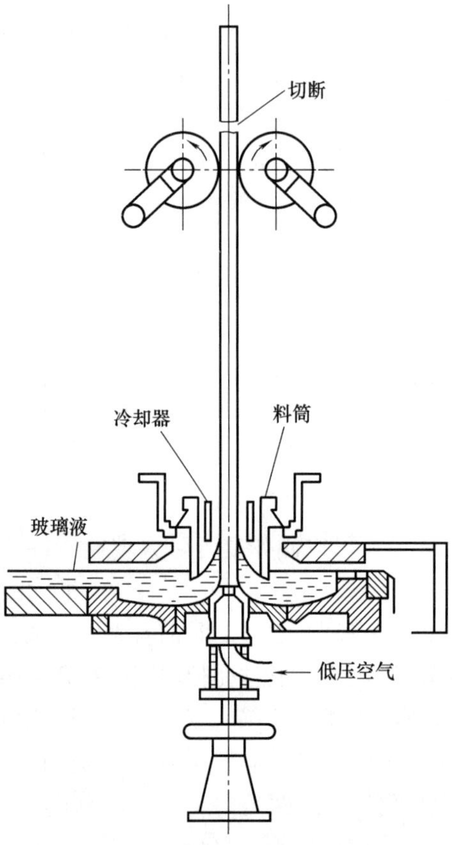

图 4-13　垂直引上法成型示意图

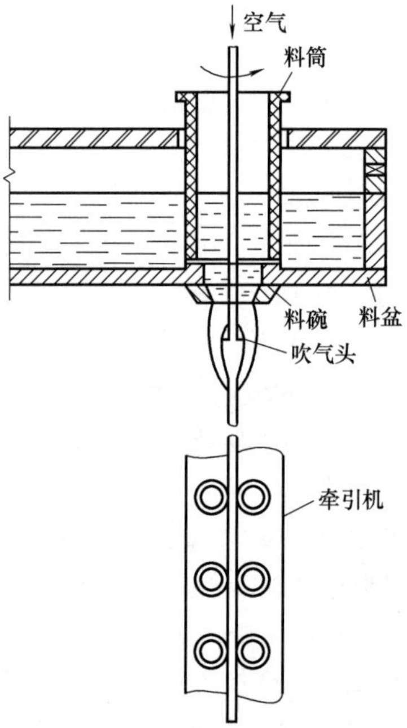

图 4-14　垂直引下法拉管示意图

2. 垂直引下法

垂直引下法的成型过程如图 4-14 所示。主要成型设备为料盆、料碗、料筒、吹气头和拉管机等，其中吹气头是根据玻璃管的不同规格选用不同的材质和几何形状。该方法生产的玻璃管存在圆度和直线度差、棱线无法消除等缺陷，而且产品成本较高、工人劳动强度大。主要用于成型大规格的玻璃管。

五、玻璃灯工

玻璃灯工是以不同规格的玻璃管、玻璃毛细管和各种玻璃毛坯，在不同形式的喷灯火焰上进行加热，利用玻璃的黏度和表面张力随温度变化的特性，进行弯、吹、接、焊等加工成型的技术。

灯工最先是人工操作，用到的主要设备为喷灯及各种灯工专用工具，后来发展为用各种灯工车床（玻璃车床）的机械化代替人工操作。一般灯工玻璃可采用煤气加压缩空气为燃料，火焰最高温度为 1540～1560℃，也可采用城市煤气加氧气、天然气或瓶装乙炔加氧气，火焰最高温度为1720~1775℃，还有采用氢气加氧气为燃料，主要是针对石英玻璃加工，火焰温度在2000℃以上。

玻璃灯工过程的基本工序如下：

（1）切割。切割是用金刚钻刀或硬质刀具在玻璃上刻一划痕，沾少量水，再用手折断，这是最简单的切割方法。对于需要大量切断的工艺时，现在基本上直接用金刚石锯片。对大直径的厚壁管，通常先用硬质刀具刻一刻痕，再用电热丝或扁狭形火焰在划痕处加热，然后用湿棉花蘸，玻璃管便由于急冷急热而断裂。

（2）拉细。先将玻璃管端在火焰下烧熔，再取另一根玻璃管或玻璃棒，粘接于烧熔处，然后将粗管边缘烧熔，向两端拉细。拉细是灯工常用的方法，不论是吹球、熔接、封接，还是旁接、内接，均要采用此法。

（3）弯管。弯管时将玻璃一端封闭，另一端连一橡皮管，将弯曲部分在喷灯上加热，同时通过橡皮管向弯曲部分吹气加压，避免弯曲部分凹陷，直径弯细。弯管时，火焰熔烧长度一般为玻璃直径的3倍，弯成U形管时，根据曲率中心距的大小，熔烧长度增加到玻璃管直径的3~5倍。

六、玻璃纤维

1. 连续纤维的制造工艺

连续纤维的成型是借助玻璃液的黏度随温度变化的特征来进行的。将熔融的玻璃液滴快速拉伸，拉成的纤维外形因冷却而固定。成型的方法有棒拉法和漏板法。

棒拉法将玻璃棒插入埋有电阻丝的黏土小坩埚中，通电（或煤气）加热，使玻璃棒的端部软化，借助于转动的滚筒，将已软化的玻璃棒拉引成直径10~20μm的中级纤维。这种方法对玻璃棒的要求严格，要求玻璃棒必须十分标准，由于生产中需要不断更换装棒箱，不能连续生产，生产效率较低，而且不能生产细玻璃纤维。因此，在现代玻璃纤维生产中已被淘汰。

漏板法是借助于转动随滚筒或绕丝筒，或者用转动方向相反的衬橡胶的两个辊子机械拉引从漏孔中流出的玻璃液来生产。主要的生产方法有坩埚拉丝法和池窑拉丝法。

（1）坩埚拉丝法。用坩埚法生产连续玻璃纤维原丝，通常用玻璃球，因此也称为球法。首先需要先将熔窑中熔制好的玻璃制成球，将冷的玻璃球再投入熔炉中熔化，然后经漏板拉制成纤维。用玻璃球的目的首先是保证加到坩埚中熔化的玻璃液质量，因为玻璃球如有缺陷，事先经检验可选提出去，其形状也便于洗涤；其次，玻璃球有利于加球机与液面自动控制仪连锁实行自动加料。

坩埚由含铑5%~10%的铂铑合金或刚玉制成，玻璃液在坩埚内保持适合拉丝作业所需要的温度和黏度，在液压的作用下，玻璃液从漏嘴中稳定地流出，形成液滴，操作工将液滴引下成丝，集成束，经过集束轮喷涂浸润剂，由高速旋转的拉丝机牵引，连续地由排线轮卷绕在绕丝筒上，成为连续玻璃原丝。

图4-15是坩埚法的生产工艺示意图。

（2）池窑拉丝法。用各种原料按玻璃组成混合成配合料，加入池窑加热熔化并经澄清、均化后，玻璃液直接流入装有许多漏板的通路中成型，漏板下面有拉丝机直接拉制成

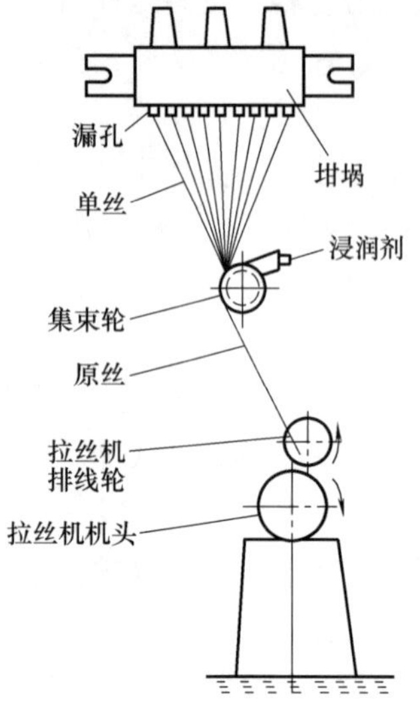

图 4-15 坩埚法的生产工艺示意图

连续玻璃纤维，又称一次成型法，适用于生产 9~19μm 的玻璃钢用粗直径的低支纱。

用池窑拉丝法生产玻璃纤维时，免除了采用玻璃球，直接从玻璃池窑的玻璃液拉制纤维。用这种方法生产玻璃纤维，降低了原丝的断头率。由于设备的生产能力高，并免除了制造玻璃球的消耗，大大降低了玻璃纤维的成本。

池窑拉丝法生产连续玻璃纤维的原理如图 4-16 所示。玻璃液从窑炉 1 流到喂料池通道 2。喂料池借助于一排单个调节的喷嘴 3 用天然气加热。在喂料池的底部分布了漏料口 4，玻璃液经过它流到漏板 5，漏板用电加热，它们是上面敞开的熔化玻璃的坩埚。在漏板上布有多排漏孔，由漏孔流出的玻璃液拉制成单根纤维 6，在集束轮 7 上集束，构成原丝 8，辊子 9 保证拉丝速度达到 50m/s。辊子通过传动装置在拉丝时相对旋转。随后，用导纱器（喷射式）10 将原丝铺在运动的传送网带 11 上。原丝层 12 用胶状物质浸渍，然后进入带有干燥室的另一条网带上。

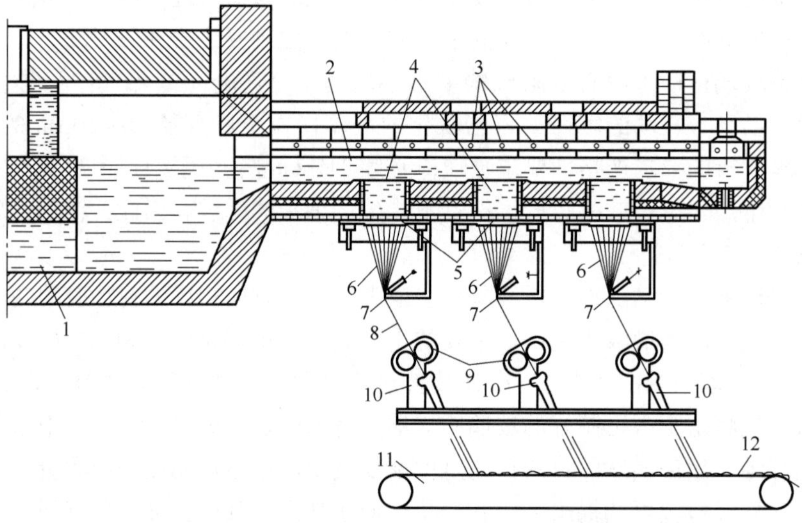

1—窑炉；2—喂料池通道；3—喷嘴；4—喂料池漏料口；5—漏板；6—单根纤维；
7—集束轮；8—原丝；9—辊子；10—导纱器；11—传送网带；12—原丝层

图 4-16 池窑拉丝法生产连续玻璃纤维的原理图

池窑拉丝法生产规模大，效率高，产品能耗低，是当前最先进的生产方式，其产量、质量、自动化水平等均高于坩埚法，已经是国际上生产玻璃纤维的主流技术。

2. 定长玻璃纤维生产工艺

定长玻璃纤维是指非棉絮状的不连续玻璃纤维，纤维长度在 0. 5m 左右。如玻璃棉，是呈蓬松棉絮状的短纤维，其特点是容重小（40~150kg/m^2），热导率低，吸声系数高(0.4~0.9)，是高效、优质的保温材料和吸声材料。用定长纤维制成的毛纱，不但具有玻璃纤维本身所具有的特点，而且组织蓬松，表面有绒毛，具有较好的柔性、弹性和耐绕曲性，织成毛纱布，透气性好，覆盖性好。主要生产方法有滚筒法和吹拉法。

（1）滚筒法。采用高速旋转的大滚筒，与其周围挡板所组成的空气流，在浸润剂的配合下，将玻璃受热后流下的玻璃丝贴附在滚筒表面上，拉制成直径10~14μm的纤维，经铺毡机制成定长纤维薄毡，或经螺旋筒空气加捻生产定长纤维毛纱，工艺原理如图4-17所示。这种方法又称舒勒法、安哥拉法。早先是用84根或更多的一排直径4~5mm均匀的玻璃棒在电炉加热、熔化，液滴流下成玻璃丝，由于玻璃棒长度有限，要经常送入玻璃棒，生产不能连续，近年来已改进为连续喂料法或采用长形的漏板代替玻璃棒拉丝，这样单丝根数可增加到200根，大大增加了毛纱或薄毡的产量。

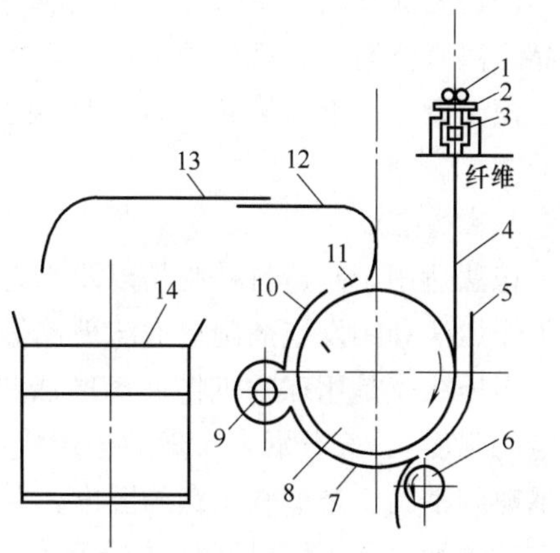

1—橡胶辊；2—冷却器；3—电阻炉；4—浸润器；5—1°挡板；6—渣球辊；7—2°挡板；8—拉丝辊筒；9—粗丝辊；10—3°挡板；11—刮刀；12—导向板；13—往复头；14—网带成毡机

图4-17　滚筒法示意图

（2）吹拉法。采用压缩空气或过热蒸汽喷嘴，以高速气流（500m/min或更高），将漏板中流出的玻璃拉制成细的定长纤维（直径一般为7~12μm），其成型原理基本与连续玻璃纤维相同，只不过用气流与纤维的摩擦力代替拉丝机拉丝，故成型温度与连续玻璃纤维相同。气流拉成的细纤维利用抽风机往下吸，当吸在网带上，再喷以树脂黏结剂时就成为薄毡；当吸在滚筒上，经集束器并覆以润滑剂卷绕在纱筒上时，就成为毛纱成品。吹拉工艺原理如图4-18所示。作薄毡时产量大，可用池窑直接吹拉。用作毛纱，产量低，则可用坩埚法吹拉。

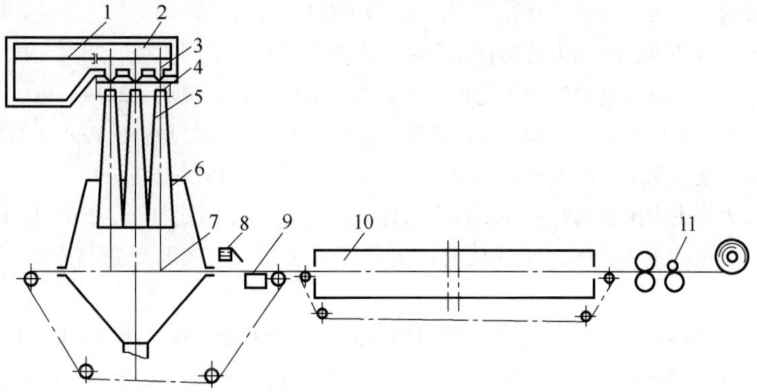

1—池窑；2—通路；3—铂丝铜板；4—喷嘴；5—扩散管；6—成毡室；7—成毡网带；8—溢流浸胶槽；9—负压箱；10—烘干机；11—切边器

图4-18　吹拉法示意图

七、其他成型方法

1. 浇铸法

在制造某些光学玻璃、建筑用装饰品、零件和艺术雕刻等玻璃时常常采用浇铸法，对于大直径的玻璃管、器皿和大容量的反应锅，需要采用离心浇铸法生产。

浇铸法成型就是将熔好的玻璃液注入模子或铸铁的平台上，经过退火、加工后即得到成品；离心浇铸法是将玻璃熔体注入高速旋转的模子中，玻璃熔体在离心力的作用下紧贴在了模子壁上，继续旋转，直至玻璃硬化为止。用离心浇铸法成型的制品，其壁厚是对称的。

2. 烧结法

该法适用于制造特种制品以及不宜采用熔融态玻璃液成型的特种形状。这种成型方法分为干压法和用发泡剂制造泡沫玻璃等方法。

干压法就是用球磨机将玻璃磨成粉末，加入少量的结合剂如水玻璃等（使坯体具有一定的强度），充分混合，然后干压成型，压成与所需的制品尺寸相当的坯体。然后将坯体加热到稍高于玻璃软化点的温度，并保温一定的时间。采用该法成型的制品中存在1%左右的微细气孔，所以制品的透明度较差。此法一般用来制造尺寸和形状要求准确的制品，如无线电元件、过滤漏斗等。

泡沫玻璃的制造，就是在玻璃粉末中加入发泡剂，使玻璃在烧结的过程中产生气体，由于气体的膨胀使玻璃体积增大并充满容器，是一种良好的绝热隔声材料。

参考文献

[1] 张锐. 玻璃制造技术基础 [M]. 北京：化学工业出版社，2009.

[2] 郭宏伟. 玻璃工业机械与设备 [M]. 北京：化学工业出版社，2014.

[3] 刘小勇. 玻璃生产工艺技术 [M]. 北京：化学工业出版社，2008.

[4] 田亮. 玻璃机械和设备将成为玻璃行业发展的推动力 [J]. 中国机械，2014（11）：54.

[5] 刘志海. 平拉法及格法玻璃生产工艺在我国的发展历程 [J]. 玻璃，2019，46（06）：1-9.

[6] 黄益平. 行列式制瓶机料滴成型设备的演变与发展 [J]. 玻璃与搪瓷，1995（06）：41-47.

[7] 马晨璐. 航空航天用金属玻璃材料问世 [J]. 中国钛业，2018（02）：44.

[8] 乔龙德. 致力推进中国玻璃行业实现八大目标任务 [N]. 中国建材报，2019-12-16（001）.

[9] 张微尘，田英良，王为，等. 柔性玻璃加工技术综述 [J]. 玻璃搪瓷与眼镜，2020，48（06）：38-43+33.

[10] 黄浩，张勇. 高熵合金与非晶合金柔性材料 [J]. 工程科学学报，2021，43（01）：119-128.

[11] 王承遇，卢琪，陶瑛. 手机用玻璃研制的五大趋势 [J]. 玻璃，2020，47（04）：1-6.

[12] 王帆，田英良，李俊杰. 新型玻璃材料在汽车工业的应用与发展 [J]. 玻璃，2020，47（10）：13-17.

[13] 付子怡，韦友秀，刘伟明，等. 阳极电致变色材料的研究进展 [J]. 航空材料学报，2019，39（06）：46-62.

第五章　制浆造纸机械

纸是人类社会生活中的一种重要资源。纸按生产方式分为手工纸和机制纸，手工纸以手工操作为主，其产量在现代纸的总产量中所占的比重很小。机制纸是指以机械化方式生产的纸张的总称，如印刷纸、包装纸、工业用纸、办公用纸、生活用纸等。

第一节　制浆造纸机械的产生和发展

一、制浆机械的产生和发展

1. 制浆机械的产生

纸是中国古代四大发明之一。早在公元 105 年，蔡伦就总结了西汉以来用麻质纤维造纸的经验，改进了造纸术，采用树皮、麻头、破布、旧渔网等为原料造纸。

1798 年法国人罗贝特取得手摇无端网造纸机的专利，后经英国人福郡尼尔兄弟资助，1803 年英国技师唐金经改进制成能连续形成纸张的长网造纸机，并于 1805 年成功造出纸张，1809 年英国人迪金森试制成功圆网造纸机。

18 世纪初，出现了荷兰式打浆机，改变了捣捶成浆的工艺，这是造纸过程走向机械化的重要一步。1839 年德国的皮特开始用蒸煮锅蒸煮破旧棉布制浆，1843 年德国的克勒尔发明剥离木材纤维的磨木法制浆，并经弗尔特尔费时 10 年改进而获得成功，1851 年英国的伯格斯和美国的瓦特发明烧碱法木材制浆，1857 年美国的蒂尔曼发明亚硫酸盐木材制浆技术，1884 年德国化学家达尔又发明硫酸盐木材制浆技术，这些发明开辟了以木材作为造纸主要原料的道路。

2. 制浆机械的发展

我国制浆造纸装备制造业伴随我国造纸工业的快速发展，经历了由小到大的发展，发生了翻天覆地的变化，取得了巨大的成绩，已能为制浆造纸行业提供各种纸机、纸板机、生活纸机，以及分切、涂布、包装和备料、制浆、洗漂、碱回收等成套装备和生产线，国产装备承担了大部分生产任务，初步形成了产业链配套体系完整、门类齐全的现代生产体系，拥有科研、教学、设计等实力雄厚的科研队伍和一批装备制造企业。

在制浆装备方面，大型木片及竹片的超级间歇蒸煮主体设备已基本国产化，如大型的超级间歇蒸煮锅（$250m^3$）等。草类原料为主的 150~300t/d 的横管式连续蒸煮系统设备和自动控制系统已全部实现国产化。国产波纹滤板、小平面阀的洗浆机现已比较适应各种非木纤维浆的洗涤和黑液提取，最大的真空洗浆机转鼓面积可达 $120m^2$，可配套 20×10^4t 木浆项目。近年国产开发的新型置换双辊挤浆机系列，其辊最大规格 ϕ2200mm×8400mm 的能力可配套 150×10^4t 制浆系统；进、出浆浓度分别为 3.5%~10%、25%~35%。我国开发的中浓纸浆清洁生产漂白成套设备，包括双升流塔氧脱木素段、过氧化氢漂白段以及配套的中浓浆泵和中浓高剪切混合器，漂后废水中可吸附有机氯化物（AOX）完全满足国家的排放标准，同时与传统的 CEH 三段漂白比较，节水 50%以上，能耗减少 30%以上，属于清洁漂白技术装备，最高产能达 50×10^4t。

对各种规模的高得率化机浆，汽蒸仓、浸渍器和反应仓等设备可全部国产化，螺旋撕裂机和高浓盘磨机等设备国产化也取得进展。国内开发了可用于机械浆或化学机械浆的双螺杆磨浆机及 APMP 化学机械浆设备，目前已有 60~100t/d 的成套设备，300t/d 的成套设备正在完善中。国产废纸制浆设备能力规模越来越大。目前可提供 600t/d OCC 生产线成套设备及 300t/d 的脱墨浆生产线设备，其中关键设备鼓式碎浆机、立式碎浆机、高温高浓盘式热分散机及浮选脱墨槽已全部国产化。国产大型木浆配套碱回收系统设备产能 $(40\sim60)\times10^4t/a$，其中包括蒸发水量为 600t/h 的管式降膜蒸发站、日处理 2200t 的单汽包低臭型碱回收炉及大型盘式白液过滤机及预挂白泥过滤机等。我国在草类原料碱回收技术方面处于世界领先水平。目前在建麦草浆碱回收系统最大规模为日处理黑液固形物 1200t，蒸发采用了 11 体 6 效全管式降膜蒸发站，蒸发水量为 350t/h，采用了黑液降黏及结晶蒸发技术。

二、造纸机械的产生和发展

1. 造纸机械的产生

中国造纸技术长期领先于世界各国，对世界文化的发展做出了重要贡献。但我国近 2000 年来均为手工造纸，直到 19 世纪末西方机械造纸技术传入才开始有机械造纸。1798 年法国人路易・罗伯尔发明机械造纸机以后，欧美开始用机械造纸，由于西方用机械造纸，生产纸张的数量与质量都超过了我们。在明末清初，我国各地造纸作坊与工场共有 2000 余户，从业人员近 4 万人，都用手工操作。纸张的主要用途为包装、账簿及印刷用品。

印刷技术传入中国后，对纸张的要求有很大变化。现代印刷要求纸张能适应机器迅速运转，又要求具有油性油墨印刷的特性，因而中国近代印刷业促进了机械造纸业的发展。中国的第一家机械造纸厂——上海机器造纸局于 1882 年由曹子挥私人集资建立，这是我国民族资本首创的机器造纸厂。该厂名义资本为 15 万两白银，实为 11 万两，厂址在上海杨树浦，主要设备为英国 1877 年制造的多烘缸长网造纸机 1 台，锅炉 4 座，蒸锅 4 只，工人 100 多人，1884 年正式投产用破布、废绳、废纸和竹料制造漂白施胶的洋式纸张，日产量 2t。

我国另一家机械造纸厂，于 1882 年由广东商人钟星澳集资 10 万两白银，在广州筹建宏远堂造纸公司。该公司主要设备是 1886 年英国制造的 90in 长网造纸机一台，工人约 100 人，纸厂 1890 年投产，以破布、废棉与稻草为原料，年生产能力为 804t。

在中日甲午战争以前，机器造纸厂仅此两家，它们的诞生都早于中国机器纺织业。上述两家造纸厂，在生产 10 年后都因经营艰难、受进口洋纸冲击，几经周折后，进行改组或转为官商合办企业。20 世纪初，又有多家官商合办或私商开设的造纸厂，如 1904 年在上海有龙章机器造纸公司，官商合办，职工 40 人，日产 10t；1906 年在济南有泺源造纸厂，官商合办，年生产能力 530t；1907 年，在武昌由湖广总参张之洞创办的白沙洲造纸厂，年产 680t。

2. 造纸机械的发展

20 世纪 50 年代以后，造纸机械又有许多发展和创新。如在备料制浆设备方面，出现了立式连续蒸煮器（图 5-1）、置换洗涤器、热磨机（图 5-2）、新型压力筛（图 5-3）和除渣器等；在造纸机方面出现了新型流浆箱（图 5-4）、夹网、复合压榨、聚酯成型网等。60 年代以后，直流电动机的可控硅稳速调速系统开始广泛应用于造纸机，电子技术用于检测、控制和记录造纸过程的参数，如机器的速度，物料的浓度、温度、流量，纸幅的干度、定量、厚度、紧度和强度等。到了 20 世纪 80 年代，大型的立式连续蒸煮器能日产纸浆 1350t，造纸机的门幅可达 10m，车速在 1000m/min 以上，日产量超过 500t。

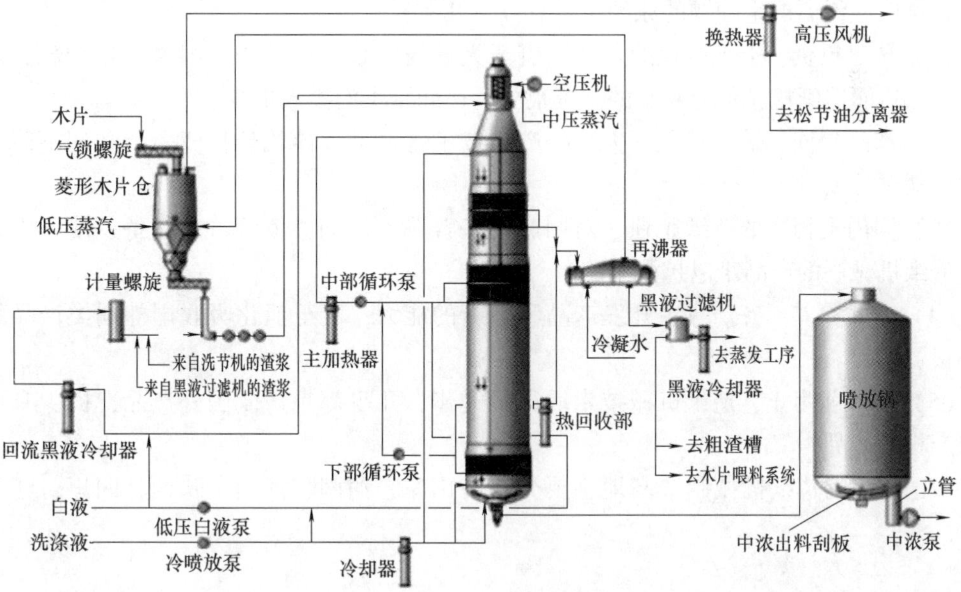

图 5-1 立式连续蒸煮器

尤其是最近 10 年，其他行业如航空、造船等参与造纸机械的生产，产品的技术水平、新产品开发、单机规模也有了很大的提高，出现了不少民营股份制企业，其中一些企业对提高产品技术水平、开发新产品具有很高的热情。但这个行业的基本格局没有大的变化，主要表现为产品趋同、缺乏特色、过度竞争、利润微薄、产品性能不稳定、技术水平偏低等。

图 5-2 热磨机

这些特点说明了我国造纸机械行业目前

图 5-3 内流式压力筛

图 5-4 气垫式流浆箱

仍处在初级发展的阶段，一方面低档产品相对过剩，利润下降；另一方面，对高档产品的需求又难以胜任。产生问题的原因主要有以下几点：

（1）缺乏投资。造纸行业的发展吸引了大量的资金，如外资、国家贴息贷款、民间资本等，然而造纸机械行业吸收的外资很少，民间资本的投入更少。

（2）产品趋同，缺乏特色。生产的产品技术含量低，导致价格竞争，利润下降，企业发展缺乏后劲。

（3）国内上档次的造纸企业，对国产设备普遍不认同，依赖进口设备，使国内有实力的造纸机械厂的产品难以扩大销路。

（4）人才参差不齐。自主开发产品和创新的能力，甚至消化吸收国外同类产品的能力都很弱。

（5）到目前为止，造纸机械技术取得的进步，几乎都是仿制国外产品，极少有自主知识产权的产品。

中国较大的造纸机械制造基地主要分布在山东、河南、江西、陕西、四川、辽宁等省份。

第二节 制浆造纸生产工艺技术流程

制浆造纸按照工艺流程主要分为制浆和造纸两个工序，制浆是将植物纤维原料或回收的废纸制成纸浆的过程，造纸是使用适当的工艺将纸浆制成各种不同性能的纸或纸板的过程。制浆造纸工艺比较复杂，不同原料、不同制浆方法形成的纸浆特性不同，所产生的纸制品也不同。

纸浆主要生产系统包括备料、除尘、化学法制浆或机械法制浆（如蒸煮、预处理、磨浆、废纸碎解等）、洗涤、净化、筛选、废纸脱墨、漂白、浓缩、辅料制备、黑液提取、碱回收系统、中段废水处理等。

商品浆还包括浆板抄造和直接为浆板机配备的真空系统、压缩空气系统、热风干燥系统、通风系统、通汽和冷凝水回收系统、白水回收系统、供水系统、液压系统和润滑系统等。

机制纸和纸板主要生产系统包括打浆、配浆、调成、贮浆、流送、成型、压榨、干燥、表面施胶、整饰、卷纸、复卷、切纸、选纸、包装等过程，以及直接为造纸生产系统配备的辅料制备系统、涂料制备系统、真空系统、压缩空气系统、热风干燥系统、纸机通风系统、干湿损纸回收处理系统、纸机通汽和冷凝水回收系统、白水回收系统、纸机供水、高压供水系统、纸机液压系统和润滑系统等。

一、备料

造纸植物纤维原料在化学蒸煮或机械磨解之前需进行必要的处理，以除去树皮、树结、穗、鞘、髓、尘土和砂石等杂质，并将原料按要求切成一定的规格。因此，备料就是为满足生产需要对贮存的原料进行加工处理的生产过程，如图 5-5 所示。

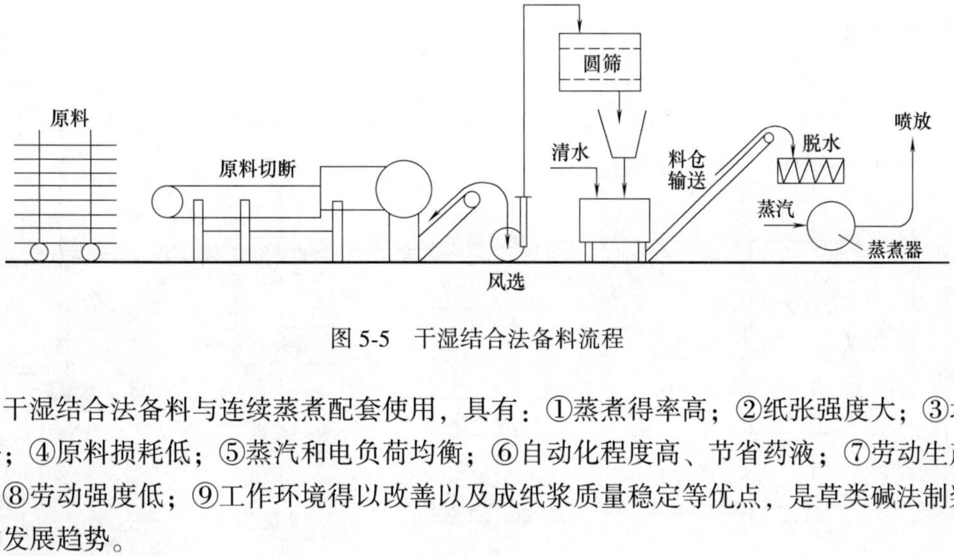

图 5-5　干湿结合法备料流程

干湿结合法备料与连续蒸煮配套使用，具有：①蒸煮得率高；②纸张强度大；③均衡性好；④原料损耗低；⑤蒸汽和电负荷均衡；⑥自动化程度高、节省药液；⑦劳动生产率高；⑧劳动强度低；⑨工作环境得以改善以及成纸浆质量稳定等优点，是草类碱法制浆备料的发展趋势。

二、制浆

制浆为造纸的第一步，一般将木材转变成纸浆的方法有机械制浆法、化学制浆法和半化学制浆法三种。

图 5-6 为植物纤维原料制浆（木浆、非木浆）工艺流程。

说明：纤维离解对化学法制浆工艺是蒸煮过程，对机械法制浆工艺是粗磨过程，对化学法、半化学法制浆工艺是化学预处理过程和磨浆过程。

目前主要的化学制浆方法是硫酸盐法制浆、化学机械法制浆和废纸制浆，其中，硫酸盐法制浆是目前最主要的制浆方法，化学机械法制浆和废纸制浆是具有较好发展前景的制浆方法。

硫酸盐法制浆和烧碱法草浆的工艺流程，如图 5-7、图 5-8 所示。

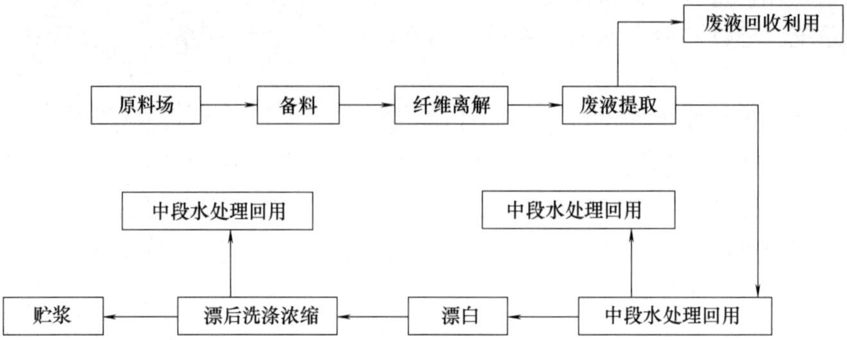

图 5-6　植物纤维原料制浆工艺流程

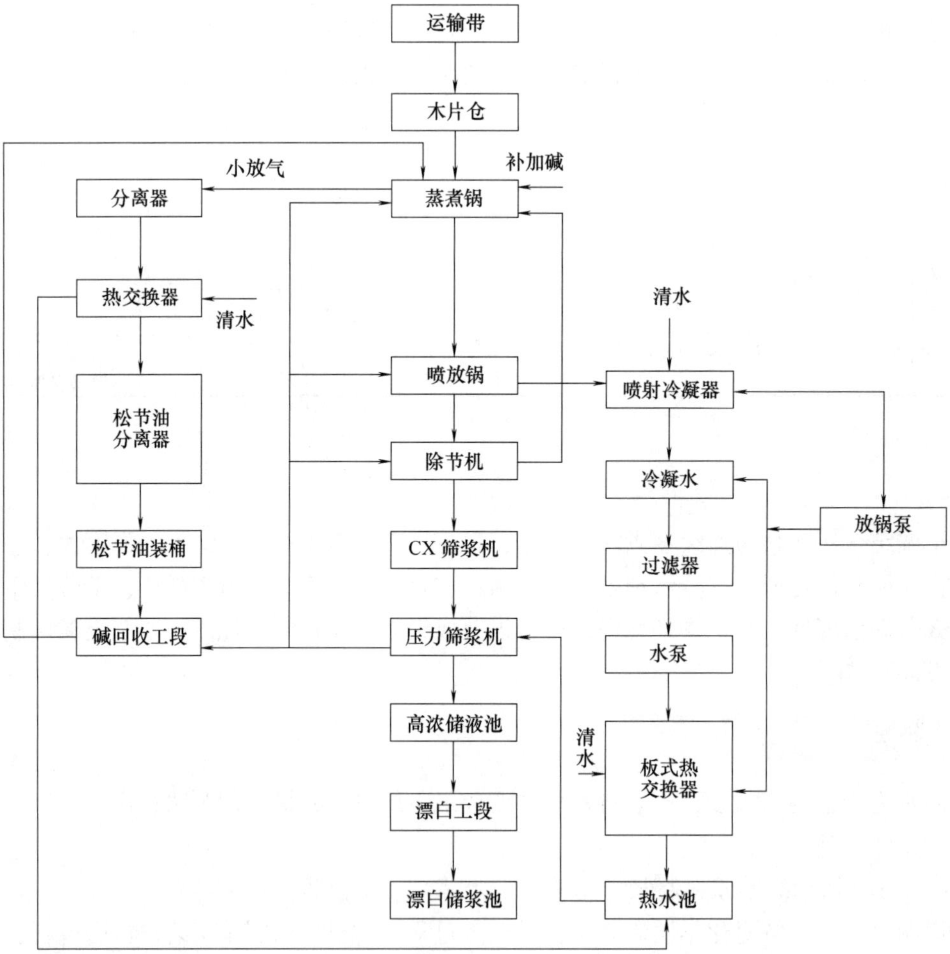

图 5-7　硫酸盐木浆流程图

三、调制

纸浆的调制为造纸的另一重点，纸张完成后的强度、色调、印刷性的优劣、纸张保存

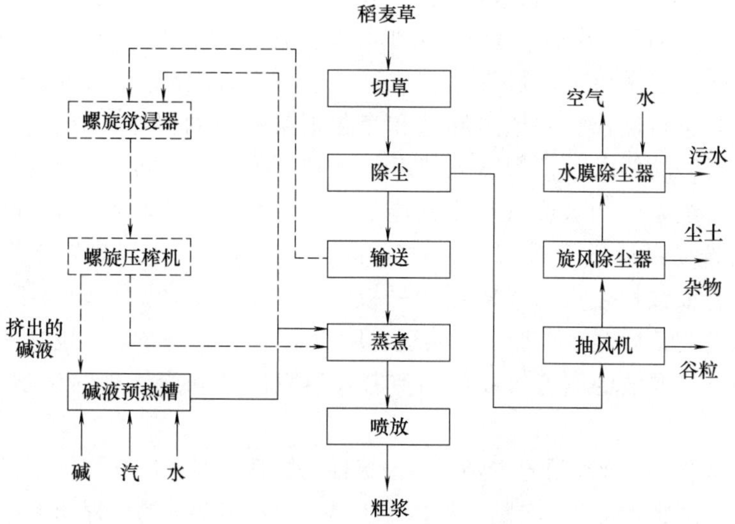

图 5-8　烧碱法草浆流程图

期限的长短与它有直接关系。

一般常见的调制过程大致可分为以下三个步骤：①散浆；②打浆；③加胶与充填。

四、造纸

造纸工艺流程如图 5-9 所示。

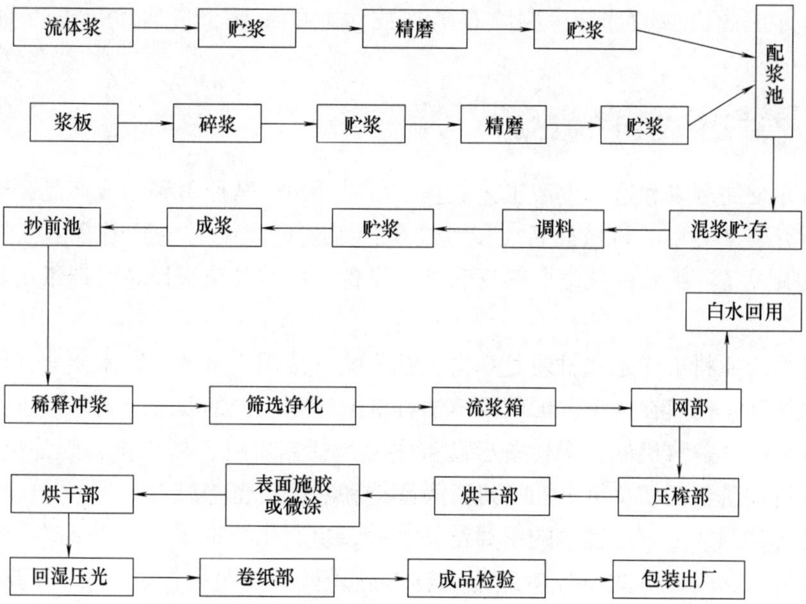

图 5-9　造纸工艺流程

说明：①造纸机的烘干部要有损纸回抄过程；②以上工序根据制浆造纸制造方法、产品品种和档次的不同有所增加或删减。

经备料工段把芦苇、麦草和木材等原料切削成料片（供生产化学浆）或木段（供生产磨木浆），再把小片原料放到蒸煮器内加化学药液，用蒸汽进行蒸煮，把原料煮成纸浆，或把木段送到磨木机上磨成纸浆，也可经过一定程度的蒸煮再磨成纸浆。然后用大量清水对纸浆进行洗涤，并通过筛选和净化把浆料中的粗片、节子、石块及砂粒等除去。再根据纸种的要求，用漂白剂把纸浆漂到所要求的白度，接着利用打浆设备进行打浆。然后在纸浆中加入改善纸张性能的填料、胶料、施胶剂等各种辅料，并再次进行净化和筛选，最后送上造纸机经过网部滤水、压榨脱水、烘缸干燥、压光卷曲，并进行分切复卷或裁切生产出卷筒纸和平板纸。如果要生产涂布印刷纸，则需要干燥中部或生产成卷筒纸后经涂布加工而实现。除以上基本过程外，还包括一些辅助过程，如蒸煮液的制备、漂液的制备、胶料的熬制及蒸煮废液和废气中的化学药品与热能的回收等。

在抄造过程中，抄纸部门的主要工作为将稀的纸料再稀释使其均匀地交织和脱水，再经干燥、压光、卷纸、裁切、选别、包装等步骤，故一般常见的流程如下：

① 纸料的筛选会将调制过的纸料再稀释成较低的浓度，保持品质及保护设备。

② 网部使纸料从头箱流出在循环的铜丝网或塑料网上并均匀地分布和交织。

③ 压榨部将网面移开的湿纸引到附有毛布的两个滚辘间，借助滚辘的压挤和毛布的吸水作用，将湿纸作进一步的脱水，并使纸质较紧密，以改善纸面，增加强度。

④ 压光由于经过压榨后的湿纸，其含水量仍高达52%~70%，此时已无法再利用机械力来压除水分，故让湿纸经过许多个内通热蒸汽的圆筒表面使纸干燥。

⑤ 卷纸、裁切、选别、包装：取前面已卷成筒状的纸卷多支，用裁纸机裁成一张张的纸，再经人工或机械的选别，剔除有破损或污点的纸张，最后将每五百张包成一包(通常叫作一令)。

五、各工艺涉及的专用机械

从上面介绍的制浆和造纸生产工艺流程中可以看出，从原料到制成产品，经过了许多工序，应用着许多类型的机械设备。按其在生产工艺过程中的主要用途，可分为备料设备、蒸煮机械设备、纸浆的洗涤、筛选和漂白设备、打浆及疏解设备、造纸机和辅助机械设备等。

制浆造纸的原料不论是木材还是草类，都不能直接用于蒸煮或磨木制浆，而必须先经过一系列的处理，使其在大小、形状及清洁程度上达到生产的要求。备料设备主要包括木材备料和草类原料备料机械，木材备料设备主要包括锯木机、剥皮机、削片机、磨木机，草类原料备料设备包括切草机、切苇机以及筛选和除尘设备等。

蒸煮设备是制浆工艺过程中的主要设备之一。生产化学浆或半化学浆时，都需要将植物纤维原料装入密闭的蒸煮设备中进行处理。蒸煮设备按照操作过程分为间歇式和连续式，间歇式蒸煮设备的主体设备为蒸球或蒸煮锅，以及药液循环加热器、循环泵、喷放锅、废热回收装置等。连续蒸煮设备是较为近代的制浆设备，主要有立式（以卡米尔式为代表）和横管式（以潘迪亚式为代表）及斜管式。目前在国外已成为主要制浆设备，近年来已有许多厂家在引进较为大型的连续蒸煮设备。

蒸煮后的粗浆，经过洗涤、筛选和漂白等过程，进入抄纸流程。在这些过程中，浆料要经过多次洗涤、浓缩、筛选和不同方法的漂白，所使用的设备也有很大的差别，主要包括纸浆洗涤设备、纸浆筛选设备和纸浆漂白设备。

制浆过程所得到的浆料经过打浆，使纤维形态发生变化，以适应抄纸的要求。常用的打浆设备有打浆机、锥形磨浆机、圆柱磨浆机和盘磨机等。另外还有一些用于损纸、浆板及浆料处理的疏解设备。

打浆后的浆料经过配浆、施胶、加填和净化后，形成具有适于抄纸性能的纸料，进入造纸机的浆料流送设备。造纸机按照其结构可分为长网造纸机、圆网造纸机、夹网造纸机等类型；主要组成包括流送设备、网部、压榨部、烘干部和整饰部。

其他辅助机械设备主要有机械运输设备和气力运输等通用机械设备，主要是带式运输机、螺旋运输机、斗式提升机、风机、旋风分离器等。

第三节　典型纸浆生产设备

一、磨木机

磨木机是生产磨木浆的主要设备。图 5-10 为磨木机的工作原理。将一定长度去皮的原木装在磨木机料箱内，由送料机构以很大的压力将原木压在快速回转的磨石表面上，磨石表面上粗糙的磨料颗粒把原木磨解成纤维，再用水将它从磨石表面上冲洗下来，即成磨木浆。

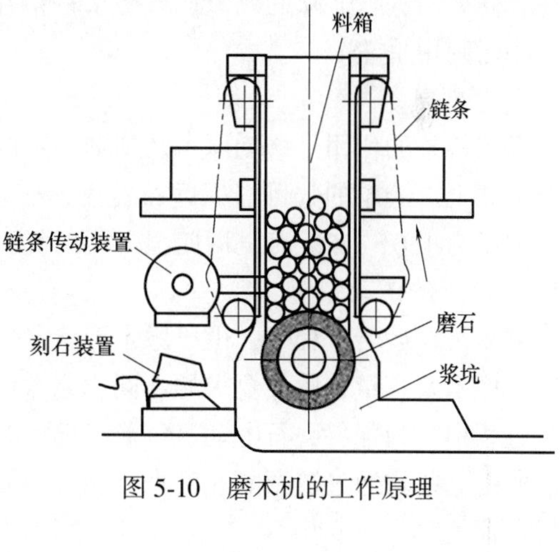

图 5-10　磨木机的工作原理

磨木机由磨石、料箱、加压送料机构及浆坑等构成；此外，还有刻石装置、机械装木装置等设备。

（一）磨木机的类型

磨木机的种类很多，按操作的连续性不同，可分为连续式与间歇式两大类。

1. 间歇式磨木机

间歇式磨木机，由安装在磨石上方的料箱（装木袋）、水压缸、活塞、活塞杆及加压板组成。压力水把活塞及加压板压向原木，由旋转的磨石将原木磨成浆料。当磨石与加压板之间的原木接近全部被磨成浆料时，水压将加压板返回，由人工将原木装入袋内或原木靠自重从木库落入磨石与加压板间。装木时停止磨浆，只有在装木完成后，加压板又将原木压向磨石时才开始磨浆。磨石有一段空转时间，故操作是间歇的。间歇式磨木机有袋式、库式及大北式等。

2. 连续式磨木机

连续式磨木机与间歇式磨木机不同之处在于原木可以连续地压两旁磨石，磨石没有空转时间。原木被压在磨石上，可通过水压缸、油压缸或机械装置来实现。连续式磨木机有卡米尔式、KMW 型、链式及环式等。

目前在国内外，上面各种磨木机均已有采用。但是，袋式磨木机由于每一袋的装木时间长，劳动量大，换袋次数多，单位生产能力又低，已逐渐淘汰。在我国，链式磨木机是应用广泛的一种磨木机。

（二）链式磨木机的结构

链式磨木机由机架、料箱、链条及其传动机构、磨石及浆坑等组成。

1. 机架

机架由两块大型铸铁板组成，用螺栓固定在磨木机的基础板上。在机架上装有使活动料箱升降的传动装置。

2. 活动料箱及其升降机构

活动料箱由型钢及钢板焊接，是一个方形截面的长形箱体；原木平行地装在箱体壁面，在箱的两侧各有两道凹形槽，能让链条通过而把箱中的原木压向磨石。箱体固定在铸钢的升降架上，升降架由四根大丝杆吊在机架上，整个活动料箱的重量通过丝杆传到机架上。

磨石在磨木过程中不断磨损，它的直径逐渐缩小，使料箱与磨石之间的缝隙增大，未被磨完的木材就会由此掉入浆坑内。因此，料箱要做成活动的，可以根据磨石直径及所要求的缝隙在垂直方同进行调节。由电动机或手轮，通过蜗杆传动机构，使料箱按生产的要求在垂直方向进行升降的调节。若要求料箱升降距离比较大时，使用电动机；如调节距离比较小时则用手轮。

3. 送料链条

送料链条的作用是移动原木及施加一定的压力，把原木压在磨石上。两端的链条套在两个链轮上。链条的数目根据磨石宽度而定：宽度为 0.5~0.6m 时，用两根（一对）链条；宽度为 1.0~1.2m 时，用四根（两对）链条。

4. 链条的传动装置

磨木机在运转过程中，由于原木形状不规则、直径大小不同、磨石表面锐钝程度的不同以及磨木浆产量和质量要求的不同，原木作用在磨石上的比压应有相应的改变。在磨石运转过程中，为保持磨石电动机负荷稳定，亦相应调节链条的速度，改变原木对磨石的压力。所有这些均通过链条的速度来控制。因此，链条的传动装置应能使链条速度随磨石电动机负荷的改变而变化。

磨木机链条传动系统工作过程：直流电动机通过皮带、行星轮系减速器、蜗杆涡轮减速后，把转矩传给工作链条的主动轮，带动工作链条转动。链条电动机的转速，以磨石电动机负荷变化通过控制系统来调整，使其稳定在规定的范围内。现已采用可控硅直流电动机调速系统，对稳定工艺条件和成浆质量具有很好的作用。

5. 磨石及其转轴

磨石通过两个铸钢制法兰盘旋紧在带有左、右旋螺纹的转轴上，而转轴由两个安装在底板上的滚动轴承支承，轴承用紧定锥套装在磨石转轴上，润滑剂为二硫化钼。

6. 浆坑

浆坑用于均匀冷却磨石及清洗磨石的表面，它用混凝土砌成。在浆料出口处设有可改变高度的溢流板。调节溢流板高度可改变磨石浸入浆中的深度。为了清洗和冷却磨石，在浆坑的前后均装有喷洗磨石的白水管和清水管。清洗磨石喷水压力应使压力水喷出的流速大于或等于磨石旋转的线速度。

二、蒸煮系统

蒸煮设备是制浆工艺过程中的主要设备之一。生产化学浆或半化学浆时，都需要将植物纤维原料装入密闭的蒸煮设备中，加入适量的化学药品，在适当的压力、温度下保持一定的时间，使纤维原料中的木素部分或大部分与化学药品发生反应而溶解于药液中，纤维束得到离解，从而制得不同质量的纸浆。蒸煮设备可以追溯到汉朝蔡伦的时代，那时就已经采用加药沤制和用锅蒸煮的方法，最早的蒸煮设备也就是水池、铁锅和木桶。自从1839年德国人发明了蒸球，使蒸煮设备开始了新的时代。经过不断地实践，尽管制备化学浆或半化学浆都是将原料和适量的化学药品装在密闭的蒸煮器中，在一定压力、温度下经一定时间而得到纸浆，但由于制浆药品不同、原料不同、生产规模不同，所以蒸煮设备的结构、型式、规格也不同，而蒸煮设备的结构型式对成浆的产量和质量都有很大影响。

蒸煮设备按操作过程可分为间歇式和连续式两种。

间歇式蒸煮设备的主体设备为蒸球或蒸煮锅。蒸球为回转式，多用于中小纸厂，可做烧碱法、硫酸盐法或中性盐法制浆的蒸煮器。蒸煮锅为立式固定设备，锅容量一般较大，多用于大中型纸厂，根据蒸煮药液及工艺上的特殊和不同，设备的结构、型式也不同，主要分为硫酸盐蒸煮锅和酸法蒸煮锅。

间歇蒸煮设备除主体设备外，还必须配备药液循环加热器、循环泵、喷放锅、废热回收装置等。

蒸煮锅按照加热方式的不同，可分为直接加热强制循环和间接加热强制循环两种。国内浆厂多采用间接加热强制循环，并辅以直接加热的方法。间接加热强制循环能保持锅内稳定的液比和较高的药液浓度，有利于缩短蒸煮时间，保证纸浆质量的均匀；同时蒸煮后得到的黑液浓度较高，有利于降低碱回收系统的蒸汽消耗量。此外，装锅时可借助药液强制循环装置增加装锅量，从而提高蒸煮锅的单锅产量。硫酸盐法蒸煮锅常用的间接加热循环系统有两种形式：圆筒下部抽液循环系统和中部抽液循环系统。

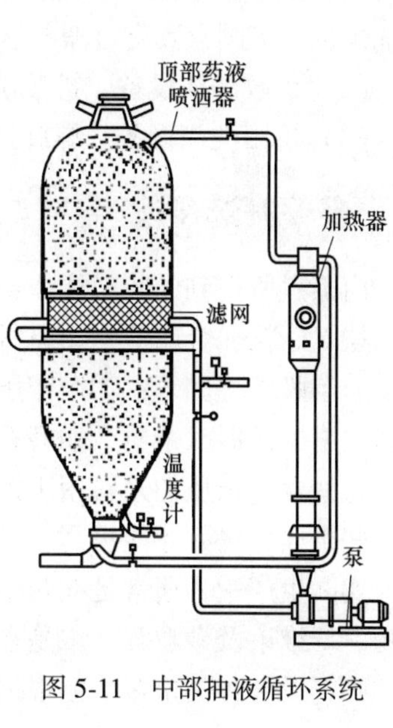

图 5-11　中部抽液循环系统

图 5-11 为中部抽液循环系统。锅内药液用循环泵流经锅内中部环形滤网，然后由蒸锅两端的循环管抽出，送入加热器，以蒸汽加热。加热后的药液大致分为相等的两部分：一部分送入锅顶部经喷洒头喷出；另一

部分送入锅底部。这种循环系统由于滤网位置较高，网孔不易堵塞，保证了循环泵在整个蒸煮升温期间满载运行；同时由于较大量药液送回锅底部，使下部的物料始终保持疏松状态，从而使各部物料升温均匀，且易放料，故目前多采用这种循环系统。

三、洗浆设备

纸浆洗涤的目的，是把蒸煮过程中溶解于蒸煮液和附着于纤维表面以及夹杂于纤维之间的一些非纤维性的可溶物，用水或稀废液溶出，并与纤维分离，获得干净的纸浆。

为了化学药品的回收和废液的综合利用，纸浆的洗涤过程也是废液的提取过程。所以在这一过程中，既要把纸浆洗干净，又要最大限度地把废液提取出来。为便于从废液中回收化学药品或废液的综合利用，所提取的废液应具有较高的浓度和较高的温度。减少洗涤用水和纤维流失也是对纸浆洗涤的一个重要要求。

由于制浆原料、产品的要求及生产规模的不同，纸浆洗涤设备的类型也有很多。按其工作原理和工作特性来分基本上有 3 大类。

1. 过滤洗涤设备

这类设备的特点是采用薄浆层操作，连续分离废液，连续喷淋洗涤液，置换浆中的废液。以液位差或气压差作为过滤动力，一般进浆浓度与出浆浓度都比较低。

2. 扩散洗涤设备

这类设备最大的特点是浆料经受洗涤时间长，同时受到洗涤的浆料比较多，洗涤过程中扩散作用进行得比较彻底。

3. 挤压洗涤设备

这类设备以机械加压的办法把浆料中的废液挤出来。操作特点是高浓、高压。用挤压洗涤设备洗涤浆料必须配备浆料的混合扩散槽，才能达到充分洗涤的目的。

洗涤设备大致有如下分类：

（1）过滤洗涤设备。转鼓式真空洗浆机、压力洗浆机、水平带式真空洗浆机、落差式洗浆机、多圆盘真空过滤机、圆网过滤机、侧压过滤机、置换洗涤器等。

（2）扩散洗涤设备。扩散洗涤器、洗浆池、鼓式真空洗浆机等。

（3）挤压洗涤设备。螺旋挤浆机、双辊挤浆机、盘式挤浆机等。

四、纸浆筛选设备

由蒸煮所得到的浆料往往会含有许多杂质。这些杂质包括：①原料中混入的外来物，如尘埃、砂粒、金属等；②原料本身所带有的不能制成合格纤维的成分，如木节、草节、树皮、苇膜、蔗髓等；③操作条件不当而产生的纤维束、未蒸解物等；④生产过程中设备磨损、腐蚀而混入杂质，如磨石的砂粒、打浆机上的金属粉末等。

这些含有杂质的浆料用于抄纸，会造成各种纸病，也会损坏设备，因此必须把浆料中的这些杂质除去，才能提高产品质量，延长设备寿命，保证生产顺利进行。

实际生产中，通常是在两个部位除去杂质：一是在制浆车间除去纸浆中的木节、未蒸解物、纤维束及砂粒等；二是在抄纸车间除去纤维束、浆团、砂粒等。

筛选设备种类繁多，但根据工作原理，可分为两大类：①利用纤维与杂质几何形状不同而除去杂质的筛浆设备；②利用纤维与杂质相对密度不同除去杂质的除渣设备。

目前，国内生产、使用的筛选设备结构型式种类变化很大，旧式设备淘汰较快。在本章中仅介绍几种目前国内使用较多的设备以及筛选设备的不同类型。

生产部位不同，所采用原料不同，产品种类不同，所用筛选设备的型式不会相同，即使同一品种的生产，所选用的筛选设备及设备的组合也不会相同，这还要根据工艺和设备本身的特性来确定。

浆料筛选设备大体分类如下。

1. 筛浆设备

（1）通过式。A 型离心筛。

（2）离心式。B 型离心筛、C 型离心筛。

（3）压力式。单、双鼓旋翼筛。

（4）振动式。振动平筛、振动圆筛。

2. 除渣设备

（1）重力沉降式。沉砂盘。

（2）离心分离式。立式离心除渣机。

（3）涡旋式。直锥型除渣器、圆柱形除渣器、双锥形除渣器、曲锥形除渣器、辐射状除渣器、高浓除渣器。

近年来又出现了筛浆与除渣结合在一起的混合筛选设备。

五、漂白设备

漂白的目的是使纸浆具有洁白的颜色，除去蒸煮后浆料内余下的部分木素及色素，提高浆料的纯度。

漂白可分为一段漂白和多段漂白，漂白的过程要完成浆料与漂白剂的混合、反应以及将反应生成物、残留漂白剂从浆料中洗涤除去等任务。这就要求漂白设备具有一定的容积，能使浆料与漂白剂充分混合、反应，能进行充分的洗涤。

漂白设备可分为以下几种。

1. 间歇式漂白设备

目前我国小型纸厂普遍采用间歇式漂白机，在这种漂白机内可以完成混合、反应、洗涤三个过程，主要用于单段漂白间歇式漂白机，一般有双沟道和三沟道的两种，图 5-12 为带有螺旋推进器的三沟道漂白机。

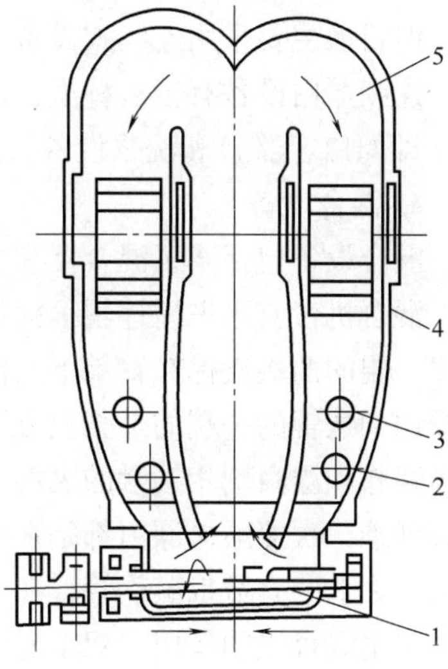

1—螺旋推进器；2—清扫口；
3—卸浆口；4—洗鼓；5—浆道
图 5-12　三沟道漂白机

漂白机的结构大体上与储浆池相似，用钢筋混凝土或砖砌成。池中有一道或两道纵向的两端不到头的隔墙，使浆池构成环形通道。浆料在螺旋桨的推动下在通道内循环，进行漂白和洗涤。浆道的底部有一定的倾斜度，转角处应有较大的圆角半径，池内壁铺砌瓷砖，以减小浆料流动阻力和积浆，并使浆料与漂白液混合均匀。

推进器多采用等距螺旋桨，其主轴与浆料接触部分套以铜管，桨叶包衬硬橡胶，这种推进器效率较高，动力消耗小，且不易挂浆。

漂白机装有 1~2 个洗鼓，洗浆时把洗鼓降落到浆料中，洗鼓随浆料流而不停转动，带有漂白生成物和参与漂白液的水通过洗鼓滤出。在洗涤过程中，不断往漂白机内补充洗涤水，使浆中所含杂质逐渐扩散到水中，再由洗鼓滤出。

洗鼓有两种结构：一种为翻斗式；另一种为虹吸式。

用翻斗式洗鼓时，进入洗鼓的滤液随同洗鼓内的弧形隔板所构成的翻斗一起回转，被提升到超过转鼓的空心轴心高度时，滤液便从轴端排出。翻斗式洗鼓结构笨重，需要驱动装置带动，但运转可靠，管理方便。

在虹吸式洗鼓中，虹吸管既是洗鼓的回转心轴，又是排液虹吸管。它由铸铁管制成，一端密封，另一端为排液口。通过滤网的滤液由虹吸作用流入排水槽，排水槽内有闸板调节溢流水位。排水槽有两个作用：一是防止空气通过管口进入虹吸管；二是可以调节溢流水位以控制流量。如果流量过低，设备能力不能充分利用，流量过大（大至不能使滤网有足够多的滤液供给虹吸管抽吸）时，虹吸管就会抽空，便不能继续工作。虹吸管上装有文丘里管，文丘里管可接通高压水，启动时便可以从虹吸管内抽空空气。虹吸管式洗鼓结构简单，重量轻，不需要传动装置，可靠浆料流推动，但虹吸管操作时要求严格密封，以防空气渗入破坏虹吸作用。

洗鼓悬吊在机架上，采用平衡锤平衡。洗鼓可以上下升降，升降机构可以通过电动机带动，也可以手动操作。

2. 连续式漂白设备

多段漂白就是多次加漂白剂、反应、洗涤的漂白过程。多段漂白也可用间歇式设备进行，但目前主要采用连续式设备。多段漂白典型的工艺是三段漂，也有多达 7~8 段的。

连续漂白设备有很多种类，但每段所用设备大致相同，就是浆泵、混合器、各种反应塔（即漂白容器）和洗浆设备。

3. 混合设备

混合设备包括浆氯混合器和使浆料与各种漂白药剂混合的设备，如双辊混合机等。

混合机带有水平搅拌辊，搅拌辊是一根空心钢管，管上按一定节距及相角焊上若干小圆棒，辊的两端支撑在轴承上，混合机外壳分为上下两半，并把搅拌辊密闭在其中。浆料和漂白剂从辊的一端的外壳上方加入，经过搅拌辊混合后从辊的另一端的外壳下方排出，凡与浆料和漂白剂相接触的表面视漂白剂的性质而采取相应的防腐措施。由于漂白过程，如碱处理、次氯酸盐漂白都是在室温以上温度进行，浆料在进塔之前要加热，所以双辊混合机外壳上装有数根蒸汽管，在浆料混合过程中同时通汽加热。

单辊混合机的作用与双辊混合机相同，但混合能力、效果都不如双辊混合机。

4. 反应塔

在多段连续漂白系统中，根据用途不同反应塔可以有许多种，但从其结构及操作上来分，不外乎升流式和降流式两大类。

升流式反应塔是浆料由塔底部送入，借进浆压力而上升。塔内的推进器仅在反应塔下半部起搅拌和匀浆作用。这种塔必须满塔操作，浆料在塔内停留时间比较稳定。浆料在反应塔内停留一段时间，完成化学反应后，经塔顶溢流而出。这种反应塔采用高浓漂白时，必须要注意采用与之相适应的输浆泵。

降流式反应塔则是浆料由塔顶送入，在塔内经过化学反应后由塔底送出。这种反应塔的浆位则可以根据具体生产情况决定。

（1）氯化塔。氯化塔是浆料进行氯化反应的容器，一般采用升流式，一是氯化段浆料浓度较低，采用升流式也不需要配置高浓浆泵；二是氯气进入塔内会受到静压的作用，有利于氯化反应。反应塔可用钢板衬胶、混凝土衬耐酸砖、混凝土涂环氧树脂等材料制造。

（2）次氯酸盐漂白塔和碱处理塔。次氯酸盐漂白多采用降流式漂白塔。塔内浆料浓度较高，为8%~16%。浆料经过混合机后从塔顶进入，由底部抽出。塔的底部中央有一上端为圆锥形的圆柱体，并装有推进器。浆料落至塔的底部时，在推进器的搅动下，通过针形阀注入稀释水，稀释到一定浓度后用泵抽至洗浆机进行洗涤。碱处理塔也采用这种方式的降流塔。塔体为混凝土结构，内衬耐酸砖或涂环氧树脂。一般塔内设有1~2个推进器。

六、筛选设备

目前国内使用的筛浆设备中，振框平筛用于粗浆除节，振膜平筛、通过式筛浆机和离心式筛浆机用于洗涤后浆料筛选，而压力筛主要用于抄纸机前浆料的筛选，外流振鼓圆筛主要用于筛选高级薄型浆的长纤维浆。

C型离心筛的种类很多，如印普可筛、华德鲁筛、柜劳筛等属老式离心筛，往往作为二道筛使用。良浆和粗渣都从筛的下方流出，具有尾浆量小及外壳无须密封的优点。稀释水管由排渣端墙板上伸入筛鼓内，且稀释水区只占整个筛区的1/3~1/2，因而被稀释的浆料往往仅局限于排渣口的粗浆。这样的结构易使大量粗纤维通过筛孔而降低筛选效率。为了使稀释水渗入筛鼓内部，同时也为了改进结构复杂笨重等缺点，发展研制了寇文筛，它是由筛鼓和带有多叶片的转子以及在转子的1/2~2/3处有一块圆盘形挡板组成，稀释水管经转轴中心向外喷射，结构如图5-13所示。早期使用的寇文筛多为A型寇文筛，随后又发展了K型筛及KX型寇文筛，此外还有为适应热磨浆筛选的PS型寇文筛及离心式与压力式相结合的PSV型筛，它们的结构特征及使用性能可参考有关的书籍。我国目前生产和使用的C型离心筛中CX型离心筛及ZSL型离心筛是在KX型寇文筛的基础上设计制造的，并在稀释

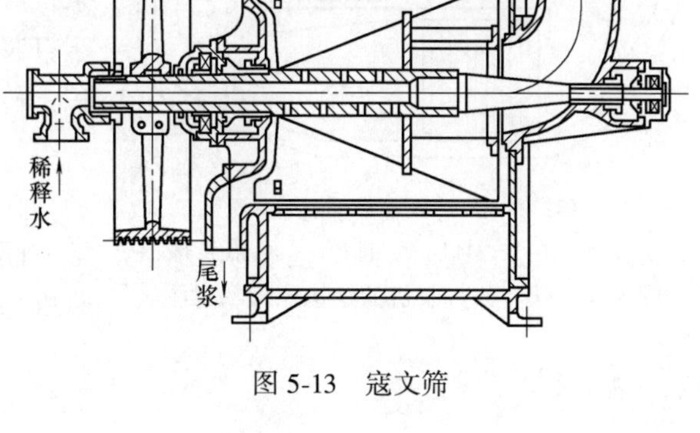

图5-13　寇文筛

水进入、转子及排渣等结构方面作了改进，是目前广泛使用的离心筛浆机。

七、打浆机

打浆机或称槽式打浆机，自 18 世纪发明以来经过不断地改进，派生了很多型式的打浆机，虽然仍然存在着间歇生产、占地面积大、电耗高、操作不够方便等缺点，但由于其对长纤维浆料的打浆条件适应性较强，通过运行条件的改变，可获得不同要求的浆料，适应范围广，灵活性大，即可打成浆，也可处理半浆，还可兼做洗涤、浓缩、配料等用，因此，目前一些纸厂，特别是用棉麻浆料的厂，仍保留这种打浆机。

打浆机的种类有很多，从最早的荷兰式打浆机，到后来改进的伏特式、瓦格纳式、尼亚加拉式等。虽然经过许多改进，但其主要结构仍保持了原来的特征，只是在某些部分的结构型式和规格上有些差异。

打浆机发明至今，虽然经过了很多的改进，但其结构的主要部分仍然保持了原有的构造。图 5-14 为打浆机的结构原理示意图。由于飞刀辊 3 不停地旋转以及浆槽 1 本身有一定的坡度，使受处理的纸浆在槽内沿箭头的方向循环运动。当纸浆经过飞刀辊 3 与底刀 2 之间的间隙时，便受到了飞刀辊 3 与底刀 2 的机械作用，逐步处理成合乎抄纸要求的纸浆。当纸浆需要洗涤时，可放下洗鼓 4，并开喷水管冲洗，在打浆过程中，飞刀辊 3 与底刀 2 的间隙和压力是可以调节的。

打浆机的型式有很多，它们的不同之处主要是：浆辊的形状、隔墙 5 两边循环沟的宽度、浆槽底的坡度、山形部 8 的位置和形状、底刀 2 的位置及飞刀辊 3 的调节机构等。各国生产的打浆机大多从这些方面改进，力图达到打浆均匀、节省动力以及使质量、产量容易控制等目的。在我国使用的打浆机中，按其用途不同，可分为两类：一类为半浆机，主要用于切断纤维，传统的荷兰式打浆机属于这一类；另一类为成浆机，主要用于打浆使纤维帚化、分丝、增加纤维比表面积，传统的伏特式打浆机（图 5-14）属于这一类。

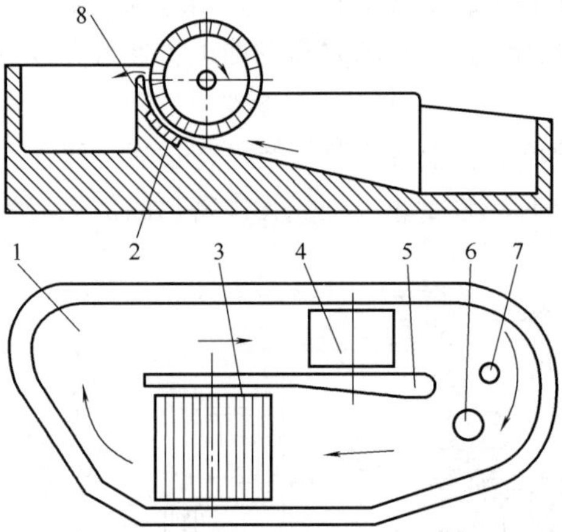

1—浆槽；2—底刀；3—飞刀辊；4—洗鼓；
5—隔墙；6—放料口；7—排污口；8—山形部
图 5-14　伏特式打浆机的结构原理示意图

在打浆机的结构设计中，应着重考虑以下方面：①浆槽；②飞刀辊以及底刀；③打浆机的调节机构。

八、磨浆机

1. 圆柱磨浆机

（1）圆柱磨浆机的工作原理。圆柱磨浆机亦称圆柱精浆机，是一种连续打浆设备，可以多台串联使用，也可以多台并联使用。

圆柱磨浆机由一个圆柱形刀辊（也称转子）和沿刀辊圆柱分布的四组扇形底刀（也

称定子）所组成。它的工作原理如图 5-15 所示，与打浆机相比，圆柱磨浆机的底刀组数量大，比包围飞刀辊的总弧长要长得多；总体结构也比打浆机要紧凑得多。由于转子刀辊是圆柱形的，在高速旋转时要处理的纸浆受离心力的作用产生周向运动和径向离心运动，并依靠纸浆进出口的压差用飞刀辊两端的推浆叶轮来实现纸浆进出磨浆区域。

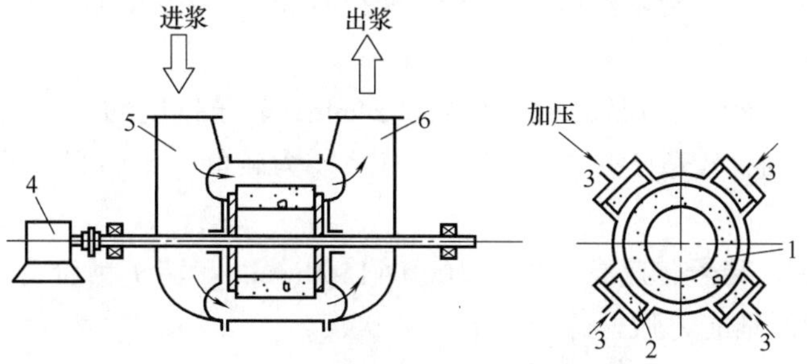

1—刀辊；2—定子；3—加压流体；4—电机；5—浆料进口；6—浆料出口

图 5-15　圆柱磨浆机工作原理示意图

在高速旋转时要处理的纸浆通过进口到达刀辊和定子之间的间隙，然后从出口排出，传动电动机与刀辊直接连接，带动刀辊高速转动。加压流体通过入口对四把定子刀进行加压，使要处理的纸浆在一定的压力下进行磨浆。

（2）圆柱磨浆机的结构。图 5-16 所示为圆柱磨浆结构图，它的进口端有导流流道（或称为进口泵壳）及进浆叶轮，把进来的纸浆连续均匀地分布到刀辊四周进行磨浆，出口端有出浆叶轮及排出流道（或称为出口泵壳），把从磨浆区出来的纸浆送到下一台圆柱磨浆机或者直通浆池。磨浆机机体四周分布有四个长方形孔，定子刀装在长方形孔中，并能向刀辊作径向移动。排出流道下部有专供停机后进水冲洗出口叶轮背面的进水管及管塞。圆柱磨浆机是借助于外加压力对定子刀进行加压而使纸浆在定子刀与刀辊之间受磨浆作用的，为避免产生咬刀现象，一般刀辊的刀片与轴线成 8°的倾角，定子刀片则与轴线平行。

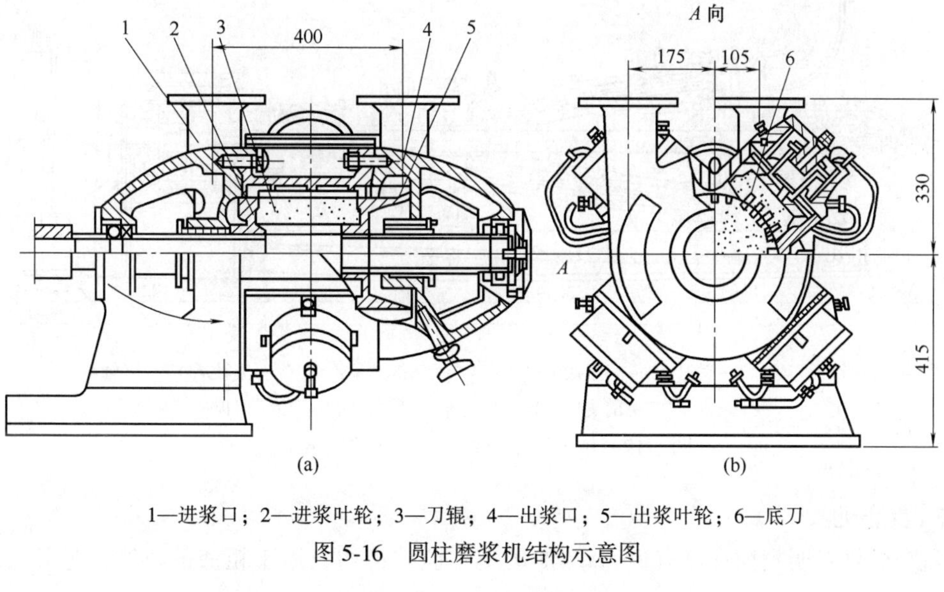

1—进浆口；2—进浆叶轮；3—刀辊；4—出浆口；5—出浆叶轮；6—底刀

图 5-16　圆柱磨浆机结构示意图

2. 锥形磨浆机

锥形磨浆机的出现要比圆柱磨浆机、盘磨机早，它最初是作为浆料均整设备使用的，经过发展，将几台串联起来，成为连续打浆设备，用于处理长纤维木浆、打游离状浆效果较好。

（1）锥形磨浆机的类型。锥形磨浆机的种类有很多，根据其转子转速、圆锥度、刀片厚度及打浆特性可分为以下4类。

① 低速磨浆机。转子转速较低，约为600r/min；转子锥度约为22°，刀片厚度一般为4~8mm。切断能力强，较适于打游离状浆，打浆能力较低，单台只能提高1°~2°SR（打浆度）。

② 高速磨浆机。转子转速高，可达1000~1500r/min：转子锥度为22°~24°，刀片厚度6~10mm。分裂纤维能力强，适于打中等黏状浆。

其中又可分出水化磨浆机，其锥度大些，为26°，转速在上限范围，刀片厚度8~12mm，分裂水化纤维能力更强。

③ 大锥度磨浆机。圆锥度达到50°~60°，刀片厚度20mm。由于圆锥度大，大小端线速度差别大，产生的离心力差别也大，出浆压头大，可防止纤维在机内短路，成浆较为均匀。

④ 内循环磨浆机。其特点是浆料从小端进入机内，经过空心转子流向大端，再由大端转回流过飞刀与刀壳之间，由小端出浆。浆料在机内多次循环，打浆时间长，分丝帚化作用较好。

（2）锥形磨浆机的结构。锥形磨浆机如图5-17所示，主要是由镶有刀片的截头圆锥形的转子和截头圆锥形的外壳及间隙调节机构所组成。浆料从外壳的小端进入，由大端排出（内式循环例外）。起刀、落刀借助于间隙调节机构使转子与外壳作轴向相对移动来实现。低速磨浆机通过减速器或皮带轮与电机连接，高速磨浆机则是由电机直接带动。

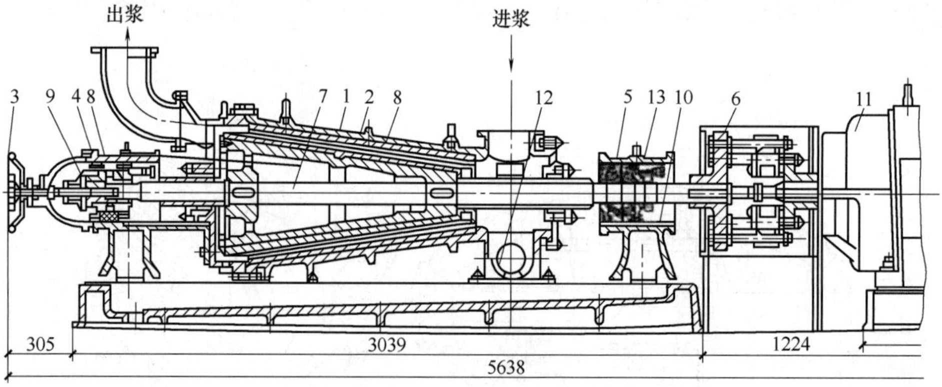

1—转子刀辊；2—底刀；3—间距调节机构；4—操作侧轴承；5—传动侧轴承；6—联轴器；7—主轴；8—外壳机体；9—前支座；10—后支座；11—电动机；12—盖板；13—前支座盖

图5-17　锥形磨浆机结构图（单位：mm）

3. 盘磨机

盘磨机自发明到现在已有近60年的历史，但它最初只用于粗渣的再磨，近几十年来才得到了较多的研究、改善，其应用范围也得到了扩展，除麻浆、破布浆外的各种植物纤维原料均可处理，可用在工业用纸、文化用纸、纸板等许多产品的生产中。

盘磨机由于其具有许多独特优点，如可以高浓（20%以上浓度）磨浆，适应性较强，既可做打浆设备也可作制浆设备，占地少，动耗低等，受到了制浆造纸行业的普遍重视，日本、美国、西欧一些国家已发展到连续化、自动化、高效能、专业化的水平。我国的盘磨机设计、制造也已经达到系列化。

盘磨机的分类可按其主轴安装型式和磨盘数量来进行，一般按照磨盘数量来分类和命名。

按主轴安装型式分成卧式和立式，如图5-18所示。实际上常用的是卧式盘磨机。

盘式磨浆机主要由装有磨片的磨盘、主传动轴、外壳、间歇调节机构、轴承冷却系统和保护系统、进出浆口和电机等构成。物料在盘中心进入，在高速转盘巨大离心力的作用下，从磨盘中心向圆周方向运动，穿过盘齿间隙最后流向出口。盘式磨浆机可分为单磨盘、双磨盘和三磨盘三种，单磨盘又可分为悬臂式结构和通轴式两种，三盘磨浆机结构如图5-19所示。

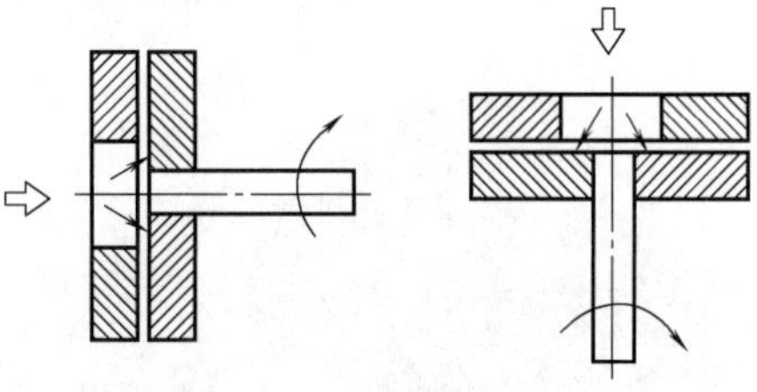

图 5-18　盘磨机主轴布置型式

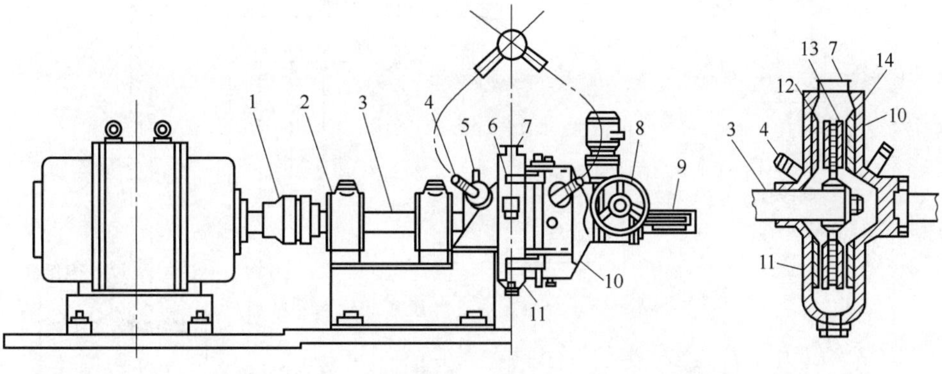

1—连轴器；2—滑动轴承；3—转轴；4—进浆管；5—水压密封圈；6—磨盘室；7—出浆口；8—手轮；9—限位装置；10—可移动机座；11—机壳；12—机壳固定磨盒；13—转动磨盒；14—机座固定磨盘

图 5-19　三磨盘磨浆机结构图

第四节　典型造纸机

造纸机是使纸浆形成纸幅的分部联动的全套设备，包括流浆箱、网部、压榨部、烘干部、压光机、卷纸机，以及传动部的主机和汽、水、真空、润滑、热回收等辅助系统。形成湿纸幅的网部是造纸机的核心，所以典型造纸机可按网部的结构分为长网造纸机、夹网造纸机和圆网造纸机。

一、长网造纸机

长网造纸机又称长网纸机，主要特征是具有一个由无端网构成传送带式的成型部。长网造纸机由湿部（包括流浆箱、成型器、压榨部）和干部（干燥、压光、卷取）组成，如图 5-20 所示。根据成型器和干燥烘缸的数量，可分为单长网、双长网、多长网、长网多缸、杨克式等机型；按车速又可分低速的和高速的机型。生产新闻纸等大宗产品的造纸机多属高速造纸机，其产量大，车速已超过1200m/min，幅宽达 10m。

图 5-20 长网造纸机

长网造纸机是造纸工业中使用广泛的一种造纸机。如图 5-21 所示，典型长网造纸机可以看作由多台设备组成的联动机，通常分为湿部和干部两部分。湿部包括浆料、流送设备、网部和压榨部；干部包括干燥部、压光机和卷纸机（切纸机）。

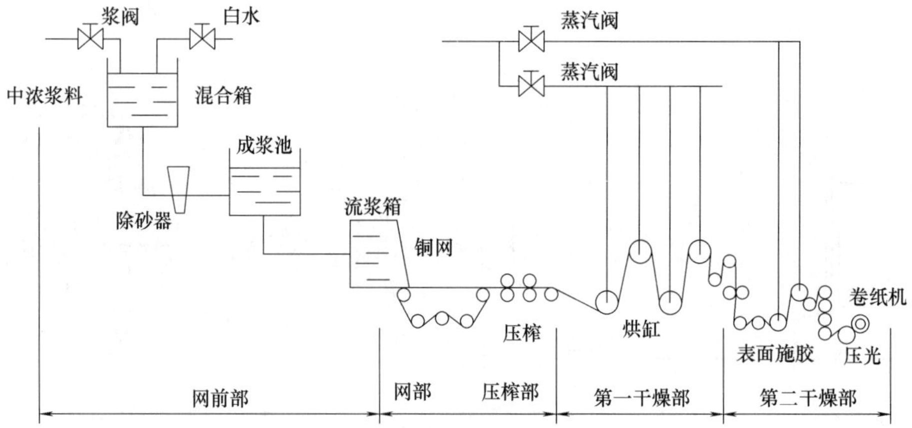

图 5-21 纸张生产过程系统示意图

经过打浆处理的浓纸浆（浓度约为 3%），用回水池中的水稀释到 0. 3%左右，通过除砂与过滤处理后送入稀浆池中，在这里把滑石粉等填料加入稀浆池中，再把稀浆池中的稀浆用泵打入流浆箱内。流浆箱里的液位和压力都要求保持恒定，以保证稀纸浆以恒定的速度由流浆箱均匀地喷到铜网上。铜网上纸浆中的纸纤维量就决定了成品纸张中所含的纸纤维量，它的多少直接影响纸张的厚度，即纸张的定量，并且纸纤维量由浓纸浆的流量来控制。纸浆在网上被脱水，然后在烘干缸段被挤压、烘干和压光。纸浆脱水和纸页烘干由电机拖动匀速前进，最后成为成品纸卷在卷筒上。烘缸内充有蒸汽，蒸汽流量控制着烘干的程度，即纸张水分的含量，纸张的定量和水分分别由卷筒前面的 β 射线测厚仪和红外线湿度计来测定，再分别通过调节浆料阀门和蒸汽阀门来得到控制。

二、夹网造纸机

夹网造纸机（图 5-22）是一种新型的造纸机，主要结构特征为把流浆箱放在网部的上端（直立式），并有对称安装呈楔形的两张长网（普通长网造纸机只有一张长网），称为夹网成型器。

该成型器可以灵活地控制，使两张网或慢慢打开或逐渐汇拢，从而来调整生产纸种的定量。从压榨部起以后的干燥部、压光部、卷取部等结构均与一般长网造纸机基本相同。夹网造纸机的设计、成纸的纵横向差和两面性都比较小，故质量较好，因此能够生产定量为 8～350g/m^{2}的各种文化及生活用纸，如印刷纸、涂布原纸、餐巾纸、卫生纸等。

1. 夹网成型器

夹网成型器一般分为两大类，且夹网成型器根据其脱水原理的不同又可分为两种形式。

图 5-22　夹网造纸机

（1）辊式夹网成型器。在辊式夹网成型器中，纸幅的成型是在成型辊上进行的，并根据单面脱水或双面脱水的区别，其成型辊是表面成实体时辊或开孔面积为 90%左右的开敞辊。这种夹网成型器在成型过程中纤维留着率最高，但其成型质量较其他夹网成型器差。

（2）脱水板式夹网成型器。这种夹网成型器采用静止脱水元件（脱水板）脱水，可抽真空或不抽真空，其成型过程的纤维留着率最低，但成型质量最好。

2. 混合式夹网成型器（上网装置）

这种成型器也可以根据脱水元件种类的不同而分为三种形式：①仅由辊子脱水（基本无静止脱水条件）。这种纤维留着率较高，成型质量也比长网好。②仅由静止脱水元件脱水。这种形式的上网装置纤维留着率较低，但成型质量最好。③由辊子和静止脱水元件脱水。这种上网装置综合了上述两种上网装置的优点，因而比较受欢迎。

在选用夹网成型器时必须考虑纸机车速、原材料特性以及所抄造的纸种等因素，可参照以下所列出的有关资料进行选用。

表 5-1 说明了各种上网装置的操作和设计参数，表 5-2 列出了美国贝洛伊特 Beloit 公司的三种形式成型器与其他形式性能的比较。

从上面两个表格，我们可以掌握各种夹网成型器的适用范围、优缺点，并在选用时作为参考。现分述如下：

（1）辊式夹网成型器。适用于抄造低定量纸种，尤其在高速下抄造薄型纸，其纤维留着率高，动力消耗少，最高车速可达 2100m/min，但其纸幅成型质量比不上其他夹网成型器。这种成型器结构简单、操作方便，并能采用多层流浆箱同时抄造多层纸，除了可抄造薄型纸以外还可用于抄造新闻纸、杂志纸等。

（2）脱水板式夹网成型器。适用于抄造低到中等定量的纸种，如新闻纸、瓦楞芯纸等，其纤维留着率低，但成型质量最好，最高车速可达 1350m/min。由于这种成型器高度很高，纤维留着率低，因此近年来没有得到很大发展。

表 5-1　　　　各种上网装置的操作和设计参数

型式	进出夹网段纸幅干度/%		朝上脱水比例/%	传动	网辊数量/个	真空需要	清洁网辊
	进	出					
Bel-Bond	0.9~1.5	10~15	50~60	+	4	+	-
Bel-Roll	1~1.5	10~13	约 40	-	7	-/(+)	+
Bel-Form	1~1.5	8.5~9.5	30~40	-	6	+	+
Duoformer H	1~1.2	10~15	35~40	+	6	-	+
Sym former R	1~1.2	6~10	30~45	+	6	-/(+)	+
Dyna former	约 1	11~16	30~70	-	6	-	+
Top Flyte former	0.9~1.4	10~12	约 30	-	6	-	-
Twin former	约 1	7~11	25~40	+	6	-/(+)	-
Peri former HR	0.8~1.5	12~16	15~45	-	6	-/(+)	+
Alform M	0.8~1.5	12~14	约 50	-	7	-	+
Akumat	1.9~4.5	8.5~22	约 40	+	5	+	+

表 5-2　　　　三种型式成型器的比较

项目	长网	上网装置			脱水板式纯夹网成型器 Bel Baie 3
		Bel-Bond	Bel-Roll	Bel-Form	
脱水能力	有所限制	高(进口浓度 1.0%)	中等(进口浓度 1.5%)	中等(进口浓度 1.5%)	高(进口浓度 0.8%)
纤维留着率	作为比较的基础	减 10%	减 2%	减 5%	减 10%
纸幅成型	相对较差	好到最好	好	好到最好	最好
品种范围	低定量到高定量	低定量到高定量	低定量	低定量到中等定量	低定量到高定量
动力需要	作为比较的基础	不变(动力重新分配)	减少 40%(同一车速)	减少 20%(同一车速)	减少 20%(同一车速)

(3) 仅由辊子脱水的上网装置适用于抄造低定量的纸种。这种成型器根据夹网的走向朝上或朝下分别适用高速或低速，纤维留着率较高，成型质量比长网好。

(4) 仅由静止脱水元件脱水的上网装置，如 Bel-Bond，适用于抄造低定量到高定量的纸种，其纤维留着率较低但成型质量最好。这种成型器一般采用真空箱脱水，因此可用于二次成型，纸幅朝上脱水，适用于在较低车速下抄造多层纸。

(5) 由辊子和静止脱水元件脱水的上网装置，综合了上述两种上网装置的优点，因而纤维留着率较高，成型质量很好，适用于抄造低定量到中等定量的纸种，但这种上网装置一般都配有弧形脱水板组，因此加工比较困难。

以上各种夹网成型器均有其不同特点，因此在选用时应进行反复比较、慎重考虑，由于国内非木材纤维占造纸原料的很大一部分，因此，在选用夹网成型器时要着重考虑车速、纤维留着率以及成型质量等。

三、圆网造纸机

圆网造纸机（图 5-23）是以圆网为成型器的造纸机，根据成型器和干燥烘缸配置数量的不同，形成多种类型的造纸机，如单圆网单缸造纸机、双网双缸造纸机、多网多缸纸板机等。一般由一道压榨、一道托辊压榨和 1~2 个直径较大的烘缸组成，一般抄造文化用纸或包装纸类。圆网造纸机结构简单、造价低，多为一般中小造纸厂采用。

圆网造纸机可生产瓦楞原纸、挂面箱纸板、卫生纸和中低档文化用纸。传统圆网造纸机因解决不了圆网笼转动时所产生的离心力产生的甩水现象，影响纸页成型，即使增大网笼的直径，车速也无法突破 230m/min，大大制约了机器的工作效率。在此，提出一种脱水能力强、整体车速较高的强脱水圆网造纸机。

高速强脱水圆网造纸机包括机架、毛毯优化机构、伏辊机构、网笼机构、托辊机构、烘缸机构和毛毯。毛毯优化机构固定设置在机架顶部一侧，烘缸机构固定安装在机架顶部的另一侧，网笼机构固定安装于毛毯优化机构下方；伏辊机构铰接安装于网笼机构上方，且伏辊机构与网笼机构对辊；托辊机构固定安装于烘缸机构下方的机架上，且托辊机构与烘缸机构对辊；毛毯依次经毛毯优化机构、伏辊机构、网笼机构、托辊机构循环旋转；网笼机构的右侧设置有压辊，毛毯经伏辊机构后经压辊下压毛毯紧贴网笼机构旋转，网笼机构为圆网造纸机抽气负压网笼；托辊机构包括托辊加压机构和圆网造纸机专用三吸区真空托辊，圆网造纸机专用三吸区真空托辊固定安装于托辊加压机构的顶部。

图 5-23　圆网造纸机

圆网造纸机抽气负压网笼包括网笼、抽气泵和支撑轴。网笼为空心圆柱体，支撑轴在网笼芯部设置，网笼的两端部设置有密封端板，密封端板包括端板板体和密封端盖，两侧密封端盖上均开有抽气孔，抽气孔和抽气泵之间通过设置导气管固定连通，抽气泵安装设置有变频控制器。圆网造纸机抽气负压网笼示意图如图 5-24 所示。

圆网造纸机专用三吸区真空托辊包括托辊、真空箱、操作侧轴承座、传动侧轴承座和蜗轮蜗杆调节机构。托辊上均布设置有吸水通孔，托辊外围包裹设置有软胶层，真空箱位于托辊内部，操作侧的真空箱一端固定连接设置有真空吸口座，真空箱内均设置有密封调幅机构，托辊内部真空箱的数量为三个，真空吸口座上对应设置三个吸口，且三个吸口分别与三个真空箱对应连通，真空箱在托辊外围依次对应形成三个真空吸区：脱水区、初成型区、成型区。托辊上均布设置的吸水通孔的横截面为正六边形，托辊外围包裹的软胶层上设置有胶面通孔和胶面盲孔。圆网造纸机专用三吸区真空托辊及 B-B 剖视放大的结构示意图如图 5-25 所示。

伏辊机构包括伏辊加压装置、伏辊支撑板和伏辊。伏辊加压装置一端铰接在机架上，另一端与伏辊支撑板右端铰接，伏辊支撑板左端与机架铰接，伏辊安装于伏辊支撑板右端下方。

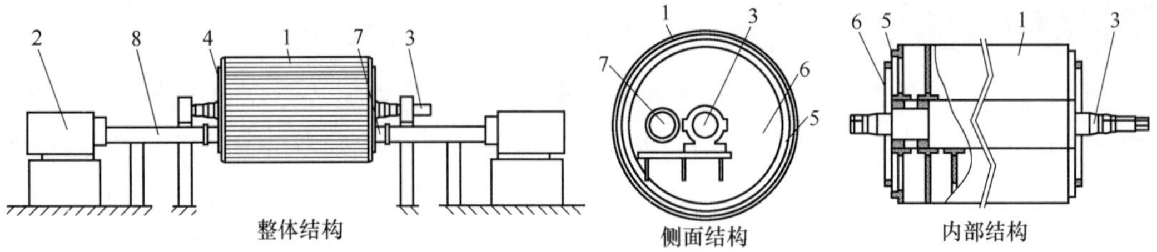

1—网笼；2—抽气泵；3—支撑轴；4—密封端板；5—端板板体；6—密封端盖；7—抽气孔；8—导气管

图 5-24　圆网造纸机抽气负压网笼示意图

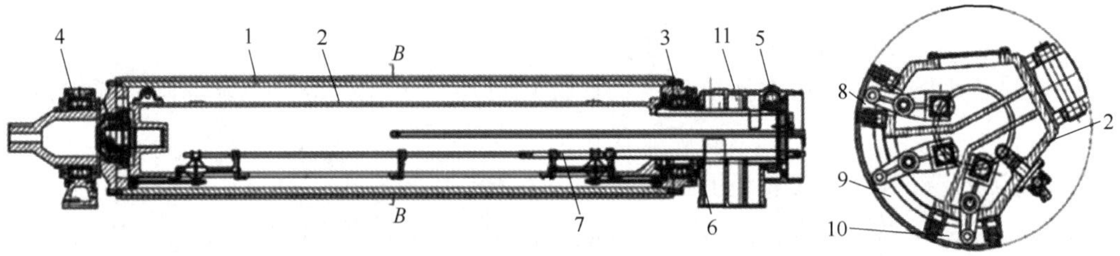

1—托辊；2—真空箱；3—操作侧轴承座；4—传动侧轴承座；5—蜗轮蜗杆调节机构；6—真空吸口座；7—密封调幅机构；8—脱水区；9—初成型区；10—成型区；11—吸口

图 5-25　圆网造纸机专用三吸区真空托辊及 B-B 剖视放大的结构示意图

毛毯优化机构包括毛布矫正器、毛布张紧器、毛布吸水箱和清洁导辊。毛毯依次经过清洁导辊、毛布吸水箱、毛布张紧器、毛布矫正器。

机架右侧烘缸机构斜下方设置有水平卷纸机构，水平卷纸机构将成品纸收纳成卷。

有益效果：①毛毯经伏辊机构后经压辊下压毛毯紧贴网笼机构旋转，改变了毛毯走向，使网笼内保持更好的密封性，从而形成更好的负压，更加适应水与纸幅的分离，同时保证了网笼的脱水速率，进一步促进车速的提高；②网笼两侧密封端盖上均开有抽气孔，抽气孔和抽气泵之间通过设置导气管固定连通，使得网笼内气压均匀一致，避免了网笼两端脱水速率不均匀的情况，在提高机器车速的同时又保证了脱水的一致性，提高了产品品质；③托辊机构的辊体为圆网造纸机专用三吸区真空托辊，强制脱水，脱水效果更好（纸张干燥度能达到38%以上），使用橡胶托辊时纸张的干燥度是30%~32%；④对烘缸的蒸汽压力要求不高，使用橡胶托辊时烘缸蒸汽压力需要保持在 3. 8~4kg 以上，改用真空托辊后，烘缸的蒸汽压力只需保持在 3~3. 2kg 以下，大大为企业节约了能源投入，降低了生产成本；⑤车速可以整体提高 20%以上，明显提高了生产效率，同时产品纸张的蓬松度和吸水性更好，提高了产品的附加值。

四、其他制浆造纸机械

1. 叠网造纸机

以叠网成型器或复合成型器为主的造纸机，即叠网造纸机（图 5-26）或复合造纸机。

叠网造纸机由在长网上叠加几个独立的成型器组成。一般由 2~4 台独立的长网成型器叠加而成，各成型器都有自己的上浆系统和流浆箱，用于生产多层纸板，是目前最流行的纸板成型器。叠网成型器要注意以下层间结合问题：①要控制好结合纸页干度在10%~14%，过干结合强度低，过湿易破坏湿纸页；②控制好复合辊对纸幅的压力和真空箱的真空度，复合辊为孔辊，压力过小结合差，过大会产生网痕；③在结合处喷洒淀粉胶。此外，叠网成型器也要控制好速差，正确分配负荷。

图 5-26　叠网造纸机

叠网成型器有以下特点：

（1）与圆网纸板机相比，具有匀度好，横幅定量差小，纵横拉力比小，车速高的优点；但投资大，操作要求高。

（2）与超成型器纸板机相比，可抄造的定量和车速范围大，可适应较高的车速，但投资大。

复合造纸机是在长网的中部增设上成型网，先单面脱水，再双面脱水，最后再单面脱水。顶网内设有刮板、成型辊等脱水元件。顶网也称上成型器。复合成型器有以下特点：①与长网相比，纸页两面性较均一，脱水能力大幅提高；②与夹网相比，浆道少、留着率高、价格低、网和元件容易清洁，但车速受到限制。

主要有以下类型：复合型辊筒成型器、复合型刮板成型器、复合型“C”成型器、具有可调特征的顶网成型器、向上脱水和可调的顶网成型器。

2. 水力碎浆机

水力碎浆机是制浆造纸工业中常用的碎浆设备之一，主要用来碎解浆板、废旧书本、废旧纸箱等。从结构型式上可分为立式水力碎浆机和卧式水力碎浆机。

图 5-27　立式水力碎浆机

立式水力碎浆机，主要结构有槽体、转子（叶轮）、底刀环和电机等，如图 5-27 所示。一般转盘的圆周速度为 1000m/min，槽体直径为 1~6m。我国目前水力碎浆机的容积有 1~30m^3 等多种型号。

立式水力碎浆机的工作原理是，启动电机，叶轮开始转动，槽体中的浆料沿着轴线中心吸入，从圆周高速抛出，形成剧烈的湍流循环。由于叶轮翼的撕扯及不同速度的浆流层的相互湍动，产生一种巨大的摩擦作用，使浆料在湿态中强烈疏解、分离纤维，同时纤维束又在叶轮与筛板的间隙中互相摩擦，增加纤维化的作用。

卧式水力碎浆机通常分为伏特式（卧式）水力碎浆机和滚筒式（转鼓式）水力碎浆机两种。

伏特式水力碎浆机有一个侧置的转子，槽体下部有一个杂质收集器，其他结构与立式碎浆机相同。这种碎浆机能够处理未经分拣的废纸。

滚筒式水力碎浆机如图 5-28 所示，可连续排除难以碎解的非纤维杂质，生产能力大。它利用圆筒内壁的隔板不断地将纸料兜起，在一定高度时将其摔落到圆筒底部，利用撕扯剪切作用达到离解纤维的目的。重大杂质不受机械破损，较易被除杂设备清除。

图 5-28 滚筒式水力碎浆机

3. 智能立体原纸仓库

智能立体原纸仓库如图 5-29 所示，这种“动态仓库”最大的优点是节约场地空间，仓库空间利用率大大提高，而且立体库单位面积储存量能达到平库的 3~7 倍。最令人震撼的是，仅仅用几台堆垛机在货架间灵活地穿梭，与出入库设施平稳衔接，就不费吹灰之力地完成了原纸的出入库。在纸箱行业，国内设备比较先进的工厂顶多是利用叉车结合条码/RFID（射频识别）实现原纸的快速出入库，这种几乎无人的智能立体原纸仓库还有待发展。

选用智能立体原纸仓库，主要的原因之一是很大程度上节约人力资源成本、减轻劳动强度、避免货物损坏或遗失、消除差错、提高仓储自动化水平及管理水平、提高管理和操作人员素质、降低储运损耗、有效地减少流动资金的积压、提高物流效率等。

图 5-29 智能立体原纸仓库

另外，投资这种智能立体原纸仓库的资金额，具体要依据流量要求大小和纸卷规格（重量，尺寸）以及仓库形状差异而定，通常每个库位投资金额在 2500~3500 元不等。

4. 无人智慧造纸工厂

荆州公安县，一个占地 2264 亩，相当于 211 个足球场、66 个航空母舰的工厂逐渐显现，180 多米的生产线上难觅人影，从投料、制浆到产品装车，工人在总控室内即可完成所有生产控制。立体式自动化仓库内，无人运输车 24 小时不间断作业，与智能机器人全流程配合，电脑上一键操作即可实现成品入库存储和产品自动出库。

机械化、数字化、智能化，这座智慧工厂拥有“超强大脑”——DCS 控制系统。单台纸机测量控制点达 6000 多个、控制线 18 万米，自动化程度极高且相互关联，所有线路最终汇总到 DCS 控制室内，依托控制系统实现上料、出纸、运输、打包、装车的全自动智能化生产。

参考文献

[1]　王忠厚. 制浆造纸工艺 [M]. 北京：中国轻工业出版社，2006.
[2]　陈克复. 制浆造纸机械与设备（上）[M]. 北京：中国轻工业出版社，2011.
[3]　张展鹤. 夹网成型器脱水原理及其选用 [J]. 国际造纸，1988（01）：11-17.
[4]　徐红霞. 高速强脱水圆网造纸机 [J]. 中华纸业，2015，36（22）：83-84.

第六章　塑料机械

由于塑料具有重量轻、比强度高、电气性能优异、化学稳定性优越、摩擦因数小、耐磨性能优良、吸震和消声隔音作用好，并且有好的弹性、易成型、易黏结等特点，在人们生活、工农业生产、国防工业等各方面得到了广泛的应用，进而促进了塑料机械工业的迅速发展。

第一节　塑料机械概述

塑料机械是指塑料加工工业中所使用的各类专用机械和装置。塑料机械行业是随着高分子化学和塑料加工工艺的发展而发展起来的，并逐步成为一个独立的工业部门。第二次世界大战后，许多塑料原料已能大规模生产，塑料制品代替金属、木材、玻璃、纸、纤维等材料制成的产品，在国民经济各部门以及人们生活领域的应用越来越多。

时至今日，塑料已与金属、木材、水泥等成为现代工业建设的十大结构材料，而塑料机械行业也已成为建筑材料工业、包装工业、电器、电子、信息工业、汽车及其他交通业、农业、轻工业、生物、医疗、石化工业、国防等部门的重要技术装备。

一、塑料机械行业产品分类

塑料机械行业产品分类如表 6-1 所示。

表 6-1　塑料机械行业产品分类

类　别	包含产品
塑料原料配混机械	塑料研磨机、塑料搅拌机、塑料混合机、捏合机、炼塑料机械、塑料造粒机、塑料回收再生造粒机械、塑料切粒机、筛造机、破碎机等
塑料成型加工机械	塑料注射成型机械、塑料挤出成型机械、塑料中空成型机械、塑料压延成型机、压塑料机械、挤塑料机械、吹塑料机械、滚塑料机械、发泡机等
塑料二次加工机械	塑料热成型机、塑料焊接机、塑料热合机、塑料烫印机、塑料真空蒸镀机、塑料扩管机、塑料异型材拼装机械等
塑料加工辅助机械或装置	塑料上料机、自动计量供料装置、塑料边角料自动回收装置、取出装置、注塑模具冷却机等

二、塑料机械产业链

塑料机械行业的上游产业主要是钢材行业和有色金属行业，而下游主要面对的是包装工业、轻工业、电器电子信息工业，建筑材料工业、汽车工业等。塑料机械产业链如图6-1 所示。

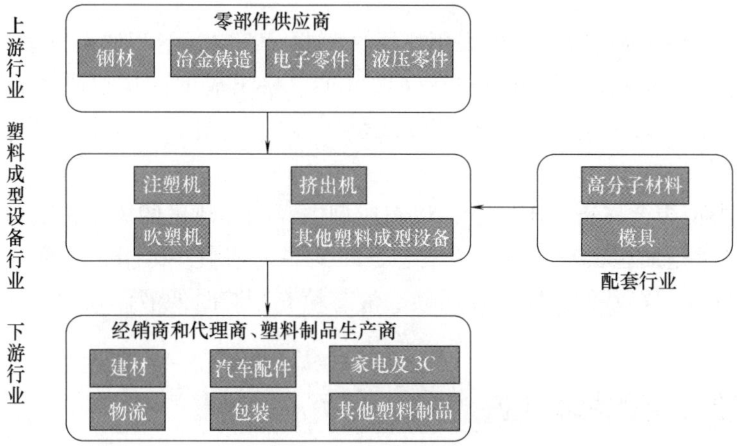

图 6-1　塑料机械产业链

三、我国塑料机械行业发展概况

经过 60 多年的发展，特别是改革开放以来的快速发展，我国塑料机械行业已经形成门类齐全、基础牢固、具有一定技术水平、能够基本满足国民经济需求的世界最大规模，并具有相当国际竞争力的产业体系，取得了令人瞩目的成就。我国塑料机械行业的产品产量已经连续多年位居世界第一，我国已成为世界塑料机械生产大国、消费大国和出口大国。

2023 年海关总署数据显示，2023 年 1~5 月，中国大陆塑料机械主要产品进出口总额 45 亿美元。其中，进口额 15 亿美元，同比增长 19%；出口额 30 亿美元，同比增长 11%。值得一提的是，对大洋洲、非洲（53 个国家和地区）的出口额同比增速均超过 30%。

据中国塑料加工专用设备行业现状深度分析与发展前景研究报告分析（2023—2030 年），2021 年我国塑料加工专用设备产量为 35. 23 万台，同比增长 7. 3%；营收达 950. 28 亿元，同比增长 17. 2%，预计 2023 年产量将达 38. 99 万台。

近年来由于汽车、建筑、家用电器、食品、医药等产业对注塑制品日益增长的需要，推动了注射成型技术水平的发展和提高。中国塑料加工业巨大的发展潜力为注塑机产业迅猛成长开拓了广阔空间。

第二节　塑料生产工艺技术流程

塑料的工艺特性是指将塑料原料转变为塑料制品的工艺特性，即塑料的成型加工性。塑料的成型方法很多，根据加工时聚合物所处状态的不同，塑料成型加工的方法大体可分为三种：

① 处于玻璃态的塑料，可以采用车、铣、钻、刨等机械加工方法和电镀、喷涂等表面处理方法。

② 当塑料处于高弹态时，可以采用热压、弯曲、真空成型等加工方法。

③ 把塑料加热到黏流态，可以进行注射成型、挤出成型、吹塑成型等加工。塑料成型方法的选择取决于塑料的类型（热塑性或热固性）、特性、起始状态及制成品的结构、尺寸和形状等。

液态成型类似于金属铸造工艺。在液态成型中，当加热过的树脂进入模具或在模具中混合的时候，（常是加压状态）树脂为液态。在某些工艺中，树脂不会变为液体而在模具中的时候，热固性塑料常像面团一样柔软。液态填充型腔时像液体一样，使得柔顺的零件具有极好的细部。

一、塑料成型工艺的基本知识

塑料制成品性能的好坏，除与所用塑料的品种、结构以及性能有关外，还与成型的方法和所采用的工艺条件等因素有关。

1. 塑料成型加工的特点

（1）塑料的黏性流动。无论是热塑性塑料还是热固性塑料，其成型都是在流动状态下进行的。所以，在选择原材料、考虑成型方法和解决工艺条件时，都必须认真研究不同品种塑料的流动性问题。

（2）塑料成型过程中的松弛现象和内应力。在外力作用下，塑料高分子链由原来的形状过渡到与外力相适应的另外一种状态需要一定的时间，形成过程中的这种现象，称为松弛现象。由于松弛现象的存在，常会导致成品内部出现应力。

（3）塑料成型过程中的膨胀效应。塑料熔体在成型过程中同时伴有弹性变形发生，当造成变形的外力去除后，熔体流动造成的变形有一部分要恢复，这种现象称为膨胀效应。例如在175~200℃温度下快速挤出聚苯乙烯（PS）熔体时，棒材直径将可能比模孔直径膨胀2.8倍。

2. 塑料的工艺性能

（1）吸湿性。塑料依据其对水分的亲疏程度，大致可分为有吸湿或黏附水分倾向的（如聚酰胺PA、丙烯腈-丁二烯-苯乙烯共聚物ABS）和既不吸水又不黏附水分的（聚苯乙烯PS、聚乙烯PE）两大类。

（2）收缩性。塑料制件从热模中取出冷却至室温后，其尺寸缩减的特性。塑料的收缩率是模具设计的一个重要依据。

（3）相溶性。指两种不同品种的塑料，在熔融状态下能否相混融的性质。一般来说，分子结构相似的较容易相溶。借助混融方法来改进单一塑料的性能，合理选择各种添加剂。

二、塑料制品常用的主要原料和辅助材料

塑料制品常用的主要原料和辅助材料，一般包括合成树脂和各种添加剂两大部分。合

成树脂是塑料中对各种添加剂起黏结作用的主要成分，一般占 30%～100%，对塑料的基本性能有决定性的影响。添加剂则是为了改善塑料的某些性能，以获取更满足使用要求的塑料制品，而在生产中特意加入的成分。

（1）主要原料。最常用的合成树脂有聚氯乙烯（PVC）、聚乙烯（PE）、聚丙烯（PP）、聚苯乙烯（PS）、聚酰胺（PA）、聚甲醛（POM）、酚醛树脂（PF）和氨基塑料（UFMF）等。出厂时形状有粒状、粉状、液状、糊状等。

（2）辅助材料。增塑剂、润滑剂、填充剂、着色剂、发泡剂、阻燃剂、抗氧剂、抗静电剂等。

三、塑料制品的一般生产过程

根据塑料的固有性能，使其成为具有一定形状和使用价值的塑料制品，是一个复杂而繁重的过程。塑料制品工业生产中，塑料制品的生产系统主要是由塑料的配料、成型、机械加工、装饰和装配五个连续的过程组成的。

第三节　典型塑料生产设备

按塑料制品生产过程，塑料机械可分为塑料配混机械、塑料成型机械、塑料二次加工机械和塑料加工辅助机械或装置四大类，如图 6-2 所示。

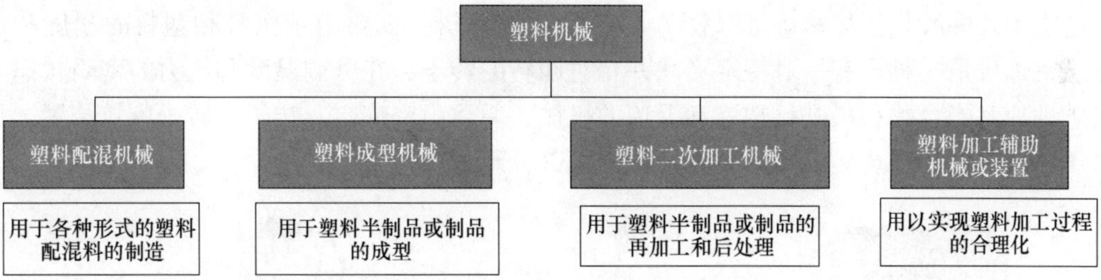

图 6-2　塑料机械的分类

塑料配混机械用于各种形式的塑料配混料的制造，包括捏合机、炼塑机（开炼机和密炼机）、切粒机、筛选机、破碎机和研磨机等。

塑料成型机械又称塑料一次加工机械，用于塑料半制品或制品的成型，包括压塑机、注塑机、挤塑机、吹塑机、压延机、滚塑机、发泡机等。

塑料二次加工机械用于塑料半制品或制品的再加工和后处理，包括热成型机、焊接机、热合机、烫印机、真空蒸镀机、植绒机、印刷机等。金属加工机床也常用于塑料二次加工。

塑料加工辅助机械或装置用以实现塑料加工过程的合理化，包括自动计量供料装置、边角料自动回收装置、注塑制品自动取出装置、注塑模具快速更换装置、注塑模具冷却机、自动测厚装置以及原材料输送和贮存设备等。这类辅助机械或装置，已成为现代化塑料加工过程自动化所不可缺少的部分。

一、塑料配混机械

塑料配混是指按一定的配比将合成树脂与所需的塑料添加剂混合，配制成适宜于加工的配混料（或称模塑料）的工艺，是塑料工程的主要内容之一。根据配混料形式的不同，塑料配混工艺过程也有所差异，但过程相似，包括：①计量：各种原材料的准确称量。②混合：在不同形式与结构的混合设备中，使各种组分均匀分散、混合。③塑化：采用密炼机、开炼机或塑化挤出机，使混合组分熔融、均化。④分离：排除原材料带入的挥发成分和空气与杂质。⑤造粒：如需制成粒料，则用各式切粒机切成一定尺寸和形状的颗粒。

接下来介绍一些常见的塑料混配机械。

1. 捏合机

捏合机（图 6-3）是对高黏度、高弹塑性物料的捏合、混炼、硫化、聚合的处理设备。捏合机是一种特殊的混合搅拌设备，最常用的是采用两个桨叶，并排相切差速型排列，即一个搅拌桨的速度快，另一个搅拌桨的速度慢，以便于产生剪切力，不同的桨速使得混炼的物料能够迅速剪切，从而使物料能够混合均匀。

捏合机广泛应用于高黏度、高弹塑性物料的混炼、捏合、破碎、搅拌、硫化、重新聚合等。捏合机具有搅拌均匀、无死角、捏合效率高等优点。

捏合机功能全，品种多，应用十分广泛，特别适用于塑料、橡胶、染料、颜料、油墨、食品胶基、医药药剂、建筑涂料、高黏度密封胶、中性玻璃胶、纸浆、纤维素、电池浆料、化妆品等行业。

2. 密炼机

密闭式炼胶机简称密炼机（图 6-4），又称捏炼机，主要用于橡胶和塑料的塑炼和混炼。密炼机是一种设有一对特定形状并相对回转的转子，在可调温度和压力的密闭状态下间歇性地对聚合物材料进行塑炼和混炼的机械，主要由密炼室、转子、转子密封装置、加料压料装置、卸料装置、传动装置及机座等部分组成。

图 6-3　捏合机

图 6-4　密炼机

自 1916 年出现真正意义上的 Banbury（本伯里）型密炼机后，密炼机的威力逐渐被人们所认识，它在橡胶混炼过程中显示出来比开炼机优异的一系列特征，如混炼容量大、时间短、生产效率高；较好的克服粉尘飞扬，减少配合剂的损失，改善产品质量与工作环境；操作安全便利，减轻劳动强度；有益于实现机械与自动化操作等。因此，密炼机的出现是橡胶机械的一项重要成果，至今仍然是塑炼和混炼中的典型的重要设备，仍在不断地发展和完善。

3. 塑料切粒机

塑料切粒机（图 6-5）主要用于加工废旧塑料薄膜（工业包装膜、农业地膜、大棚膜、啤酒包、手提袋等）、编织袋、农用方便袋、盆、桶、饮料瓶、家具、日常用品等，适用于大部分常见的废旧塑料，是废旧塑料再生行业用途最广、使用最广泛、最受用户欢迎的塑料再生加工机械。

4. 塑料破碎机

塑料破碎机（图 6-6）又叫塑料粉碎机，主要用于破碎各种塑性塑料和橡胶，如塑料异型材、管、棒、丝线、薄膜、废旧橡胶制品等。粒料可直接供挤出机或注塑使用，也可以通过基础造粒再生使用。塑料破碎机还有一种是注塑机的周边设备，可以破碎回收注塑机产生的不良品及水口料的机器。

图 6-5　塑料切粒机

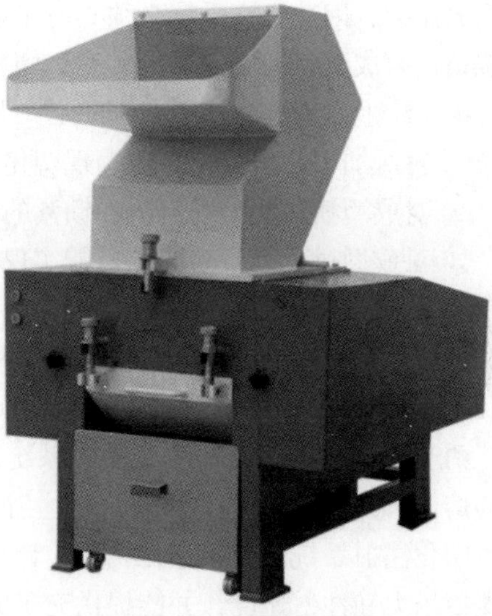

图 6-6　塑料破碎机

塑料破碎机通过电动机带动刀盘高速旋转，在动刀高速转动的过程中与定刀形成相对运动的趋势，利用动刀与定刀之间形成的间隙造成塑料粉碎剪切的切口，从而将大块塑料进行破碎，破碎后的塑料通过筛网对塑料颗粒大小进行过滤输出。可用于箱类、薄管件、吹塑件、瓶、壳、生活塑料用品等所有废旧塑料的再次粉碎回收或作为注塑机的辅助机器对注塑机水口料或次品件进行重新粉碎利用。

二、塑料成型机械

（一）注塑

塑料注射成型（简称为注塑）是利用注射装置将注射机筒中已经熔化的热塑性或热

固性塑料以高压、高速注入闭合的成型模具型腔中，经冷却固化定型后，制成与模具型腔的形状几乎一致的塑料制品。

注射成型法是一种间歇式成型方法，也是塑料制品的主要成型方法之一。用注射成型方法成型的塑料制品，精度高、质量好。它可以成型形状复杂，结构、尺寸精确及带有嵌件的塑料制品，其对各种塑料的加工适应性强，因此被广泛地应用于家电、汽车、航空、仪表、国防、电信、医疗、建筑、日用品及农业等各个行业，用途极其广泛。

完成塑料注射成型的机器是塑料注射成型机，简称为注塑机，塑料注塑成型机是集机械、电气、液压于一体的塑料成型设备，具有生产效率高、产品的后加工量小、适应能力强等特点，因此注射成型方法和注射成型机得到了广泛的应用。全世界塑料原材料中的30%左右都用于注射成型，而注射成型机的年产量为塑料成型加工机械总产量的50%以上，在我国塑料注射成型机的年产量约占整个塑料成型机械的40%。

1. 塑料注射成型机的组成

注射成型的基本过程是塑化、注射和定型。

塑料的塑化是实现良好注射及保证成型制品质量的首要条件；为了满足成型要求，注射过程必须保证有足够的注射压力和注射速度。由于注射压力高，相应地会在模腔中产生很高的压力，因此合模系统必须具有足够大的锁模力。从机械方面来说，注射系统和合模系统是注射成型机的关键。近年来，塑料注射成型机的发展与改进主要都体现在注射系统和合模系统上。因此，注射成型机必须具备以下基本功能：

① 对所加工的塑料物料能实现塑化、计量，并把熔融物料压注入模具模腔的功能。

② 对成型模具能实现启闭和锁紧的功能。

③ 对成型过程中所需的能量能实现转换、传递和控制的功能。

④ 对成型过程及工艺条件可进行设定与调整的功能。

针对以上基本功能，塑料注射成型机主要是由塑化注射系统、合模系统、液压传动系统和电气控制系统等部分所组成，如图 6-7 所示。

（1）塑化注射系统。塑化注射系统的主要作用是使塑料物料均匀地塑化成为熔融状态的熔体，并以一定的注射压力和注射速度把一定量的塑料熔体注射入模具模腔中。因此，塑化注射系统应具备塑化良好、计量精确的性能，在注射时对塑料熔体能够提供足够的注射压力和注射速度，并能提供充足的保压压力和保压时间。

对于用得很普遍的螺杆式注射成型机的注射系统来说，其一般由塑化装置（机筒、螺杆和喷嘴等）、加料部件（上料系统、料斗等）、计量装置、螺杆驱动装置、加热冷却装置、注射座移动装置及行程限位装置等组成。

（2）合模系统。合模系统（又称锁模系统）的作用是保证成型模具能灵活、准确、迅速、可靠而安全地进行启闭。注射时，由注射系统注射入模具模腔中的塑料熔体具有很高的压力，这就要求合模系统能够产生足够的合模力（锁模力），以保证模具模腔的严密闭合而塑料熔体不会向模腔外溢出。

合模系统应具备可靠的启闭模具动作，启闭模具时要有缓冲作用，动模板的运行速度在闭模和开模时具有“慢-快-慢”的速度变化要求，以防止损坏模具和制品，并避免机器受到强烈的振动而产生噪声，达到安全运行并延长机器和模具使用寿命的目的。

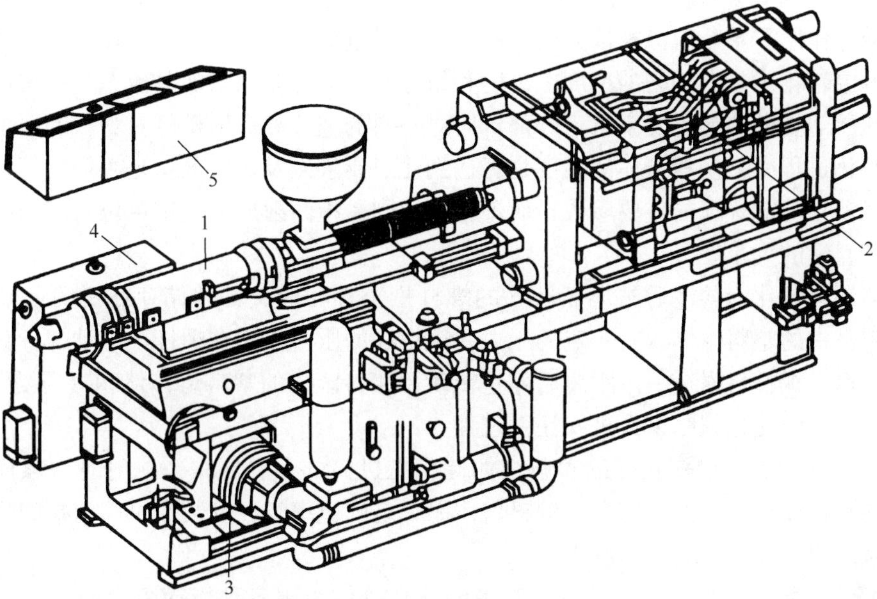

1—塑化注射系统；2—合模系统；3—液压传动系统；4,5—电气控制系统

图 6-7　塑料注射成型机的组成结构

模板的最大启闭行程决定了注射成型机中能够安装模具的最大厚度，因而也决定了能生产注塑制品的最大厚度，因此模板行程应是可以调节的。模板必须具有足够的强度和刚度，以保证在注塑生产中不致因频繁受到各种压力的作用而引起变形，从而影响注塑制品的尺寸和形状精度。

合模系统主要由动模板、定模板、拉杆、合模机构、制品顶出机构及安全防护机构等组成。

(3) 液压传动系统。液压传动系统的作用是保证注射成型机能按预定的工艺过程要求（如压力、速度、温度、时间等）和成型周期中的动作程序能准确有效地进行工作而设置的动力系统。

液压传动系统主要由液压泵、液压马达、液压控制阀（压力控制阀）、流量控制阀及方向控制阀、液压辅助元件（液压管路、冷却器、过滤器、蓄能器、油箱等）等组成。

(4) 电气控制系统。电气控制系统与液压传动系统相互协调，完成注射成型机的各项预定动作。电气控制系统主要由电源、动作程序、加热检测元件和执行机构等单元组成。根据有无反馈作用还可以把控制系统分为开环控制和闭环控制；根据控制系统的类型，可分为恒值调节系统、程序控制系统、连续控制系统、数字控制系统等。

2. 注射成型原理

注射成型是在高压状态下将塑料熔体以高速注入闭合的模具型腔内，经冷却定型后得到和模具型腔形状几乎一致的塑料制品。

注射成型必须满足两个必要条件：一是塑料必须以熔融状态注入模具模腔；二是注入的塑料熔体必须具有足够的压力和流动速度以完全充满模具模腔，因此注射成型机必须具备塑料塑化、熔体注射和保压成型等基本功能。

（1）塑化过程。在注射成型的塑化过程中，固体塑料（颗粒料或粉末料）通过转动的螺杆输送作用，不断地沿螺槽方向向前运动，经过加热、压实、螺杆螺纹的剪切混炼等作用而升温转化为具有均匀的密度、黏度和组分及温度分布均匀的黏流态塑料熔体。固体材料塑化所需要的热量主要来自于外部机筒对塑料的加热和注射螺杆对塑料的摩擦剪切热等。在塑化过程中，塑料熔体的温度是否达到注射要求以及温度分布是否均匀等是衡量注射成型机塑化功能好坏的重要参数，而塑化能力则是指注射成型机在单位时间内所能提供的熔融塑料量的大小。

固体塑料塑化为熔体后被不断转动的螺杆推至螺杆的头部并储存在机筒前端的存料区，存料区中的塑料熔体具有一定的压力，该熔体的压力作用在螺杆上推动螺杆克服各种阻力而后退。螺杆后退至一定距离后停止转动，存料区中的塑料熔体体积（称为注射量）被确定下来，塑化过程结束，进入注射过程。

（2）注射过程。已塑化好的塑料熔体储存在机筒的存料区中，注射时，螺杆做轴向移动，在螺杆注射压力的作用下，塑料熔体以一定的速率流经安装在机筒前端的喷嘴、模具浇注系统等而注入模具的模腔中。

（3）冷却定型过程。注入模具模腔中的塑料熔体克服各种流动阻力而充满模腔，充满模腔的塑料熔体受到来自模腔的巨大压力，这种压力有驱使塑料熔体流回到机筒的趋势；由于模腔的冷却作用使塑料熔体产生冷却收缩，此时注射螺杆持续提供压力，保持塑料熔体充满模腔而不回流，并适当向模腔中补充塑料熔体以填补模腔中的收缩空间，直至塑料熔体逐渐冷却固化为制品。

3. 注射成型工艺过程

不同注射成型机的动作程序可以不完全一致，但其动作可大致归结为图 6-8 所示的基本程序。注塑过程从所要完成的工艺内容来看大致可以分为：预塑化、合模、注射装置前移、注射、保压、注射装置复位、制品冷却开模、制品顶出等动作所组成的周期性过程。

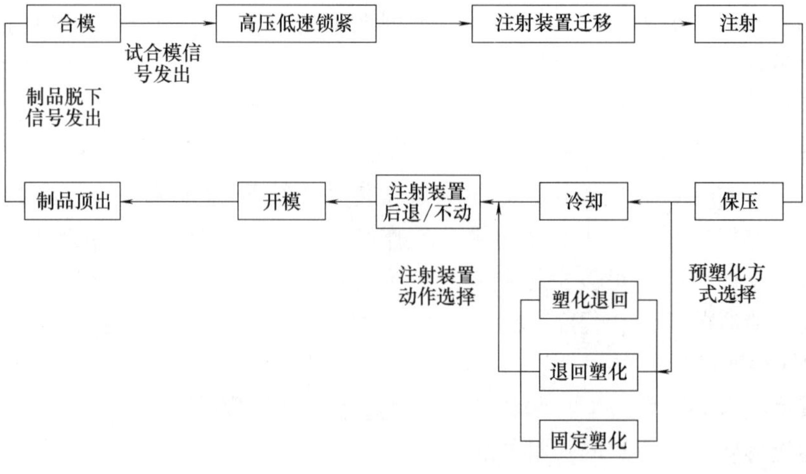

图 6-8　注射成型工艺过程

（1）合模和锁紧。注射成型机的成型周期一般从模具开始闭合作为起点。在合模过程中，模具闭合的移动速度应是“慢-快-慢”的变化过程。慢速启动后，模具首先以较低的压力快速闭合，当动模板与定模板快要接近时，合模装置的动力系统在电气和液压系统的控制下，自动切换为低压（即低压试合模压力）低速，在确认动、定模板之间的模腔内无异物存在时，再切换成高压（即高压锁紧压力）将模具合紧。

（2）注射装置前移和注射。当确认模具合紧并达到所要求的力学程序后，注射过程开始。如果注射成型机是采用退回塑化或塑化退回的预塑化方式，则注射装置前移，使喷嘴和模具的主流道衬套贴合。当喷嘴与模具完全贴合后，便可向注射液压缸通入压力油，使与液压缸活塞杆连接的螺杆以高压力和高速度向前移动进行注射，储存于螺杆头部（即存料区）的塑料熔体被压注入模腔中。此时螺杆头部作用于熔料上的压力即称为注射压力，又称次压力。如果注射速度是逐级变化的，即为多级注射速度，又称为多级注射。

如果注射成型机是采用固定塑化的预塑化方式，因喷嘴始终与模具的主流道衬套贴合在一起，注射装置没有前移动作，因此当模具锁紧后便可直接进入注射过程。

（3）保压。当塑料熔体被注射到模腔里后，由于温度较低的模壁（对于热塑性的注射来说）的冷却作用，使注入模腔内的塑料熔体产生冷却收缩。为了得到质量致密的制品，必须对塑料熔体保持一定的压力进行补缩，以填补塑料熔体在模腔中收缩的空间。此时，螺杆作用于塑料熔体上的压力称为保压压力，又称二次压力。保压压力在保压过程中，螺杆因补缩作用而会有少量的轴向位移。为了保证制品的质量，正确选择保压压力和保压的时间是关键。

（4）制品冷却和预塑化。当保压进行到模腔内的熔料失去从浇口回流的可能性（即浇口封冻）时，模具的浇口封闭，再也没有熔体进入模腔，此时保压阶段便告结束，注射油缸的保压压力油即可卸去（此时合模液压缸内的高压也可撤除），使制品在模内冷却定型。

此时，一方面是制品在模腔内继续冷却、固化定型（制品的冷却时间取决于制品的材料性能、厚度及模具的温度等因素）；另一方面机筒内的螺杆在液压马达（或电动机）所提供的驱动力的作用下开始转动，将来自料斗的塑料向前输送，并使其预塑化。在预塑化过程中，由于螺杆的输送作用，经塑化后的塑料熔体进入机筒的存料区。由于螺杆头熔体的压力作用，迫使螺杆在转动的同时又发生后退，因此在预塑化阶段，螺杆一边转动又一边后退。螺杆在预塑时的后移量可以用来表示螺杆头部存料区熔体的体积大小（即一次注射量）。当螺杆后退到计量位置时，螺杆便停止转动，准备下一次注射。由于制品的冷却时间通常是与螺杆预塑化时间相重叠的，因此要求螺杆的预塑化时间应小于制品的冷却时间，以提高注塑机的生产效率。

（5）注射装置后退和开模顶出制品。当选择塑化退回或退回塑化的预塑化方式时，在螺杆塑化计量结束后，必须使喷嘴与模具主流道的衬套分离，以保证喷嘴中的物料不至于因其长时间与主流道衬套接触而形成冷料，因此必须要求注射装置后退；若是选用固定塑化的方式，则注射装置不需要后退。通常机器有三种预塑化方式可供选择。模腔内的制品经过一定时间的冷却定型后合模装置便开启模具，并自动顶出制品。

以上动作构成了塑料注射成型机的整个工作周期过程。

4. 注射成型机的分类

塑料注射成型机发展迅速，种类多且不断增加，所以其分类方法也比较多。

塑料注射成型机主要由塑化注射系统和合模锁模系统两大部分组成。根据注射装置对塑料塑化方式的不同可分为柱塞式和螺杆式两大类，尤以螺杆式注射成型机最为常见。

注射成型机的合模装置有各种不同的结构特征，根据合模装置的不同可分为机械式、液压式和液压机械式。

根据注射装置的排列方式（注射机螺杆或柱塞的轴线与合模装置的运动轴线的排列方式）的不同可分为卧式注射成型机、立式注射成型机、角式注射成型机和多工位注射成型机，而其中卧式注射成型机较为常见。

塑料注射成型方法的应用范围很广，为了满足各种注塑工艺的要求，按机器的特殊结构和用途还可分为热塑性通用型注射成型机、热固性塑料注射成型机、排气式注射成型机、发泡注射成型机、多组分注射成型机等。近年来还出现了许多新型注射成型机，如全电动注射成型机、气体辅助注射成型机、水（液）辅助注射成型机、EMC 注射成型机和电磁动态注射成型机等。

（1）按塑化方式分类。

① 柱塞式注射成型机。柱塞式注射成型机的特点是对塑料起塑化作用的部件为柱塞和机筒，进入机筒中的塑料依靠机筒的加热软化并熔融为熔体，注射过程由柱塞完成。柱塞式注射成型机塑化塑料时，仅依靠机筒的传热使塑料熔化，由于缺少混合作用，机筒中的塑料熔体之间存在着较大的温差，塑料熔体温度分布很不均匀。图 6-9 所示为柱塞式注射成型机的结构。

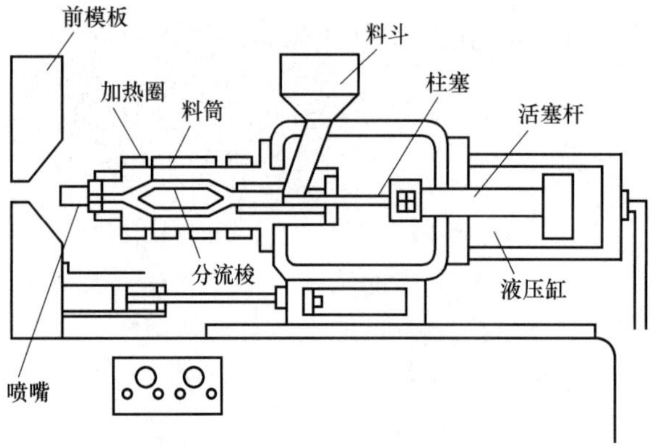

图 6-9 柱塞式注射成型机的结构

② 螺杆柱塞式注射成型机。这种注射成型机的塑化装置与注射装置是分开的，对塑料起塑化作用的部件为螺杆和机筒，而注射部分则为柱塞（图 6-10）。塑料先在塑化机筒中由螺杆进行均匀塑化，再经由单向阀进入注射机筒中，由注射柱塞注入模具模腔中成型。

③ 往复螺杆式注射成型机。往复螺杆式注射成型机对塑料起塑化作用的部件为螺杆和机筒，进入机筒中的塑料不仅受到机筒的加热，而且还受螺杆转动时所提供的剪切热和摩擦热的作用而软化并熔融为熔体，注射过程由螺杆完成。往复螺杆式注射成型机在塑化塑料时，由于螺杆的转动，推动塑料沿着螺杆螺槽内做螺旋运动，塑料在机筒内形成复杂的运动形式，既有轴向移动，又有横向流动和回旋运动。这些运动形式极大地促进了塑料熔体之间的混合效果，使得在径向方向上的塑料熔体温度达到高度均匀，温差极小；而且注射螺杆是一边转动塑化一边后退计量，其塑化能力大，塑化质量好。因此，被广泛地使用。图 6-11 所示为往复螺杆式注射成型机的典型结构。

（2）按合模装置分类。

① 机械式。机械式合模装置是指从机构的动作到合模力的产生和保持均由机械传动来完成，这种装置又称为全机械式合模装置。早期生产的全机械式合模装置的注射成型机，由于合模力和合模速度的调整比较复杂，惯性冲击及噪声较大，维修困难，目前已经很少用了。

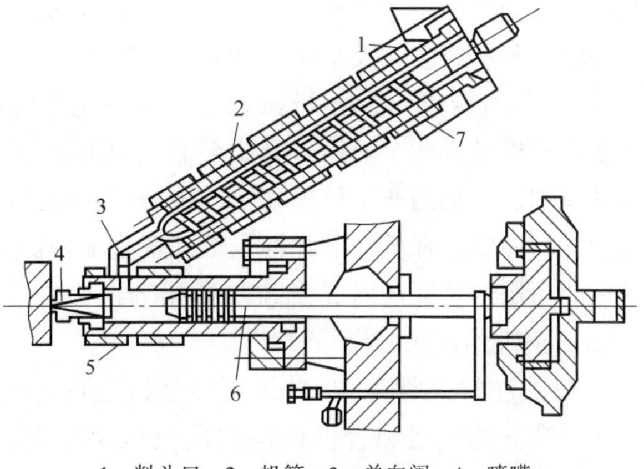

1—料斗口；2—机筒；3—单向阀；4—喷嘴；
5—注射机筒；6—注射柱塞；7—螺杆

图 6-10　螺杆柱塞式注射成型机的典型结构

近年来，随着机械加工制造精度的提高，注射成型机的合模装置可由伺服电动机、挠性齿带、丝杆、曲轴机构等组成。较为先进的电动合模装置则是采用直驱式伺服电动机，利用伺服电动机的轴芯直接连接滚珠丝杆带动曲轴机构进行合模和锁模。这种合模装置没有液压系统，可以避免漏油等液压系统存在的问题，并具有节能、低噪声、清洁、操作维修方便等优点。

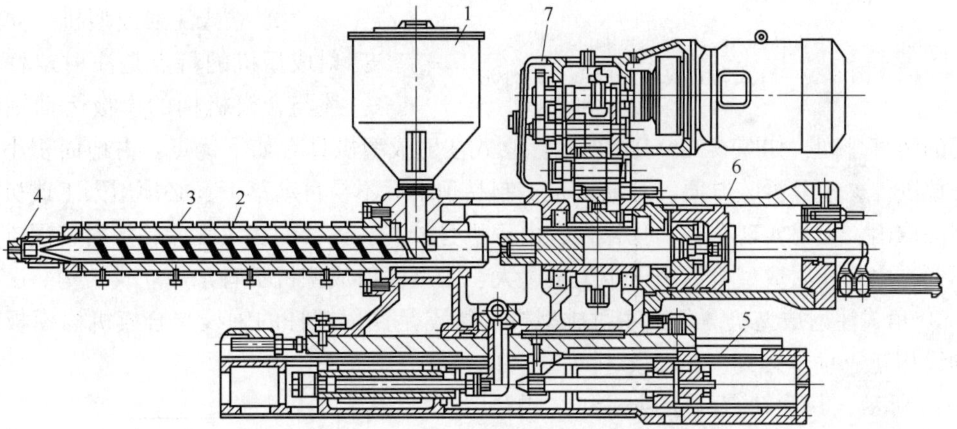

1—料斗；2—机筒；3—螺杆；4—喷嘴；5—注射座移动油缸；6—注射油缸；7—减速箱

图 6-11　往复螺杆式注射成型机的典型结构

② 液压式。液压式合模装置的合模和锁模动作及合模力的产生与维持均由液压传动系统来实现。液压式合模装置可分为直压式合模和程序式合模。直压式合模的移模动作和合模力的产生与维持是依靠液压的连续作用完成的；程序式合模则是分阶段完成的，在合模力建立之前常常附加一个低压移模的定位动作，当确认移模定位正常后才建立高压而产生合模力。

直压式合模对压力和速度两者的要求存在着矛盾，而程序式合模能很好地解决这一矛盾。液压式合模装置工作安全可靠、噪声低，能方便地实现移模速度及合模力的变换与调节的优点。因此液压式合模装置已在各种型号的注射成型机上得到广泛的应用，但有液压油容易泄漏和压力波动及系统刚性较弱等缺点。

③ 液压-机械式。液压-机械式合模装置是由液压系统和机械曲轴系统联合组成的装置，兼有全机械式和全液压式合模装置的优缺点。液压-机械式合模装置通常是以合模油缸推动曲轴连杆机构产生移模动作，再通过曲轴连杆机构的运动、合模力的放大和机构的自锁特性、曲轴连杆机构的弹性变形来实现模板的平稳快速移动和对模具实现锁紧的。目前常见的通用热塑性注射成型机多采用液压-机械式合模装置。

（3）按排列方式分类。

① 卧式注射成型机。卧式注射成型机是目前国内外注射成型机最基本的形式，其特点是注射螺杆的轴线和合模机构的模板运动轴线呈一线的水平排列，如图 6-12（a）所示。卧式注射成型机具有如下优点：机身较低，操作和维修方便；机器重心较低，工作平稳；模具安装、操作及维护都较为方便；制品顶出后可利用自重的作用自动落下，容易实现自动操作。卧式注射成型机应用广泛，对大、中、小型机种都适用，其缺点是：嵌件安放较困难，占地面积大。

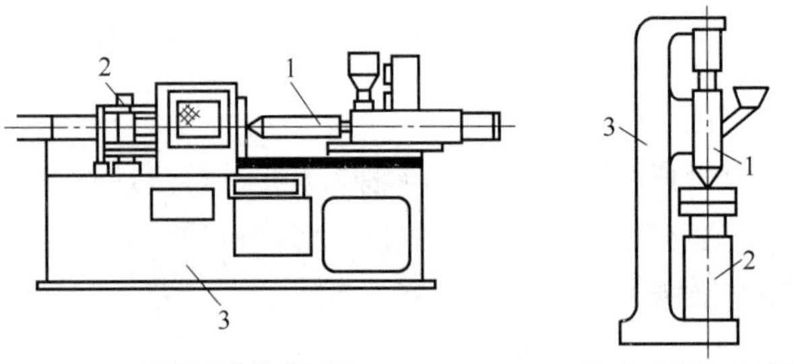

(a) 卧式注射成型机　　(b) 立式注射成型机

1—注射系统；2—合模系统；3—机身

图 6-12　卧式和立式注射成型机的外形

② 立式注射成型机。立式注射成型机的特点是注射螺杆的轴线与合模机构的模板运动轴线呈一线的竖直排列，如图 6-12（b）所示。立式注射成型机具有如下优点：占地面积小，容易安放嵌件，模具拆装方便，其缺点是：制品顶出后不易自动落下，必须用人工或机械手将制品取出，不易实现全自动化操作；由于机身较高、机器的稳定性差，加料较困难，维修不便，立式注射成型机适用于小型机，大、中型注射成型机不宜采用立式结构。

③ 角式注射成型机。角式注射成型机的特点是注射螺杆的轴线与合模机构模板的运动轴线相互成垂直排列（即 L 形排列），如图 6-13 所示，其优缺点介于卧式和立式注塑机之间。因注射方向和模具分型面在同一平面上，所以角式注射成型机特别适用于开设侧浇口的非对称几何形状的模具或成型中心不允许留有浇口痕迹的制品。

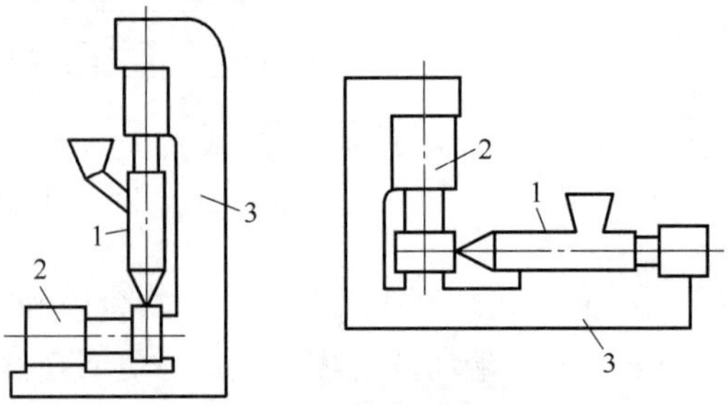

1—注射系统；2—合模系统；3—机身

图 6-13　角式注射成型机的外形

④ 多工位注射成型机。多工位注射成型机的特点是注射装置或合模装置具有两个以上工作位置，也可把注射装置和合模装置进行多种多样的排列。

（4）按机器用途分类。

可分为热塑性通用型注射成型机、热固性塑料注射成型机、排气注射成型机、气体辅助注射成型机、发泡注射成型机、多组分注射成型机、注射吹塑成型机等，其中最常用的是热塑性通用型注射成型机。

（二）挤塑

挤出成型是制造连续的塑料膜、管、板、片、棒、异型材等型材的方法，挤出成型是将固态的塑料在一定温度、压力条件下，熔融，塑化，利用挤出机的螺杆加压，使其通过特定断面形状的口模而成为截面与口模形状相仿的连续型材。挤出成型适用于大部分热塑性塑料和部分热固性塑料。用挤出成型生产的产品广泛地应用于人们生活以及农业、建筑业、石油化工、机械制造、国防等工业部门。在塑料制品成型加工中，挤出成型制品的产量居首位（占整个塑料制品的一半以上）。与其他成型方法相比，挤出机及其成型有下述主要特点：生产过程是连续的，因而其产品也是连续的；生产效率高；应用范围广，不仅能连续生产各种制品，而且还可以进行混合、塑化、造粒、脱水喂料和着色等准备工序；投资少，收效快。

• 塑料挤出机组的主要用途及构成

1. 塑料挤出机组的主要用途

用于连续化生产塑料管材、板材、薄膜、异型材、电线电缆、挤出造粒等。图 6-14 所示为挤出成型塑料片、塑料板材的机组，主要由挤出机、片材机头、三轮压光机及切边、牵引、切断、输送与堆放等装置组成。

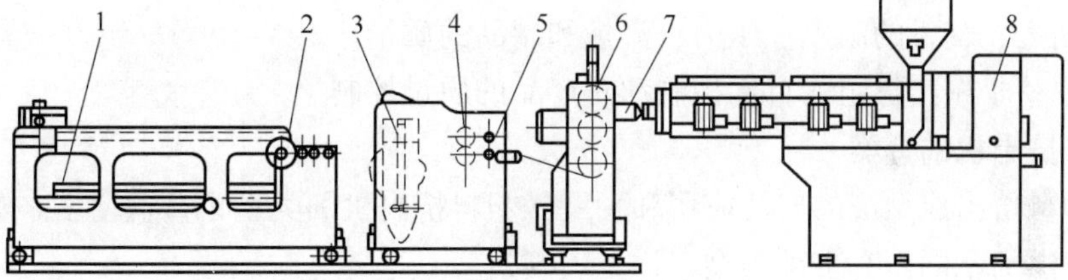

1—堆放装置；2—输送装置；3—切断装置；4—牵引装置；5—切边装置；6—压光机；7—片材机头；8—挤出机

图 6-14　塑料片、板材挤出生产线

2. 挤出机及其机组的主要构成

塑料挤出成型机组是塑料挤出机（包括单螺杆、双螺杆等挤出机）与各式各样的成型机头及相应的成型辅机的组合，主要用于把聚合物主原料与所需添加的辅助原料混合、混炼塑化熔融，最终加工成具有各种截面形状和几何尺寸的挤出类塑料制品。

（1）主机。一台挤出机主要由下列三部分组成：

① 挤压系统。它主要由螺杆和机筒组成，是挤出机的关键部分。

② 传动系统。其作用是驱动螺杆，保证螺杆在工作过程中所需要的扭转和转速。

③ 冷却系统。用于满足塑料在成型加工中对温度及其控制的要求。

（2）辅机。挤出设备辅机的组成是根据制品的种类而定的。一般来说，辅机是由机头、定型装置、冷却装置、牵引装置、切割装置以及制品的卷取或堆放装置等部分所组成的。

① 机头。它是制品成型的主要部件，熔融塑料通过它获得一定的几何截面和尺寸。

挤出机机头（又称挤出模具）是挤出成型设备的一个重要的组成部件。人们在长期的实践中总结出这样一个规律：合理的挤出成型工艺、先进的挤出设备、高效先进的挤出机头和定型装置是现代塑料挤出成型的三要素。实际上，从某种意义上说，在这三大要素中，机头的好坏往往又起着决定性作用。因为挤出成型塑料制品和制品的更新换代，最后都是由机头及其定型装置所决定的。例如现在要开发新产品，除了工艺因素以外，主要的是研究、设计、制造其相应的挤出机头。

② 定型装置。将从机头中挤出来的塑料的既定形状稳定下来，并对其进行精整，从而得到更为精确的截面形状、尺寸和光亮的表面。通常采用冷却和抽真空的方法来达到这一目的。

③ 冷却装置。由定型装置出来的塑料在此得到充分的冷却，获得最终的形状和尺寸。

④ 牵引装置。其作用为均匀地牵引制品，并对制品的截面尺寸进行控制，使挤出过程稳定地进行。

⑤ 切割装置。其作用是将连续挤出的制品切成一定的长度或宽度。

⑥ 卷取装置。其作用是将软制品（薄膜、软管、单丝等）收卷成卷。

（3）控制系统。挤出机的控制系统主要由电器、仪表和执行机构等组成，其主要作用有：

① 控制主、辅机的拖动电动机，使其满足工艺所要求的转速和功率，并保证主、辅机能协调地运行。

② 控制主、辅机的温度、压力、流量和制品的质量。

③ 实现整个挤出机组的自动控制和对产品的质量控制。

- **塑料挤出机的分类**

随着塑料挤出成型法的广泛应用和发展，塑料挤出机的类型也日益增多。塑料挤出机根据分类方法的不同而有多种类型，详见表 6-2。

表 6-2 塑料挤出机的分类方法及其类型

分类方法	挤出机的类型
根据螺杆的数量	无螺杆挤出机(其中又分为柱塞式挤出机和黏弹熔体挤出机)、单螺杆挤出机、双螺杆挤出机(其中又分为平行双螺杆挤出机和锥形双螺杆挤出机,以及反向和同向旋转的双螺杆挤出机)、多螺杆挤出机或行星螺杆挤出机
根据螺杆的转速	普通挤出机、高速挤出机和超高速挤出机
根据装配结构	整体式挤出机和分开式挤出机
根据安装位置	卧式挤出机(螺杆在空间呈水平安装)和立式挤出机(螺杆直立于地面安装)
根据功能	排气式挤出机、混炼挤出机和超高分子量聚合物挤出机、往复式单螺杆挤出机等

目前应用广泛的是卧式单螺杆整体装配式挤出机和双螺杆挤出机。

以单螺杆挤出机为例，其结构和工艺流程如图 6-15 至图 6-18 所示。

（三）压延成型

- **概述**

压延是专用于热塑性塑料的一次成型技术，其基本过程是：先用各种塑炼设备将成型

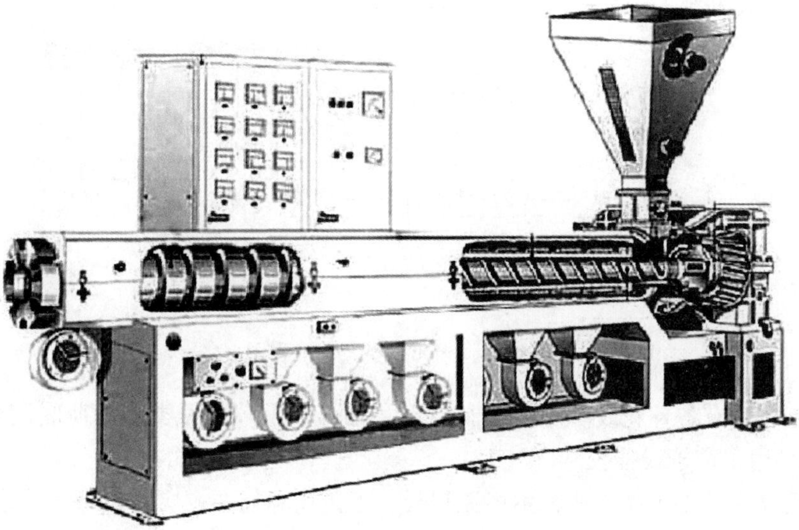

图 6-15　单螺杆挤出机

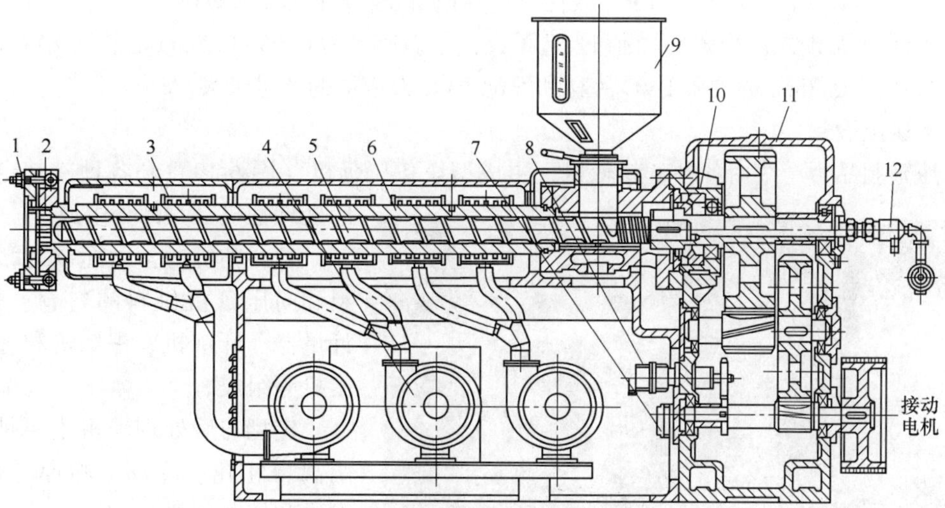

1—机头法兰；2—过站板；3—铸铝加热器；4—鼓风机；5—螺杆；6—机筒；7—油泵；
8—测速电机；9—料斗；10—止推轴承；11—减速箱体；12—螺杆冷却管

图 6-16　单螺杆挤出机总装图

物料熔融塑化，然后使已塑化的熔体通过一系列相向旋转的滚筒间隙，使之经受挤压与延展作用成为平面状的连续塑性体，再经过冷却定型和适当的后处理即得到膜、片类塑料制品。

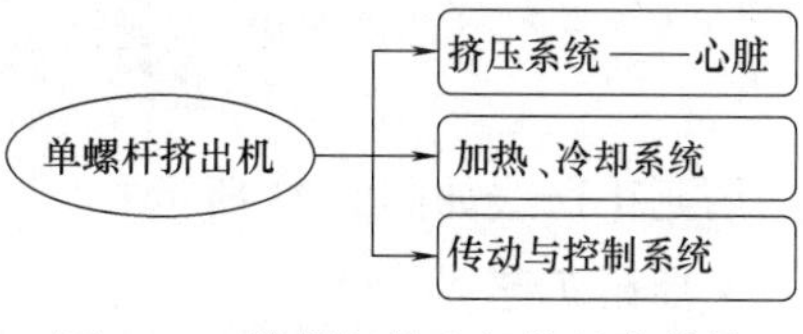

图 6-17　单螺杆挤出机的基本结构

压延制备平面状连续体的特点是：

① 生产能力大，效率高，成型过程容易实现连续化和自动化。

② 塑料成型过程中发生热降解的可能性小。

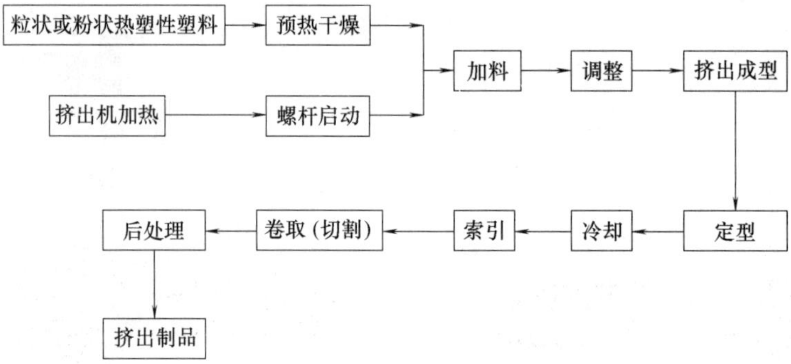

图 6-18 挤出成型工艺流程图

③ 可制得带有各种花纹和图案的制品，并且可以生产多种类型的薄膜层合制品（如人造革），可用于帘子线挂胶。

④ 压延操作是多工序作业，生产流程长，工艺控制复杂，所用设备数量多、造价高，不适合小批量制品的生产。

压延用原料：原则上是各种热塑性塑料都可以采用，但目前工业上用量最大的压延塑料品种是 PVC，其次是 PE、PP、改性 PS、ABS 和醋酸纤维素等塑料。

压延产品主要是薄膜、片材和人造革，其中以厚度为 0.05~0.5mm 的软质 PVC 薄膜、厚度为 0.3~0.7mm 的硬质 PVC 片材和发泡 PVC 人造革的产量最大。

• **压延设备**

压延制品生产线由各种备料辅机、主成型设备压延机（图 6-19）和各种冷却定型与后处理辅机三大部分组成。

图 6-19 压延机

备料辅机通常由配制与塑化物料和向压延机供料的料仓、料斗、计量器、开炼机、密炼机和塑化挤出机等组成。

定型与后处理辅机主要是各种引离、轧花、冷却、测厚、张力、卷取和切断装置等。

目前为适应高产、优质成型的需要，各种压延制品都有专用的生产线。

压延机的构造如图 6-20 所示，压延机辊筒的排列方式如图 6-21 所示，压延生产线如图 6-22 所示。

• **压延工艺**

压延成型的产品主要以 PVC 原料为主，分软质 PVC 薄膜和硬质 PVC 片材两种。

1. 生产工艺流程

原料在高速混合机中高速搅拌 5~8min，温度升至 80~100℃，树脂溶胀完全后放至混合机。经冷却分散至50℃左右送入螺杆挤出机塑化，用传送带送至初炼塑机和终炼塑机塑炼，进行两次塑炼，经金属探测仪检测后，均匀喂给压延机，压延后，经牵引、缓冷、冷却、传送、检验得产品。

2. 压延成型工艺条件因素

（1）辊温。压延过程中所需的热量来源，一是通过蒸汽或过热水通过辊筒内加热；二是辊筒转动时，物料受到的剪切作用而产生的大量的摩擦热。

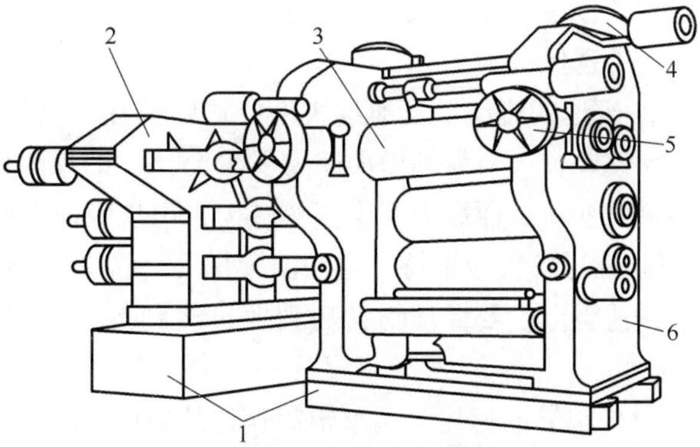

1—机座；2—传动装置；3—辊筒；4—辊距调节装置；5—轴交叉调节装置；6—机架

图6-20　压延机的构造

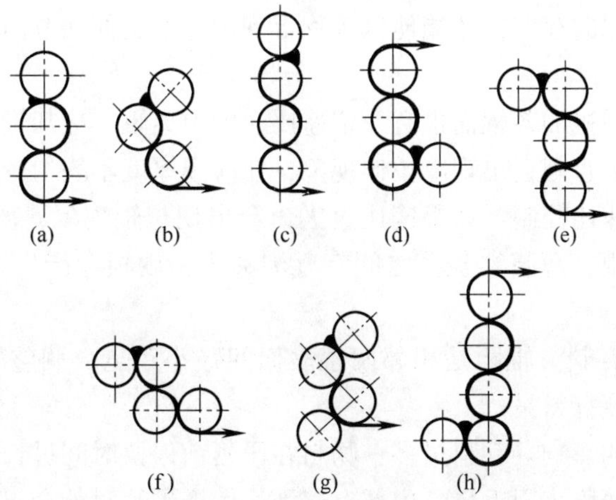

（a）I型三辊；（b）三角型三辊；（c）I型四辊；（d）L型四辊；（e）倒L型四辊；（f）Z型四辊；（g）斜Z型四辊；（h）反L型五辊

图6-21　压延机辊筒的排列方式

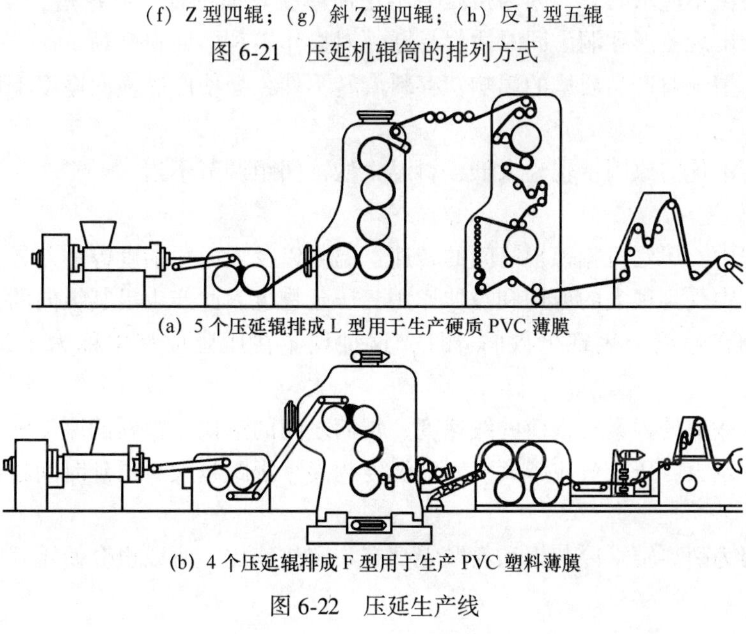

(a) 5个压延辊排成L型用于生产硬质PVC薄膜

(b) 4个压延辊排成F型用于生产PVC塑料薄膜

图6-22　压延生产线

① 配方因素，如配方中树脂熔融温度低、熔融黏度低、增塑剂含量高，则压延时辊筒温度可选低些。

② 辊速的影响：辊速越快，剪切摩擦热越高，辊温可相应降低；单纯提高辊速，会使产品偏厚，存料量和横向厚度发生变化；如果降低辊速，压延时间延长及分离力减少，产品会先变薄，而后由于摩擦热减少，出现表面毛糙，不透明、有气泡，甚至出现孔洞。

③ 压延各辊应维持一定的温度梯度（温差），通常温度范围在5~10℃。物料包在高温、快速辊上，要保证物料顺利地过渡到下一个辊筒。各辊温度接近相等，有利于薄膜引离。

（2）辊筒的速比。调整辊筒速比的目的：

一是由于物料总是包在高温、快速辊上，如果沿料流的方向依次提高辊筒的转速，有助于物料依次贴辊。

二是相邻辊筒间存在一定的速比，能强化物料在辊筒间所受到的剪切作用，提高物料的塑化程度；辊筒间速比的存在，还能使压延物得到一定的延伸和取向，从而使薄膜厚度降低，纵向强度提高。

同样目的，压延机辅机的各辊筒也有一定速比，即引离辊、冷却辊和卷取辊的线速度依次增高。但不能太大，否则会出现冷拉伸现象，使薄膜厚度不均匀，有内应力，影响制品质量。压延机的辊筒速比控制：如果速比过大，会出现包辊现象，薄膜不能顺利前进；如果速比过小，会不吸辊，薄膜和辊筒之间有气泡夹入，硬板会产生“脱壳”现象，影响制品质量。

（3）辊距和辊隙间存料。辊距是相邻两辊表面间最小距离。调整辊距的目的一是适应制品的厚度，二是改变存料量。

存料量对产品质量的影响：存料过多，物料在压延前停留时间过长，温度降低，再进入辊间压延时就会造成薄膜表面毛糙，内部有气泡，生产硬片时就会出现冷疤。存料量过少，压延物料供不应求时，会因为挤压力不足使薄膜表面毛糙、起疙瘩，俗称皱皮现象。生产硬片时会出现菱形孔洞。同时边料易断，对操作不利，回料麻烦。

存料旋转情况对产品质量的影响：存料旋转不佳，会使产品横向厚度不均，薄膜有气泡，硬片有冷疤。

存料旋转不佳的原因：辊温太低，料温太低，间距调节不当。

3. 压延效应

压延过程中，压延机相邻辊筒间的转速、温度以及表面粗糙度等的差异，物料在两柱间隙的钳住区中受到很大的剪切和拉伸作用，压延物也因此产生沿其纵向的分子取向，从而造成压延物在性能上表现出各向异性，这种现象在压延成型中称为压延效应或取向效应。

影响压延效应的因素有辊筒的线速度、辊筒之间的速比、存料的厚度和塑料的表观黏度。表观黏度越大，压延效应越大。辊筒温度越高、辊距越大、压延时间越长，压延效应越低。

另外，因为引离辊、冷却辊和卷取辊都有一定的速比，所以也会使压延物产生分子定向作用。

4. 压延制品的后处理

（1）引离。引离辊的转速通常比压延机主辊转速快25%~35%，过快会造成制品的内应力产生，取向进一步增强，且会产生制品尺寸偏差。为了避免制品在引离时发生冷拉伸，防止增塑剂等易挥发物凝结在引离辊表面，影响产品质量，需要将引离辊加热。

（2）冷却定型。冷却装置是一系列的冷却辊筒（4~8只）。冷却不足，压延制品就会发黏，成卷后起皱、摊不平，收缩率也较大；如果冷却过分，尤其是在夏天，辊筒表面冷凝的水珠会黏附在制品的表面，在储存过程中会发霉或起霜。一般在卷取前应冷却到20~25℃。

（3）测厚。常用的薄膜厚度检测设备是β射线测厚仪，其原理是：放射性同位素放出的β射线，在穿透薄膜后在电离室内产生电流，随膜厚的不同电离电流强度随之改变；电离电流经放大后自动记录下来，即可连续地得到膜厚数据。薄膜厚度的这种连续检测方法，不仅能不间断地显示测量结果，而且可用于反馈控制。

（4）输送。冷却定型后的薄膜，先切边，再平坦而松弛地用无端橡皮输送带送至卷取。输送过程中薄膜处于非张紧状态，因此可在一定程度上消除薄膜内因压延和牵伸而产生的内应力。

（5）卷取。卷取过程一定要严格控制卷取速度，使其始终与压延速度相适应。另外为使卷取平整，卷取前一般要增加一个展平辊。

（四）压延法人造革

材料：聚氯乙烯（发泡或不发泡）、聚乙烯（发泡）。

（1）擦胶法布基从三（Ⅲ）辊和四（Ⅳ）辊间导入与膜贴合，布基不需要预先涂胶黏剂。

（2）内贴法布基从压延辊和橡胶辊间贴合，给予适当的压力，一般要涂黏合剂。

（3）外贴法贴合辊温度低，使用寿命长。

压延法生产人造革流程如图6-23所示。

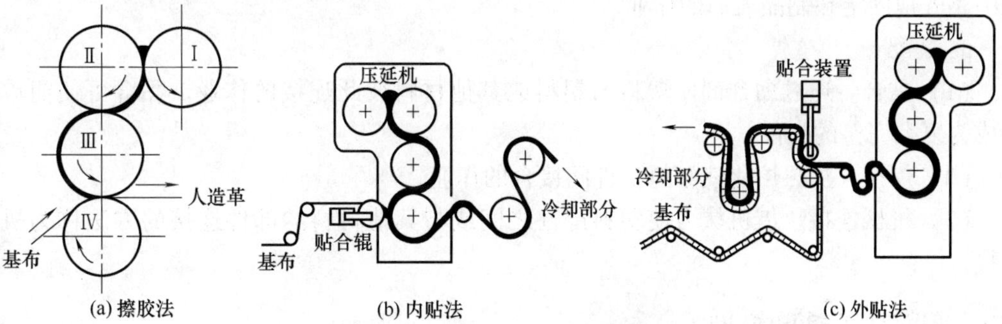

图6-23　四辊压延机生产人造革示意图

三、塑料二次加工机械

在一定的条件下，将塑料片、膜、管、板、棒及模制品等型材或坯件通过再次加工成制品的方法，称为塑料的二次加工。二次加工有机械加工、焊接、粘接、印刷、热转印、金属化及塑料的复合和薄膜再制品的加工等。

1. 机械加工

借用切削金属和木材等的机械加工方法对塑料进行加工称为塑料的机械加工。当要求制品的尺寸精度高、数量少时，采用机械加工的方法最为相宜。另外，机械加工还常作为多种成型的辅助方法，如锯切层压成型板及挤出成型的管、棒、异型材等。

塑料的机械加工有车削、铣削、钻孔、铰孔、攻丝、车螺牙、锯切、剪切、冲切、冲孔等。

2. 修饰

（1）锉削。用作塑料制品和片材修平，去除毛边、废边、修改尺寸等。

（2）转鼓滚光。将制品与菱形木块与模料等放入六角转鼓内，靠转动圆角去除废边和铸口残根，减少尺寸以及磋光表面等。

（3）磨削。用砂轮或砂带去除模塑制品废边或铸口残根，也常用为磨平表面、磨出斜角或圆角、修改尺寸和糙化表面。

（4）抛光。用表面附有磨蚀料或光膏的旋转布轮对塑料制品表面进行处理的作业。

（5）溶浸增亮和透明涂层。将热塑性塑料制品在一种可溶的有机溶剂中浸约 1min，再在一种不溶的液体内浸少许时间以去除其表面上附着的溶剂，则制品表面上的细小不规则物，如机械加工的刀痕等就能借此除去，这种方法为溶浸增亮。如果将树脂溶液直接喷涂于制品的表面，就成为透明涂层。

（6）彩饰。对塑料制品表面添加彩色花纹或图案的一种作业，目的是使塑料增添美观或便于区别。彩饰的方法有：热压印、绢印、照相凹版印刷、橡胶凸版印刷、转印、填漆、漆花。

（7）涂盖金属。以金属被覆塑料制品表面的方法称为涂盖金属。目的是：装饰、消除塑料某些不需要的性能、组成一种兼具塑料和金属某些性能的复合材料、利用废塑料。

（8）植绒。在涂有黏合剂的塑料表面上散布作为绒毛的短纤维后，经干燥或固化使绒毛整齐地固定在制品表面的作业。

3. 装配

（1）黏合。通过黏合剂使塑料与塑料或其他材料彼此连接的作业。黏合可使简单部件成为复杂完整的大件。

（2）焊接。加热熔化使塑料部件间接合的作业。

（3）机械连接。借机械力使塑料部件之间或与其他材料的部件连接的方法称为机械连接。

四、塑料加工辅助机械

在塑料加工工业中，无论是挤出、注塑、压延、中空成型，还是吹膜、纺丝等，除了有满足要求的主机之外，往往还需有大量的辅助设备来共同完成各项加工工序。塑料加工用辅助设备的完善化、自动化和合理化在一定程度上决定着产品的质量和企业的生存能力。

塑料辅机按其功能划分，包括供料系统用设备、温度控制系统装置、边角废料回收用粉碎设备三类，在塑料加工过程中，分别起到不同的作用。

（一）供料系统提供优质原料

供料系统用辅助加工设备主要包括干燥、输送、计量、混合设备。

干燥设备用于易吸湿材料的成型加工生产前的材料预处理，如丙烯腈-丁二烯-苯乙烯共聚物（ABS）、聚甲醛（POM）、聚碳酸酯（PC）、聚酰胺（PA）、有机玻璃（PMMA）在聚烯烃类塑料某些加工过程中，为保证产品的质量也要对其进行高度干燥，如在无规共聚聚丙烯 PP-R 的管材生产和管件注塑成型及交联聚乙烯用聚乙烯原料，也需将物料干燥到所需的含水量。在生产加工中根据产品对原材料含水量的要求，还要分别使用不同的干燥方式和干燥设备。对于填料和 PVC 等粒料常使用烘箱式干燥器。对于热敏性强的塑料采用旋转式双锥真空干燥器；连续性的干燥往往使用直接式料斗干燥机。

对于送料系统，输送粉末料采用弹簧管式输送系统和罗茨鼓风机式的风送系统，而颗粒输送上料采用真空上料器。集中供料设备多适用于规模化、自动化的生产工艺。设备采用计算机集中控制，各种原料按比例通过计量装置称量后进入混合器。料斗均装有料位传感器，根据物料的多少可自动打开或关闭输送管道上的储料桶。集中供料系统的关键技术是电子秤的准确计量，能将所需物料按比例准确进料。

（二）温度控制保证产品质量

塑料加工过程中加热设备主要指用于挤出、注塑、压延等生产设备的机筒模具和压延轮的温度加热控制器，目前一般采用导热油电加热方式取代复杂的蒸汽加热方式。

模温冷却器主要应用于注塑成型的模具温度冷却。一般在模具设计中均有冷却水通道。制冷机分为风冷式和水冷式，风冷式轻便，但换热能力低，水冷式换热量大，换热效果好，广泛被采用。

（三）回收利用降低生产成本

塑料加工中边角废料所占比例为总生产量的 5%～20%，可以说回收利用边角废料在一定程度上决定着企业的生存命脉。塑料加工企业对此越来越重视。目前应用较多的塑料粉碎机，分为适用于硬质产品、小体积产品粉碎的设备；用于软质塑料、泡沫塑料的回收造粒的粉碎设备；用于管材、型材较长制品的直接破碎造粒的粉碎机；用于废丝回收的团粒机。在塑料回收设备上，现在正朝着低噪声、易操作、集料斗连续管式输送出料的发展方向。

对于大型制件的连续粉碎，为了避免塑料制件在粉碎机内长时间翻动切割，产生热量使塑料变为弹性体状态，难以粉碎的情况，开发出在粉碎机外壳带有水冷夹套的粉碎设备保证大型塑料制件破碎的连续操作和高效粉碎。

参考文献

[1] 翁满军，倪晓磊. 舟山市塑料机械制造业发展现状及对策研究［J］. 产业与科技论坛，2021，20（10）：20-21.

[2] 于永初. 中国塑机在未来汽车行业大有可为［J］. 汽车工艺师，2020（Z1）：10-11.

[3] 许智玲. 塑料加工成型机械创新技术分析［J］. 现代工业经济和信息化，2019，9（11）：25-26.

第七章　皮革机械

皮革是对动物皮的再加工与利用。皮革工业的终端产品皮革制品，不仅是人们十分喜爱的生活及文化用品，也是工农业生产和国防军事必需品。所以，推动皮革工业及皮革机械行业的持续发展，在繁荣市场、满足人民生活需要、支援国家经济建设，以及对外贸易、出口创汇等方面，都有着十分重要的作用。

第一节　皮革机械的产生和发展

一、全球皮革产业的发展历史

人类对皮革的使用历史几乎与人类文明史等长。在公元前 1450 年左右的埃及浮雕物上已经出现了皮革加工的情形。最早发明皮革鞣制的技术是古代的希伯来人，当时鞣制一张皮革约需六个月方得以完成。在著名的意大利古都庞贝城的废墟遗迹中，发现了用皮革制作衣服、武器和鞋子等的皮革工场，并且装饰技巧相当发达。

到了中世纪，欧洲开始出现皮革类的公会组织，生产技术迅速进步，刻花和压擦技巧开始出现，保存下来的当时华丽作品，大多数被欧洲各地的博物馆收藏。到文艺复兴时期，皮革工艺里被融入绘画装饰，制作出了精美的皮革。

随着十八世纪产业革命的兴起，产生了皮革制造科学的研究。

现代制革行业开始于 19 世纪中叶，其标志是铬鞣的出现和皮革机械的广泛应用，皮革产业的中心长期位于工业化程度、社会经济水平较高的发达国家，由不发达国家向其提供大批量原料皮。

进入 21 世纪，在经济全球化浪潮下，制革行业逐渐向发展中国家转移，形成了全球分工协作、差异化竞争的崭新格局。以意大利、西班牙、德国为代表的欧洲制革工业，因环保法规的日益严格而逐年萎缩，皮革生产、皮革贸易形势日显严峻。亚洲地区充分利用丰富的原料皮资源、廉价的劳动力成本，以广阔的皮革消费市场为后盾，取得了长足发展，是世界重要的原料皮和成品革生产基地。

尤其东亚、东南亚地区制革工业迅速崛起，以中国、越南、印度、泰国等为代表，制革工业突飞猛进，进一步抢占了国际市场，且越发注重提高产品附加值，发展皮革产品深加工。

以墨西哥、阿根廷和巴西为代表的美洲皮革生产国家，凭借原料皮资源优势、较先进的制革技术，由原料皮供应商逐渐向皮革生产商的角色转变，与亚洲皮革生产国家形成竞争，具体情况见表 7-1。

表 7-1　全球皮革产业发展路径

区域	代表国家	发展情况
欧洲	意大利、西班牙、德国	环保法规的日益严格而逐年萎缩，皮革生产、皮革贸易形势日显严峻
亚洲	中国、越南、印度、泰国	利用丰富的原料皮资源、廉价的劳动力成本，以广阔的皮革消费市场为后盾取得了长足发展，是世界重要的原料皮和成品革生产基地
美洲	墨西哥、阿根廷、巴西	凭借原料皮资源优势、较先进的制革技术，由原料皮供应商逐渐向皮革生产商的角色转变，与亚洲皮革生产国家形成竞争

从世界生产状况来看，世界的皮革加工与销售中心已从欧洲转移到了亚洲：以意大利、西班牙、法国和葡萄牙为代表的欧洲地区皮革产量、原料皮产量占全球的比重分别为27%、18%；北美和中美地区皮革产量、原料皮产量占全球的比重分别为 10%、17%；南美洲地区皮革产量、原料皮产量占全球的比重分别为 8%、13%；亚洲地区皮革产量、原料皮产量占全球的比重分别为 53%、40%。全球皮革生产区域分布如图 7-1 所示。

随着人们生活水平的提高和生活需求的多样化，未来几年皮革将会继续大量应用在皮鞋、服装等方面，住房和汽车市场的兴起也将进一步拉动对汽车坐垫革和家具革的需求，预计未来全球皮革产量将保持持续增长。

另外，从产品趋势看，当今全球消费者对于时尚设计、品种档次、质量、时尚、品质品牌要求越来越高，全球制革行业历久弥新，不断进步，品种、花色、样式更加丰富多样，工艺技术更加先进完善，生产设备更加自动精密，整体向多样化、个性化、智能化、绿色化方向发展。

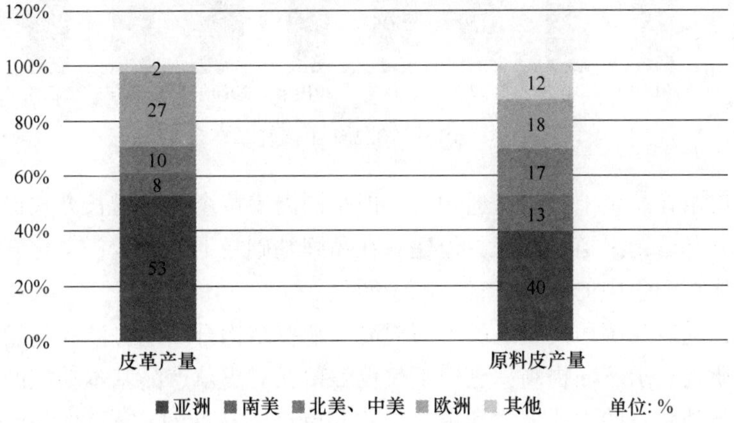

图 7-1　全球皮革生产区域分布

二、中国皮革产业的发展历史

我国制革行业起步较晚，但经过百余年发展已成为世界公认的制革大国，我国制革行业大体经历了三个阶段：①1910—1949 年，建立起较早的一批现代制革厂，主要采用硝面、烟熏、植鞣等传统鞣法；②1949—1989 年，自我恢复发展提高阶段，技术手段、生产设备、质量产量大大提高，铬鞣法逐渐成为轻革鞣制的主流；③1990 年至今，制革行业高速发展。

随着全面深化改革带来的改革福利不断释放，全球经济一体化进程逐渐加快，一带一路、长江经济带、京津冀协同发展等战略深入推进，制革行业出口不断增长，企业规模不断扩大、机械化程度不断提高、节能减排意识的不断加强，整体向着多样化、个性化、智能化、绿色化方向发展。我国既是皮革生产大国，也是原料皮资源大国、出口创汇大国和皮革制品消费大国，制革行业作为轻工业的重要组成部分，正承担着由“大国”向“强国”转变的重要历史任务，产业梯度转移和区域聚集发展正步入规范、整合、调整、升级的阶段，将发力供给侧结构性改革，坚持创新驱动，不断提升行业可持续发展能力，行业已进入动力转换、结构优化、全面提升行业发展质量的关键时期。

从皮革产量变动来看，随着国内整体环保和质量政策及要求持续提升，真皮行业因环保问题大量落后产能被强制关停，我国皮革产量在 2017 年达到顶峰后渐趋稳定，近两年受整体出口需求带动，产量稳定增长，2022 年国内皮革整体产量下降，且幅度不低，主体行业大类产品产量皆有所下跌。数据显示，2022 年全球重点企业中轻革产量约 48 亿平方米，同比 2021 年下降 20. 29%，具体情况如图 7-2 所示。

图 7-2 2015—2022 年中国轻革产量

虽然我国皮革在产量上已经遥遥领先，但是国内皮革企业的增长方式仍然主要依靠于产品品质的提升和营销渠道的扩张，但建立在品牌基础之上的质量、文化、时尚等众多因素的差异化优势在竞争中的作用正日益趋于明显。

近些年来，随着我国居民收入的不断提高，消费结构升级趋势已经越发明显。消费者对皮革用品的质量要求不断提高，已经不仅仅停留在对皮革产品基本功能的满足上，而更要求皮革产品与消费者的生活方式和审美文化相吻合，从而对皮革产品设计、用料选择、款式花色乃至品位格调等方面提出越来越多的要求。良好的皮革品牌越来越受到广大消费者的青睐。可以预见，品牌将逐渐成为未来赢得市场的重要决定性因素，经营品牌、提升品牌将成为皮革企业建立核心竞争力的重要内容。而建立有效的营销网络，传播产品的差异化、个性化特质，充分发挥品牌的市场影响力，也将成为企业提高盈利能力的有力保障。

随着社会生产力的发展及我国人民群众物质生活的不断丰富，消费者对皮革产品的质量要求也日益提高。皮革产品的质量主要体现在产品的耐用性、舒适性等方面，而产品质量是否能保持稳定将直接影响到皮革企业的品牌美誉度。保持产品质量的优质与稳定，需要皮革企业从原材料采购、设计、生产到质量检验等各个环节加以把控。长期稳定的质量是塑造皮革企业竞争优势的关键性要素，也是打造优势品牌，提升企业综合竞争力的必经之路。

第二节　皮革加工工艺与设备

一、皮革加工工艺及流程

在皮革生产中，根据原料皮的种类、产品及其要求的不同，其加工工艺及流程不完全相同。从生产组织与管理来看，普遍是将制革过程划分为准备、鞣制和整饰三个工段，每个工段由一系列工艺工序前后衔接所组成。皮革加工主体生产工艺流程（整合主要工序）与所需要的加工（作用）原理方法、机械设备之间的关系大体如图 7-3 所示。

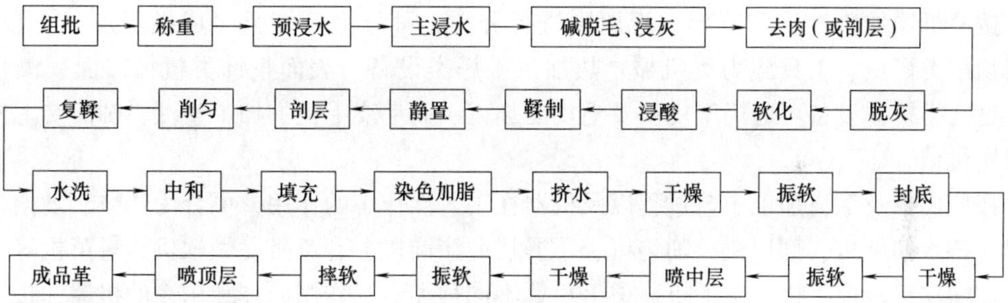

图 7-3　皮革生产工艺

二、皮革及毛皮加工过程的特点

（1）将原料皮转变为革或者毛皮，需要经过一系列的化学、物理等方面的加工处理。处理的本质是，原料皮组织与各种化工材料进行相互作用、物质融合、理化性能和结构改变的过程，以获得人们所要求的、具有一定理化性能和形状（包括感官）的革或者毛皮。

（2）对原料皮理化性能的改变，是以化学作用为主，辅之物理机械作用，例如在转鼓或者划槽中实施的各种工艺工序。之所以要辅之机械作用，主要目的是使各种物质充分接触、均匀相互反应，加快化学处理的进程，缩短处理时间。这类处理过程一般可以成批实施。

（3）对原料皮形状、感官及物理力学性能的改变，最有效的处理方法是利用物理机械作用，例如去肉、剖层、磨革、熨烫、梳毛、剪毛、烫毛、干燥、涂饰等。在这类处理过程中，一般只能分张间断或者连续实施。

（4）革的功能价值在于皮板，毛皮的功能价值在于毛被并兼顾皮板。在皮革和毛皮皮板的加工处理中，主要加工方法和工序基本相同，但要考虑毛皮皮板张幅较小、薄而软等明显特点。皮革加工是要去掉毛被并净面，一般采用化学脱毛法并辅以机械法拔毛与净面。毛皮加工要保毛被，对毛被适宜采用染色、褪色、漂白、上光等化学处理，梳毛、剪毛和烫毛等机械处理，其中烫毛过程兼有物理和化学作用。

（5）在皮革、毛皮加工工艺流程中，例如，皮革加工的浸水、浸灰、脱脂、鞣制、去肉、削匀、剖层、挤水、干燥、做软、磨革、涂饰等，毛皮加工的梳毛、剪毛、烫毛等，这些加工工序对成品质量起着决定性的作用，是必需的关键重要工序，那么，就需要相应的加工方法及机械作用来重点保障。

（6）原料皮或者半制品和各种加工用材料等，需要在工艺流程中的各道工序之间流转（传送），需要上（装）料、卸（取）料等，虽然对产品性能几乎没有影响，但又是生产过程必要的辅助操作，主要影响生产组织与管理、工人劳动强度、生产效率和经济效益等。

三、皮革加工常用的机械设备

在皮革行业，皮革机械是一种统称，按照其分支行业来分，可分为制革机械、毛皮机械、皮革制品（包括制鞋、皮件）机械三大类。本书主要介绍制革机械和毛皮机械。

按照机器加工性质和原理相近原则进行分类，可分为搅拌类（成批湿加工）设备、刀具切削类机械、工具施力类机械、热加工干燥类设备、表面整饰类机械、面积测量机等。这几类机器设备可通用于皮革及毛皮的加工，而毛皮毛被的加工整理，则需要毛皮加工专用机械。

按照皮革及毛皮加工工艺过程以及机器在工艺操作中的作用，可分为转鼓、划槽、去肉机、挤水伸展机、剖层机、削匀机、干燥机、涂饰机、磨革机、做软机、量革机等，以及毛皮踢皮机、梳毛机、剪毛机、烫毛机等不同种类。同作用原理和用途的机器，按照机器的工作原理、传动方式、结构形式等不同，又可分为不同的结构类型。

制革加工机器设备、作用原理和用途见表 7-2。

表 7-2　　制革加工机器设备、作用原理和用途

机械设备名称	主要执行器件、作用原理	用途（目的）
组批、清理、称重等设备	刀具、称重、铺皮台	分拣、整理、计重等
转鼓、划槽	容器、拨板（轮）：搅拌	成批湿加工（浸水、浸灰、鞣制、染色等）
去肉机	滚刀：切削、伸展	清去肉渣、脂类和皮下组织
脱毛机、净面机	滚刀（钝口）：刮削	去毛、表皮等
挤水机	滚刀（钝口）、压板：刮、挤、压	除去大量水分
平（伸）展机	滚刀（钝口）：刮拉	伸展皮张、松散纤维
剖层机	带刀：切削	皮张分层
削匀机	滚刀：切削、伸展	使皮张厚度均匀、表面平整
干燥机、回潮机	机电、蒸汽等：加热、加湿	除去水分或者增加水分

续表

机械设备名称	主要执行器件、作用原理	用途(目的)
做软机	桩、板、轮等:刮、拉、铲、搓、摔	松散纤维
磨革机、抛光机	砂纸、砂轮等:磨削、抛光	磨平、起绒、改善皮表面
熨平机、压花机	平板、滚筒:热、压力	熨平、花纹图案
打光机、滚压机	辊:打、压、滚碾	改善力学性能、表面感官性能
涂饰机	辊、喷枪等:喷、刷、淋、揩	覆盖涂层,改善表面
量革机	机械、电子测头:测量	计量面积
打包机、搬运机	手工、机械法:动作	打包、入库

在制革加工常用机械设备中，剖层机是结构最复杂、精度最高的机器，去肉机和削匀机的结构及精度次于剖层机，磨革机、挤水伸展机和做软机的结构较复杂，而精度要求稍低；干燥机和涂饰机一般成机组使用，其体型最庞大；转鼓（包括划槽）使用数量最多。这些机器是皮革加工中的重要设备。量革机也是必需设备，其他还有除尘装置（机）、铲车、搬运机、车间传送机等；静置搭马架、挂皮架、铺皮台、各种手工刀具及工具等。

毛皮加工机器设备、作用原理和用途见表 7-3。

表 7-3　　毛皮加工机器设备、作用原理和用途

机械设备名称	主要执行器件、作用原理	用途(目的)
刮毛机、梳毛机	刮梳针辊:刮、梳理	清理、理顺毛被
剪毛机	带刀、辊刀:剪切	剪断、整理毛被
划槽、划池、转鼓	容器、拨板(轮):搅拌	浸水、脱脂、鞣制、染色转锯末、摔软等
去肉机	滚刀、圆盘刀:切削、伸展	清去皮板肉渣、脂类和皮下组织
甩水机	甩动、离心力	除去大量水分
削匀机	滚刀、圆盘刀:切削、伸展	使皮板厚度均匀、表面平整
平(伸)展机	滚刀(钝口):刮拉	伸展皮张、松散纤维
干燥机	电、蒸汽等:加热、加湿	除去水分
做软机	桩、板、轮等:刮、拉、铲、搓、摔	松散纤维
磨里机	砂纸、砂轮等:磨削、抛光	磨平、起绒、改善皮表面
踢皮机	踢皮头:踢打、摩擦	柔软皮板
脱脂机(干洗机)	搅拌、摩擦	净化毛皮
吊染机	吊网:渗透、着色	染色
烫毛机	热辊:热熨	拉直、理顺毛被
撑宽、拉长、翻皮机	撑宽板、拉杆等	展平、拉伸毛皮
拔色机	光照辐射、蒸汽	花色毛皮
量革机	机械、电子测头:测量	计量面积
打包机、搬运机	手工、机械法:动作	打包、入库

在毛皮加工常用机械中，过去普遍采用划槽或者划池进行成批加工，用转鼓取代划槽或者划池是今后发展的趋势，主要是因为划槽或者划池耗水、耗化工材料量太大。去肉机、磨里机、干燥机、挤水伸展机和做软机、涂饰机、量革机等的结构和工作原理与相应的皮革加工机械基本相同，只是毛皮加工机器的工作宽度较窄，驱动功率较低，所以一般体型较小；在毛皮加工专用机器中，梳毛机、剪毛机、烫毛机等的结构和原理较复杂，是要求较高的重要设备。其他机器则分属不同毛皮（例如羊剪绒、细皮、毛革、花色毛皮）加工专机专用。

第三节 典型皮革机械

一、皮革湿加工机械

在将生皮（毛）转变为革或者裘皮的化学处理过程中，为了将化工材料充分渗透到皮张纤维内部以达到最佳的化学处理效果并缩短处理时间，可借助机械（物理）作用原理来实施。从机械（设备）、处理对象（加工液和皮张）之间的作用关系来看，可实施的原理方法有：

其一，将加工液和皮张投放于可运转的机械（容器）中，加工液和皮张就会随容器进行运转，通过搅拌、摔抛等机械作用，使得二者充分接触、碰撞和摩擦等，实现化学处理过程，这种机械设备即目前应用最广泛的成批湿加工设备称为转鼓。

其二，将加工液和皮张投放于固定的容器中，通过可运转的机械装置对加工液和皮张进行拨动和搅拌，完成化学处理过程，把这种成批湿加工设备称为划槽。

其三，可将加工液盛于固定的容器中，通过机械装置使得皮张分张依次连续从加工液中通过；或者将皮张依次连续传送，而将加工液喷淋在皮张上，实现二者接触与渗透处理，前者可称为浸浴式，后者为淋浴式。

从生产过程来看，方法一和方法二的加工特点是，一次成批投放皮张和加工液，机械运转达到一定时间和处理效果后，停止运转，卸出皮张，所以属于一种成批间歇性的加工过程。方法三则是单皮张依次连续性加工过程。三种方法兼有优点和缺点，应该从加工对象、工艺方法、处理效果、材料用量、生产效率、机械设备以及节能和环境保护效果等方面综合比较选择。

1. 转鼓

转鼓是一种可旋转的容器，可旋转容器在轻工、化工、制药等行业应用较为广泛。工作时，将待加工处理物料放置在容器中，随着容器的旋转，物料产生一定的速度和加速度而在容器中相对运动起来，通过物料与物料、物料与容器内部结构物之间的不断接触、碰撞、摩擦等，就实现了加工处理目的。转鼓体形和容积一般较大，机械作用强，可加工处理的物料种类和工艺方法多样，化学处理效果较好，生产效率较高，所以适宜于张幅较大的牛、猪、羊皮的成批湿加工。缺点是转鼓运转动力消耗较高，一次投放的加工料液量和加工后的废液排放量均较大，所以造成的环境污染较严重，另外，向转鼓装卸皮张的劳动强度也较高。图 7-4、图 7-5 为某种转鼓的外观和结构。

转鼓一般由鼓体、转鼓传动装置、转鼓配送料和料液循环系统（装置）、电气控制系统以及皮张装卸装置等部分组成。

图 7-4　转鼓外观

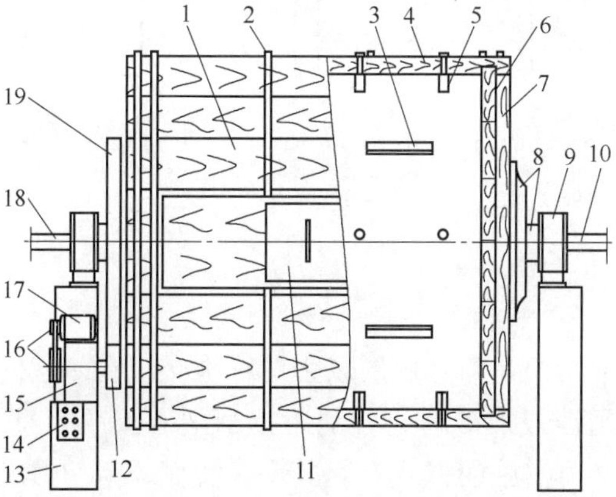

1—鼓体；2—鼓箍；3—刮皮板；4—鼓体板；5—凸桩；6—鼓底板；7—加强底板；8—鼓主轴；9—轴承；10—出液管；11—鼓门；12—小齿轮；13—撑座；14—电器箱；15—减速器；16—链轮链条；17—电动机；18—进液管；19—大齿轮

图 7-5　转鼓结构

2. 划槽

传统上，毛皮或皮张是投放在水泥划池中浸泡，辅之以人工或者机械搅拌。水泥划池建造成本低，容积和装载率大，缺点是占地面积较大，属于固定建筑物，技术水准低，出皮困难。划槽是一种模仿划池原理的皮革毛皮机械，它主要由一个固定容器和一套机械搅拌装置组成。使用划槽时，将加工液和皮张投放入容器池中，在运转的机械装置的拨动搅拌作用下，使加工液流动起来，皮张就像水中的鱼儿一样，在加工液中飘移、翻滚、游动、泳浴、浸泡，从而完成物理和化学处理过程。相比转鼓，划槽的装载率和液比较大，机械作用较平缓，皮张是靠液流带动得以游动起来，所

图 7-6　划槽外观

以皮张容易伸展开来，不易打卷缠绕、绣毛，便于投皮加料和观察加工状态，不足在于机械作用小，加工处理时间长，不易保温，用水量和废液排放量大，环保性差，出皮困难。考虑到划槽的尺寸和容积不宜过大，所以主要用于张幅小，皮板薄的羊皮及细杂毛皮的成批湿加工。

划槽的结构比较简单，主要由划槽体、机械搅拌装置、料液汽循环系统等组成。图7-6、7-7为某种划槽的外观和结构。

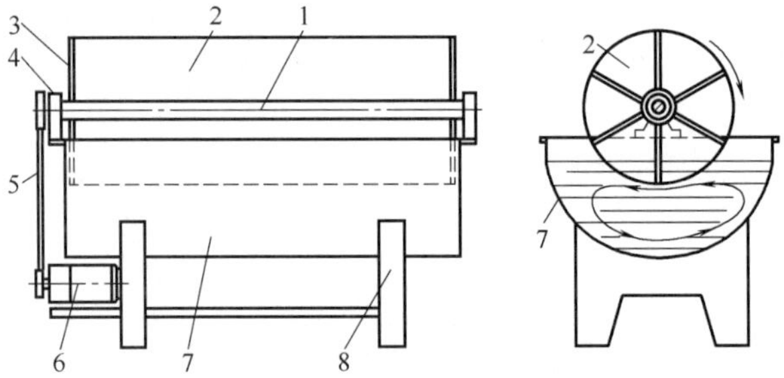

1—叶轮轴；2—叶轮；3—挡液板；4—轴承；5—链条；6—电动机及减速器；7—划槽体；8—底座

图 7-7 划槽结构

二、皮革液压去肉机

皮张上的残肉及皮下组织是与真皮层以蛋白纤维交织在一起的，要将皮张上的残肉去除，较为省力的方法是用铲刀推铲削或者刮刀拉刮削。按照刀具（铲刀、刮刀）与皮张接触后的切削运动关系，可实施的方式有：其一，皮张不动（固定），让刀具沿皮张表面移动切削，优点是皮张可铺放平整，但刀具需要作往复移动，机器的铺皮平台即机器的结构体型较大；其二，刀具不动，皮张往复移送，优缺点与方式一基本相同；其三，刀具转动，皮张移送，其优点是切削效率高，但机器工作机构要复杂。鉴于方式三的突出优点，所以在去肉机、脱毛净面机、削匀机、挤水平展机中得到了广泛应用。

按照机器的传动原理和方式，可分为机械传动去肉机和液压传动去肉机。事实上，这两类机器的刀辊、供送料辊和传送料辊的转动都是通过机械传动来实现的，即两者没有差异。区别在于：机械传动去肉机的供送料辊向刀辊和传送料辊的靠近，是通过机械传动装置来实现的，而液压传动去肉机是通过液压传动装置来实现的。机械传动装置的结构较复杂，不便于操控。液压传动装置工作过程平稳，结构紧凑，控制与操纵方便，但成本稍高。目前，液压传动去肉机已经逐渐取代了机械传动去肉机。下面以液压传动去肉机做介绍。

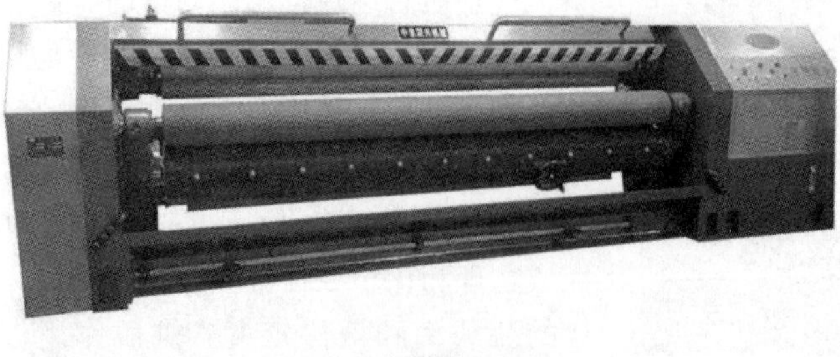

图 7-8 液压传动去肉机

如图7-8所示为一台液压传动去肉机。机器由刀辊装置、供送料辊装置、传送料辊装置、磨刀装置、机械传动系统、液压传动装置、电气控制系统以及机座机架等组成。下面简单介绍其中的刀辊装置、供送料辊装置、传送料辊装置。

如图 7-9 所示为传送料辊的弹簧支撑结构。上下传送料辊 2 和 7 分别用轴承支承在轴承座板 3 和 8 上，两块轴承座板 3 和 8 同时套接在铰接轴 4 上，再分别用拉杆及弹簧 5 和 9 连接在上机体后板 11 上，分别通过螺母 6 和 10 可以调节拉杆弹簧的弹簧力，从而得以调节上下传送料辊 2 和 7 与供送料辊 1 对皮张的夹持力，以适应传送不同种类皮张的需要。

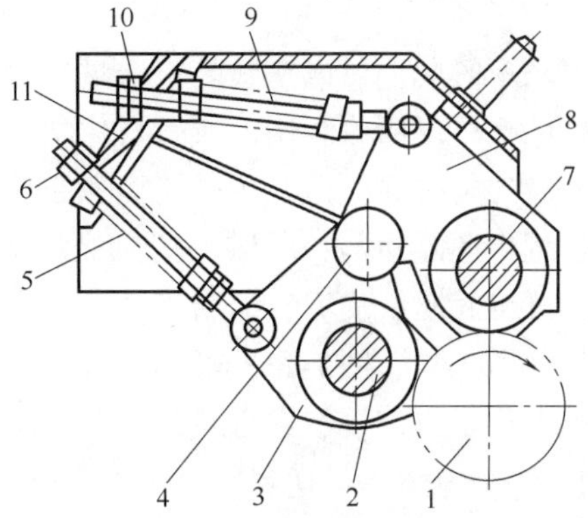

1—供送料辊；2—下传送料辊及轴承；3—下辊轴承座板；4—铰接轴；5—下拉杆及弹簧；6,10—螺母；7—上传送料辊及轴承；8—上辊轴承座板；9—上拉杆及弹簧；11—上机体后板

图 7-9　传送料辊的弹簧支撑结构

供料辊和供送料辊向刀辊及传送料辊的靠近有两种实现方法：一是移动靠近；二是摆动靠近。移动靠近方法由于滑移的摩擦阻力较大且需要导向，也不利于机器的结构布置，所以较少采用。

如图 7-10 所示的供送料辊采用了摆动靠近方法。供料辊 6 和供送料辊 4 支承在辊摆架 5 上，齿轮 1 与液压油缸 2 的齿条活塞杆相啮合，当齿条活塞杆受油压作用而移动时，驱动齿轮 1 旋转并通过连杆带动辊摆架 5 摆动，供送料辊就靠近或者离开刀辊及传送料辊。

为了补偿供料辊因弹性变形而影响去肉效果，沿供料辊轴向并列布置了若干个供料辊调压油缸 7（手动泵供油）。供料辊液压结构如图 7-11 所示，供料辊调压油缸 7 的活塞杆上装有辊轴瓦 4，辊轴瓦半抱着供料辊 2，从而可保证供料辊对皮张的压力。

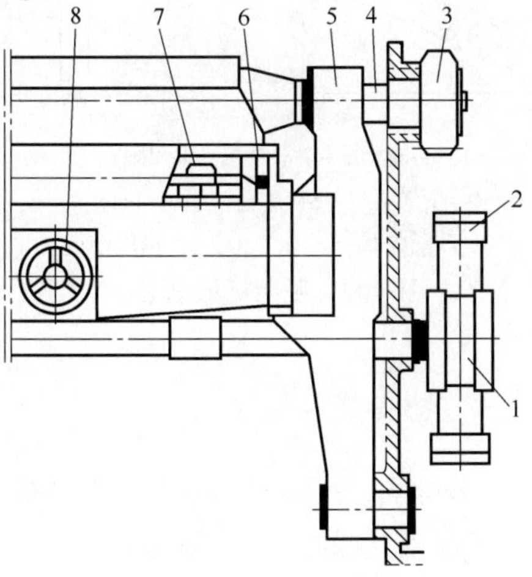

1—齿轮；2—液压油缸；3—供送料辊齿轮；4—供送料辊；5—辊摆架；6—供料辊；7—供料辊调压油缸；8—调节手轮

图 7-10　供送料辊的摆动原理

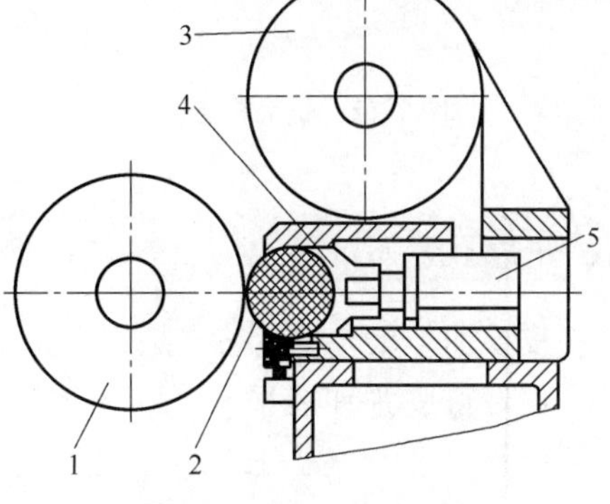

1—刀辊；2—供料辊；3—供送料辊；4—辊轴瓦；5—调压油缸

图 7-11　供料辊的液压调压原理

三、皮革脱毛机

皮革的脱毛可以在转鼓中通过化学法除毛，这样脱掉的毛不能回收利用。皮革脱毛机脱掉的毛可以回收利用，或者将化学法未除的毛脱干净。根据力学原理，从皮张上脱毛的最好方式是拔毛，但在机械结构和原理上不容易实现，而采用推刮毛较合理方便，且在刮毛过程中还能净面，所以也把机械法去毛称为推毛。净面主要是除去脂肪类以及皮下组织、纤维间质、皮垢、油脂等。

如图 7-12、图 7-13 分别为脱毛机的外观和示意图，图 7-13 所示的脱毛机由刀辊装置、主电动机压辊装置、供送料辊装置、辊摆架、毛渣漏斗、输送带及副电动机等组成，其中刀辊 1、压辊 3、供送料辊 4 由主电动机 2 及传动装置传动，供送料辊 4 支承在辊摆架 5 上，辊摆架通过液压传动可摆动靠近或者离开刀辊和压辊，脱掉的毛渣由毛渣漏斗掉落在输送带 8 上，输送带 8 由副电动机 9 驱动做循环运动。机器工作时，人工先将皮张铺放在供送料辊 4 上，然后推向刀辊 1，在压辊 3 的配合下即可完成半张皮的脱毛，皮张调头再进行另半张皮脱毛，脱下的毛渣由输送带送出机器外便于收集。

图 7-12 脱毛机

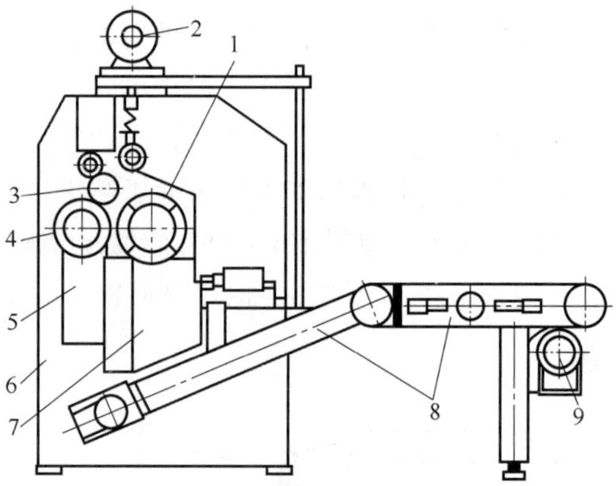

1—刀辊；2—主电动机；3—压辊；
4—供送料辊；5—辊摆架；6—机体；
7—毛渣漏斗；8—输送带；9—副电动机

图 7-13 脱毛机示意图

四、平展挤水机

在皮革加工工艺中，挤水是将皮张中大量多余水分除去。平展是消除皮张上的折痕和皱纹，以使得皮张伸展平整。在平展前，皮张应含有一定量的水分（潮湿皮），通过平展，能使得皮张中的水分均匀（匀湿）。根据工艺要求和加工目的的不同，挤水和平展往往在剖层、削匀工序之间交替实施。由于挤水机和伸展机的加工原理基本相同，所以本书安排在一起介绍。

实施挤水和平展的最有效方法是通过作用力来挤压、平展皮张。挤水和平展的物理原理是相同的，而且在加压挤水时往往伴有平展作用，平展时也可能挤水，这是一种挤水和平展的联合效应，若挤水作用强于平展，可称为挤水平展，反之则为平展挤水。

目前，用于挤水和平展的机器基本上都是按照挤水和平展双重功能设计制造的，常称为挤水平展机、平展挤水机、挤水机（以挤水为主）、平展机（以平展为主）。下面以平展挤水机为例进行分析。

要将皮张中的水分挤出来，有各种各样的办法。例如，将皮张平铺在平台（板）上，让另一平板从上向下加压，就可以压挤出水分，但这样一次大面积的挤水，往往只是将整张皮上周边皮张中的水分挤出了，而中间部位皮张中的水分一般是挤不出的。再比如，采用转辊分段滚压，逐步将整张皮中的水分挤出。要将皮张展平，可沿皮张表面垂直挤压，也可沿皮张四周拉伸，若采用圆辊滚压、延展，不但施力合理，而且平展效果好。

图 7-14、图 7-15 所示为平展挤水机的外观和示意图。图 7-15 中，水平布置的两个平展辊（刀辊）5 由电动机 6 驱动转动，与水平布置的两个支撑辊 17 配合对皮张进行平展作业，所以平展作用较强。两个上挤水辊 8、张紧辊 10 和上毡带 9，与两个下挤水辊 15、张紧辊 12 和下毡带 14 构成挤水区。上下挤水辊驱动上下毡带同步移动实施挤水。通过油缸 7 可驱动两个上挤水辊升降，以调节挤水压力，在机体 1 内部设置有接水槽 13。启动机器后，铺放在输送带 4 上的皮张先被送入平展区，由两对平展辊进行展平，皮张进入挤水区后，由 4 个挤水辊和上下毡带配合实施挤压挤水，挤水后的皮张由下毡带从机器后部送出。

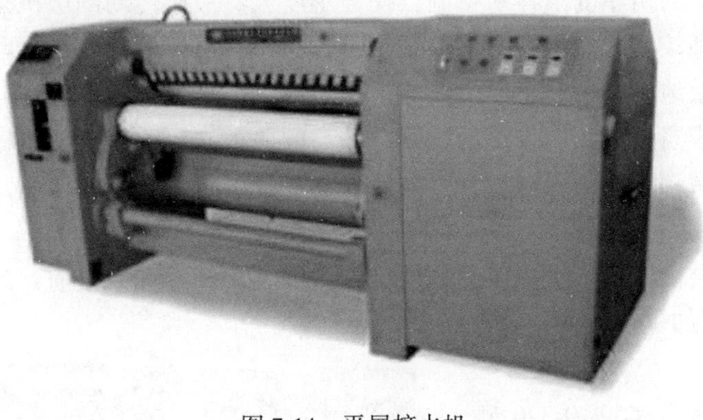

图 7-14　平展挤水机

五、剖层机

剖层是将皮张剖切分为若干层。剖层的目的，其一是将厚度不均的皮革剖切为厚薄均匀一致；其二，对较厚的皮张，将其剖分为若干层，既提高了皮张的利用率，又达到皮张的薄、轻、软；其三，剖层后便于后续加工时，化工材料向皮张内的渗透，缩短加工时间。皮张剖层是利用刀具切削（割）来实现的，把所用的机器称为剖层机，又称为片皮机，是皮革加工中比较重要的、精密的机器。

按照机器的工作幅宽，可分为大型剖层机和小型剖层机。大型剖层机机型较大，工作幅宽在 2000mm 以上，机器功率较高，适用于大张幅皮张的整张皮的剖层；小型剖层机工

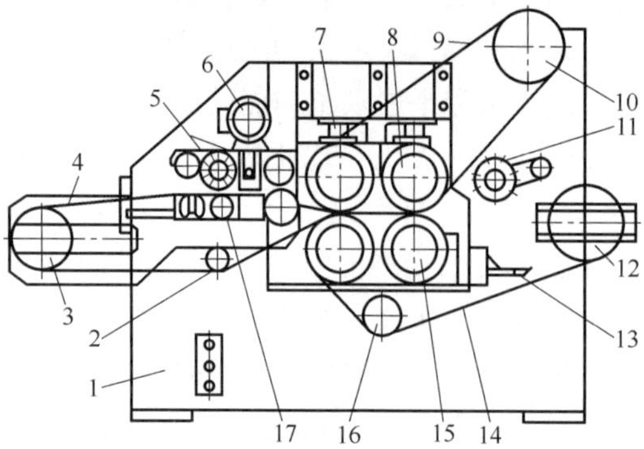

1—机体；2，3—输送带辊；4—输送带；5—平展辊；
6—电动机；7—油缸；8—上挤水辊；9—上毡带；
10,12,16—张紧辊；11—毛刷辊；13—接水槽；
14—下毡带；15—下挤水辊；17—支撑辊

图 7-15 平展挤水机示意图

作幅宽一般在 1500mm 以下，适合于猪皮、半张牛皮的剖层。

按照剖切皮张所处的工艺阶段，可分为剖灰皮、剖蓝皮和剖干革三类，这三类机器的结构和工作原理是完全相同的，只是在机器的精度、适应性和操作要求方面有一些差异。例如剖灰皮，因为皮张性能和形状还没有稳定下来，且皮张中含水和化学材料较高，所以机器就要耐腐蚀，对皮张的形态变化适应性强，但机器精度可以稍低一些，操作的劳动强度较高。剖切鞣制后的蓝革时，皮张形态基本确定，剖切厚度就容易控制，那么，采用高精度的机器剖切，就可以得到厚度均匀一致的成革，操作熟练的话，就不必进行后续的削匀加工了。剖干革主要是皮鞋厂、其他革制品加工厂使用的小型剖层机。

按照机器的传动原理和方式，可分为机械传动剖层机和液压传动剖层机。初期的剖层机基本采用全机械传动与控制，其体型庞大，结构复杂，精度低，工作速度较低，工作中的震动较为严重，剖切厚度不容易控制，操控难度大。液压传动剖层机是采用液压传动来实现机器的驱动和控制的，机器的机械结构得以简化，工作过程平稳，配合电气甚至计算机控制，可以方便地操控机器，但机器的液压系统对工作环境要求较高，机器较为昂贵，机器的技术含量较高，对操作人员的技能有较高的要求。目前，大型机械传动剖层机已基本被淘汰，而机械和液压结合传动、全液压传动的剖层机得到广泛使用。下面以液压传动剖层机做介绍。

液压传动剖层机保留了机械传动剖层机的主要结构和原理，目前，液压传动剖层机的型号比较多，例如 GJ2A9 系列剖层机。

图 7-16 GJ2A9-320 型液压传动剖层机

如图 7-16 所示是 GJ2A9-320 型液压传动剖层机。这种剖层机采用液压传动，技术先进，布局合理，结构紧凑，操控方便，机器精度和剖分精度高，广泛用于猪、牛（灰皮、蓝革）以及合成革的剖层。机器采用双电机、双刀轮同步驱动原理，可保证带刀运行的平稳性且剖切力较大，采用无级变速器可在一定范围内无级调节送料速度。采用程序控制自动调节，由可编程控制器（PLC）集中控制，数字显示机器的工作状态参数以及调节参数，能保证各个工作机构的调节以及机器操控的精密准确性。GJ2A9-320 型液压传动剖层机的工作宽度 3200mm，供料速度 6.3~31.4m/min，最薄剖层厚度 0.6mm，机器总功率 25.74kW。

六、削匀机

削匀机按照其工作面幅宽的大小，可分为宽工作面削匀机和窄工作面削匀机两种。宽工作面削匀机的机型较大，工作面幅宽通常在1500mm以上，机器传动功率和生产效率较高，切削力大，例如国产机型GXYY-120削匀机，其幅宽1200mm，适合于猪皮的削匀；机型GXYY-270削匀机，工作幅宽2700mm，适合于牛皮整张皮的削匀。窄工作面削匀机的机体、驱动功率及切削力较小，工作幅宽在1000mm以下，例如机型GXYY-45削匀机的幅宽450mm，只能用于半张皮的削匀，生产效率较低。

按照机器主要执行机构的驱动原理和方式，可分为机械传动削匀机和液压传动削匀机。一般宽工作面削匀机采用液压传动，机器传动性能较好，操作控制方便，机器削匀质量和效果好，是目前广泛使用的削匀机。

虽然各种削匀机在结构上有些差异，但其构造及主要工作机构基本相同，即由刀辊装置、供送料辊装置、磨刀装置、刷辊装置以及传动系统、机体等部分组成。

如图7-17、图7-18所示为GJ2C1-45型机械传动削匀机。机器采用开放卧式布局，在机体10上，用轴承支承着刀辊3，由机器的主电动机（图中未画出）通过传动带9驱动做旋转运动（图中箭头方向为逆时针）；供送料辊2和木托辊1用轴承支承在供送料辊摆架15上，供送料辊2由主电动机通过带传动、传动链条12驱动作旋转运动（图中箭头方向为顺时针），当踩动脚踏板11后，可使得供送料辊摆架15及木托辊1和供送料辊2摆向或者离开刀辊；在机体10上支承的刷辊14由主电动机及减速离合器、塔带轮（图中未画出）及传动带13驱动作旋转运动；在机体10的上方，安装有磨刀砂轮4以及砂轮电动机5，以便需要时对刀辊进行修磨。

图7-17　GJ2C1-45型机械传动削匀机

干削机也称为削革机、削里机，主要用于对已基本定性定型的皮革进行削匀，以使得皮革里面绒头细致、美观、厚度均一，也用于切削和消除革粒面的伤残，或者削去粒面以提高涂饰剂的附着度。干削机的结构和工作原理与窄幅削匀机基本相同。主要差异是，干削机采用单向螺旋刀辊，刀辊上的刀片数量较多，转速更高。如图7-19所示的干削机，刀辊1由电动机驱动高速转动，供料辊2安装在摆架上，可由脚踏板4操控。工作时，将皮张铺放在工作台3及供料辊2上，踩动脚踏板使得皮张摆向刀辊1，就可实施削匀切削，切削下来的皮革细屑由除尘器7收集到集尘箱6中，可定期清除。

七、皮革干燥机

根据干燥方法和配用的热能发生器的不同，干燥机有各种各样的结构类型，例如，热泵干燥机、真空干燥机、蒸汽干燥机、微波干燥机、红外干燥机等。按照干燥机的结构形式，可分为箱（柜）式干燥机、层板式干燥机以及转鼓式干燥机等。按照对皮张的约束

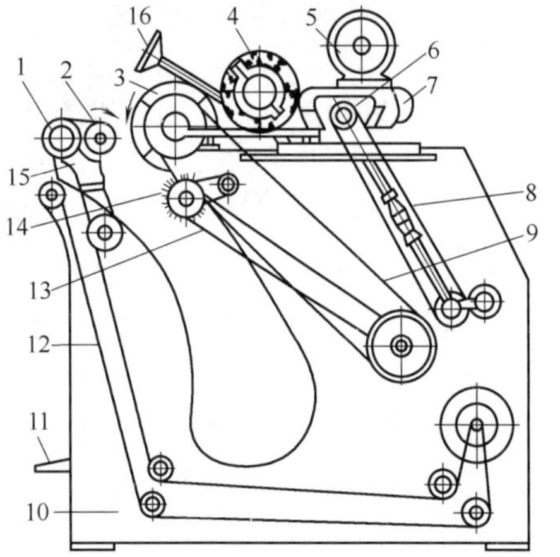

1—木托辊；2—供送料辊；3—刀辊；4—磨刀砂轮；5—砂轮电动机；6—双向螺杆；7—滑座；8—螺杆传动链条；9—传动带；10—机体；11—脚踏板；12—传动链条；13—传动带；14—刷辊；15—供送料辊摆架；16—手轮

图 7-18 GJ2C1-45 型机械传动削匀机示意图

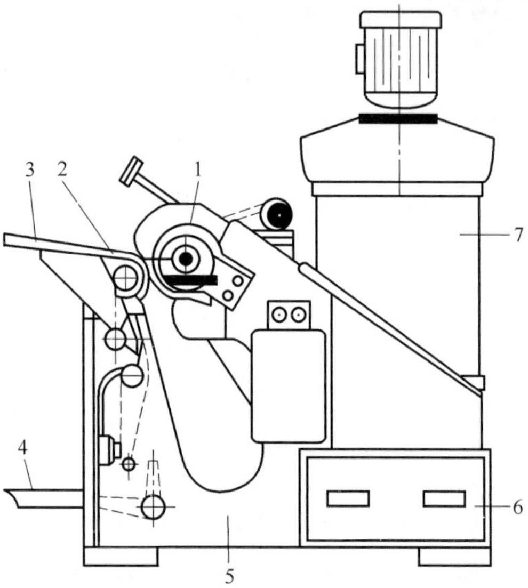

1—刀辊；2—供料辊；3—工作台；4—脚踏板；5—机体；6—集尘箱；7—除尘器

图 7-19 干削机结构简图

方式，可分为悬挂杆式、绷板式、贴板式干燥机等。下面以箱式干燥机为例做介绍。

图 7-20 箱式干燥机外观图

箱式干燥机也称为通道（洞道、隧道）式干燥机，如图 7-20、图 7-21 所示，其结构形式比较多，但干燥箱体基本为长立方体，差异主要在于皮张的约束（挂、绷、平贴等）和输送方式不同。如图 7-21 所示，用钢板、型钢和其他耐热隔热材料等制作一个长立方箱体 1，箱内布置散热器 4，箱体上设置若干风扇 2、通

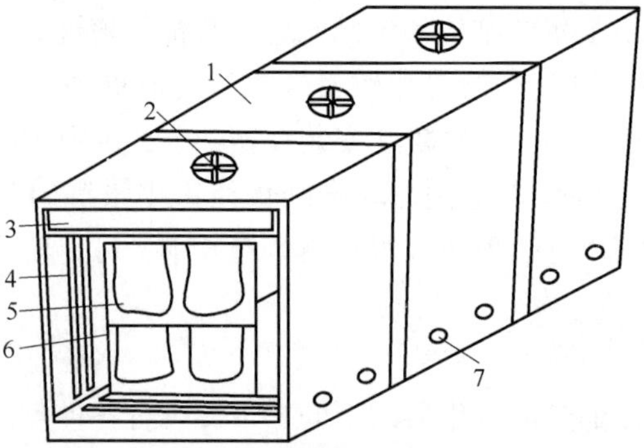

1—箱体；2—风扇；3—箱门；4—散热器；5—皮张；6—挂皮架；7—通风门

图 7-21 箱式干燥机示意图

风门 7 等。工作时，预先将皮张 5 挂在挂皮架 6 上并推入烘干箱内，关闭箱门 3，将热空气或者水蒸气通入散热器 4 中进行加热，即可实施干燥。风扇 2 可均化箱体内的热量分布，调节通风门 7 可调节箱内的温度。

八、皮革涂饰机

皮革的涂饰是将涂饰剂涂于皮张的表面，待涂饰剂中的液体逐渐蒸发后，在皮张表面上形成一层牢固黏合的薄膜。

皮张涂饰的目的：其一，增加皮张表面的美观性和花色品种；其二，修正皮张表面的缺陷，提高其使用价值；其三，改善皮张的性能，例如皮张的耐用性、防水性等。

涂饰加工的质量要求是，要将涂饰剂均匀涂在皮张表面，以形成黏合牢固的保护薄膜。涂饰加工质量的优劣对皮张感官质量、商品价值影响极大。

涂饰方法主要有刷（辊）涂法、揩涂法、喷涂法、淋浆法。下面以刷（辊）涂法做介绍。

辊涂法也称为辊印法，它是先将涂饰剂涂在可转动的涂饰辊上，再由其将涂饰剂转移到皮张表面。辊涂机主要用于各类皮张的表面涂饰和印花，也可以对皮张进行涂染、填充、涂油、涂蜡、封里等加工。

辊涂机的结构类型较多。按照用途，可分为涂饰机、印花机、涂饰印花机。按照涂饰辊的数量，可分为单辊、双辊、三辊、四辊辊涂机等。机器的工作宽度有：1500mm、1800mm、2400mm、3000mm，送皮速度（生产效率）0～15m/min、6～38m/min，一般可无级调速。涂饰辊转速 0～55r/min。

辊涂机主要由涂饰辊和涂饰剂供料装置、传送装置和清洗装置、传动装置、气动和电气系统等组成。如图 7-22、图 7-23 所示为一种单辊辊涂机的基本结构。

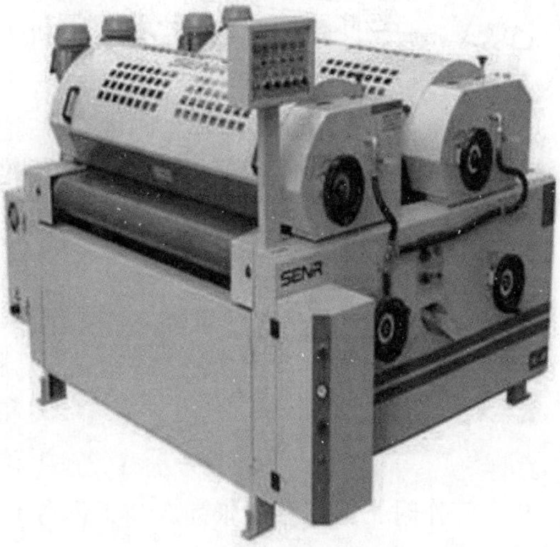

图 7-22　单辊辊涂机

九、皮革的整饰方法及机械

皮革加工的后整饰包括皮张的柔软化、光泽化、平整化以及制作花色图案等，使用的机械设备有做软机（包括刮拉、铲刮、拉压、搓揉、摔软等）、磨革机、熨平机、压花机、打光机、滚压机等。

1. 做软机

皮张经过干燥后，其纤维组织常常会干缩、黏结，皮张面积也有所减小，皮板变硬、翘曲变形，这既不利于后续的工艺加工，也不能满足成品革的性能要求。

皮张做软的目的就是要消除干燥带来的弊端，使得皮张具有一定的柔软性、延伸性和平展性，增加皮张的面积，赋予皮张表面一定的表面纹理。

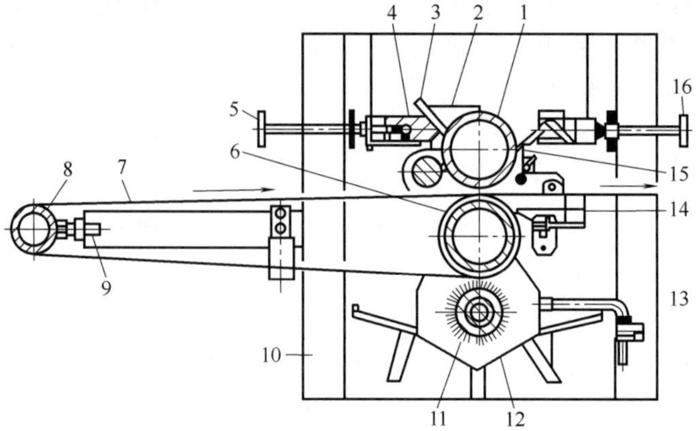

1—涂饰辊；2—涂饰剂箱；3—调节板；4—调节装置；5,16—手轮；6—传动辊；7—传送带；
8—张紧辊；9—张紧装置；10—机体；11—毛刷辊；12—水槽；13—水管；14,15—刮板

图 7-23　单辊辊涂机示意图

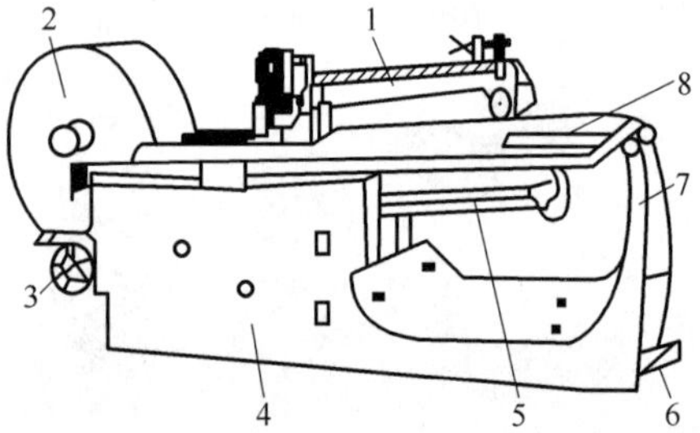

1—上拉臂；2—传动装置；3—电动机；
4—机体；5—下拉臂；6—脚踏板；
7—压皮臂；8—工作台

图 7-24　臂式刮软机

皮张做软机有各种各样的结构形式，例如拉软机、铲软机、搓软机等。下面以臂式刮软机为例进行介绍。

臂式往复刮软机由三把刮刀（两把下刮刀、一把上刮刀）和一个刮辊，通过往复运动，对皮张施以刮拉、滚压和弯折综合作用，以使得皮张变软，如图 7-24 所示。

机器主要由机体 4、电动机 3 和传动装置 2、上拉臂 1、下拉臂 5、压皮臂 7 以及工作台 8、脚踏板 6 等组成，在上拉臂上安装有一个刮刀和一个刮辊，下拉臂上安装有两个刮刀，上、下拉臂由电动机 3 和传动装置 2 驱动作往复运动。机器工作时，人工将皮张铺放在工作台上，将皮张一端用压皮臂 7 夹持住，在电动机和传动装置驱动下，上下拉臂上的刮刀和刮辊咬住皮张，前后往复运动，即可完成做软工作。通过脚踏板 6，可根据皮张做软情况，随时调整皮张的做软部位。

2. 磨革机

磨削是对皮张的表面进行修磨与修饰处理，例如除去表面伤残瑕疵，均匀皮张厚度，表面起绒等，以获得所需要的皮张外观及手感。在磨削加工过程中，对皮张也有一定的平展、做软效果。

磨革机根据加工对象，可分为皮革磨革机和毛皮磨里机。这两类机器的工作原理基本相同，差异主要在于皮革磨革机的工作宽度较宽，机器机体较大，而毛皮磨里机工作宽度较窄，机体较为轻巧。按照机器使用的磨具，可分为砂辊（或称为磨辊）磨革机和砂带磨革机。按照磨削加工方式，可分为非通过式和通过式两类，通过式机器自动化程度较高，操作者的劳动强度较低。按照机器传动方式，可分为机械传动、液压传动和气压传动三种。

通过式磨革机机体尺寸及工作宽度较大，常用工作宽度有 1500mm、1800mm、2400mm，磨辊的磨削速度 14~19m/s，磨辊摆动（往复移动）频率 53~120 次/min，摆动量 6~7mm，供料辊的供料速度 0. 1~0. 25m/s，适合大张幅的皮张整面磨削加工。

如图 7-25 所示为通过式磨革机。机器由磨革机 1、输送机 3 和除尘机 4 三部分组成，工作时，将皮张铺放在磨革机的工作台上，启动电器控制箱 2 的电源，皮张经过磨革机磨削后，由输送机 3 自动送入除尘机 4，通过气流除尘装置清洁皮张表面。

1—磨革机（主机）；2—电器控制箱；
3—输送机；4—除尘机

图 7-25　通过式磨革机

3. 皮革的熨平压花机

根据皮革加工工艺要求，熨平的目的是消除皮张表面皱褶，使得皮张表面光滑、平整、富有光泽。压花是在皮革表面上压制出各式各样的凹凸花纹图案，以增加皮张的美观性。打光或者滚压主要是使皮板紧实、表面平整、获得光泽感。所以，熨平、压花的工艺目的基本相同，均是对皮张表面进行修整。

根据机器用途，可分为熨平机、压花机以及熨平压花机，区别在于熨平采用平板（辊），压花采用花板（辊），或者平板（辊）、花板（辊）相互换用；根据施压体的结构和施压方法，可分为板式熨平（压花）机和滚筒（辊）式熨平（压花），一般板式适合压平，滚筒式适合压花。下面以板式熨平（压花）机为例进行介绍。

板式熨平（压花）机属于一种热压力机，它采用上下压板平压完成加压熨平任务，一般是将上压板（热板）固定，下压板向上运动加压。

如图 7-26、图 7-27 所示为板式熨平（压花）机及其结构图。如图 7-27 所示的熨平（压花）机主要由上压板及加热系统、下压板及加压（液压）装置以及机体等组成。机器

图 7-26　熨平（压花）机

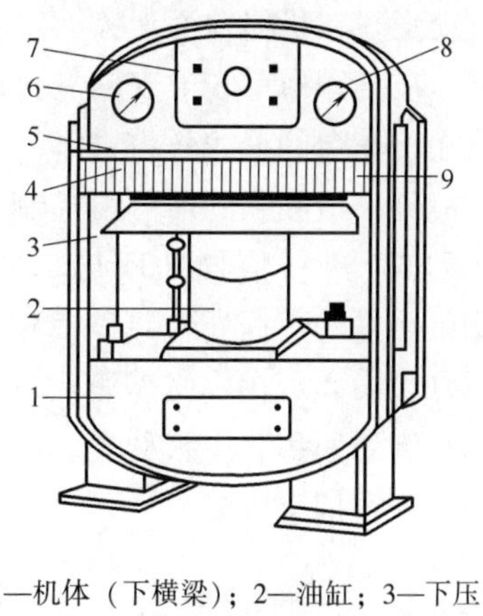

1—机体（下横梁）；2—油缸；3—下压板；4—上压板；5—上横梁；6—压力表；7—操控面板；8—温度计；9—安全格栅

图 7-27　熨平（压花）机结构

的机体（下横梁）1、两侧墙板与上横梁5用钢板焊接为一体。在机体1中布置有液压油缸2，油缸的柱塞上安装下压板（铺皮台）3。在上横梁5上安装有加热箱、上压板4、压力表6、操控面板7、温度计8等，加热箱用于将上压板加热，安全隔栅9用于防止人的肢体伸入工作区。机器工作时，将皮张铺放在下压板3上，调整好压力和温度，油缸的活塞驱动下压板上升，配合上压板4对皮张进行热压熨平，保压一定时间后，下压板下降，取出熨平后的皮张。

十、其他皮革加工专用机械设备

1. 量革机

皮张在鞣制加工过程中，常以张数来安排生产计划，统计产量及生产率。当完成加工而成为革或者裘皮后，则是以皮张面积来统计考核。由于皮张形状的不规则性，所以直接用皮张的长度乘以宽度来计算面积是很不准确的。

在皮革厂，代替量皮尺、量皮板框测量皮张的设备称为量革机。目前使用的电子量革机，按照结构形式，可分为平台式量革机和立式（滚筒）量革机两种；根据数据处理及显示器件，可分为单片机数显量革机和电脑量革机。量革机工作宽度有1800mm、2100mm、2400mm、2700mm、3000mm等，长度在3000～5000mm，测量（传送）速度20～30m/min。

图7-28　电子量革机

电子量革机主要由光电信号发生与接收装置、信号处理与显示及打印装置、皮张传送装置、传动及控制装置、机体等组成，如图7-28、图7-29所示。

用钢板型材或者木板装配一个长方体平台1，沿机器宽度方向，设置若干传动辊（图中未画出），传动辊上绕有尼龙丝带（绳）2，由电动机及传动装置7驱动传动辊与尼龙丝带传送皮张。在机器台面上，架设有检测横梁3和打印横梁5，在检测横梁3上布置有光电器件，在打印横梁5上安装有打印头4。机器工作时，启动电动机及传动装置7，将皮张铺放在工作台的尼龙丝带（绳）2上进行移送，当皮张由检测横梁下方通过时，就被光电器件检测，检测到的信号由控制系统（图中未画出）进行信号处理与转换后，传递计算机6进行数据处理并显示相关测量信息，打印头4可在皮张表面上打印出测量信息，例如面积、皮张种类、生产批次、日期、厂家信息等。

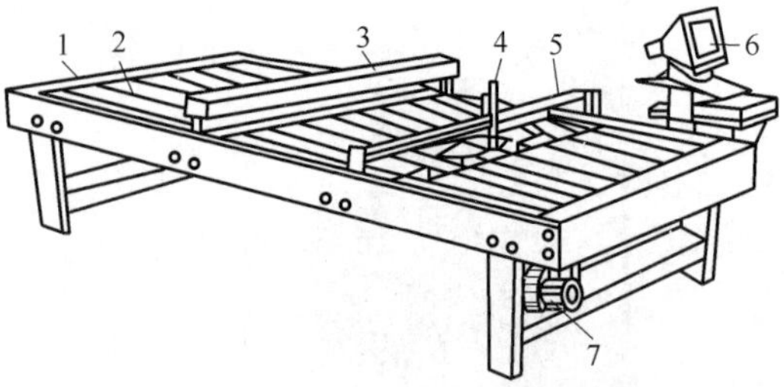

1—机体平台；2—尼龙丝带（绳）；3—检测横梁；4—打印头；5—打印横梁；6—计算机；7—电动机及传动装置

图7-29　电子量革机结构

2. 毛皮磨里机

在毛皮皮板的加工过程中，要充分考虑到毛皮皮板张幅小、较柔软、较薄等特点，所以一般要求机械作用要缓和一些，机器的机体及工作宽度均较小。

毛皮磨里机可以代替去肉、削匀机，以对皮板里面进行磨削加工，使得皮板厚薄均匀、平整、轻而柔软，富有绒毛和丝光感。

图 7-30　毛皮磨里机

如图 7-30、图 7-31 所示是一种毛皮磨里机的构造。

安装在机体 6 上的磨辊 1 由电动机及传动装置（图中未画出）驱动而转动。将毛皮肉面朝上铺放在铺皮台 3 及供料刷辊 2 上，踏下脚踏板 5，使得刷辊架 4 及刷辊托着毛皮靠向磨辊 1，两手拽拉住毛皮，配合磨辊 1 即可实施磨里。磨削掉的皮屑等由引风机通过吸尘管 7 排出。磨辊 1 一般是在钢质辊体上黏结金刚砂。供料刷辊 2 可采用毡套辊、软体橡胶辊或者毛刷辊、毛刷板。该机器适合磨削张幅稍大、毛被较短的羊皮类的磨里。

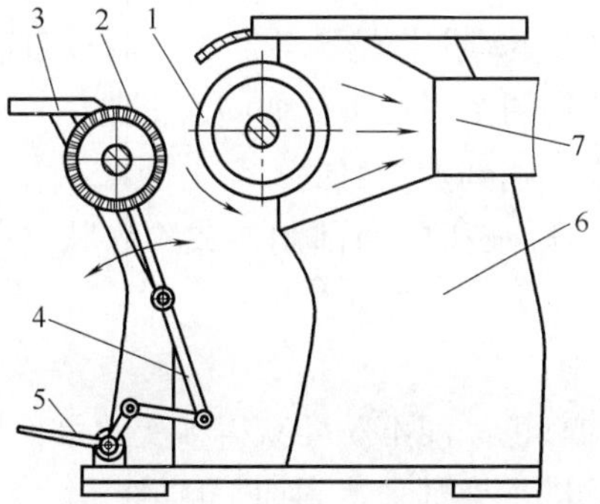

1—磨辊；2—供料辊刷；3—铺皮台；4—刷辊架；5—脚踏板；6—机体；7—吸尘管

图 7-31　毛皮磨里机结构

3. 踢皮机

踢皮也称为搓揉，用于对水貂皮、水獭皮等细杂皮皮板的踢油、踢白、踢软等加工。踢皮主要是通过对毛皮的揉搓与挤压等作用，促进鞣剂、油剂以及助剂等化工材料向毛皮皮板内的渗透，以达到使皮板柔软与洁白的效果。踢皮机按照工作机构的布置方式，可分为立式踢皮机和卧式踢皮机两种。踢皮机的工作参数有：踢皮次数一般在 100～200 次/min，行程在 250～400mm，踢皮槽容积在 0.5～0.8m^3。下面以立式踢皮机为例进行介绍。

踢皮机主要由踢皮头机构、传动装置、踢皮槽及机体等组成。立式踢皮机的构造如图 7-32、图 7-33 所示。

踢皮槽 6 用钢板折弯、焊接成一个盛放毛皮及踢皮油等化工材料的容器，踢皮槽前部（图中左侧）呈弯曲或者向内倾斜状，便于毛皮翻倒向踢皮头 7，槽体上铰接踢皮槽门 8，便于放置或者取出毛皮。踢皮槽外周用槽钢等加固成机体 9。与机体 9 连接在一起的钢支架 2 上安装电动机 1，电动机通过皮带 3 驱动皮带轮 5 转动，皮带轮 5 的轴为一根曲轴 4，曲轴 4 与连杆 11（两根）铰接，连杆与踢皮杆 10（两根）铰接，踢皮杆 10 上端铰接在机体 9 的横轴 12 上，在踢皮杆 10 下端安装有踢皮头 7。两根连杆 11 与曲轴 4 的铰接点一般错开 90°（即两根连杆 11 与各自铰接的

图 7-32　立式踢皮机

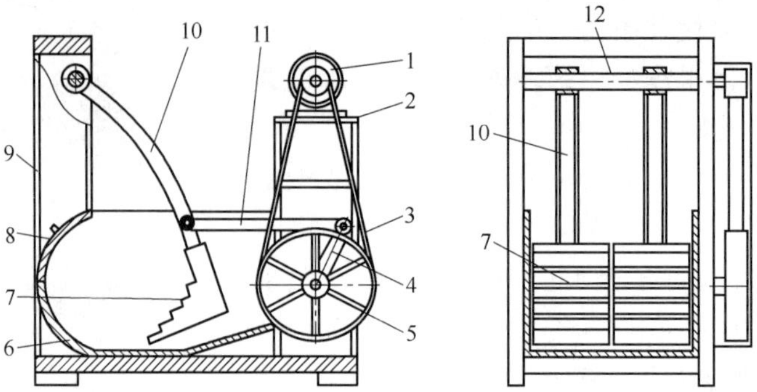

1—电动机；2—支架；3—皮带；4—曲轴（曲柄）；5—皮带轮；6—踢皮槽；7—踢皮头；
8—踢皮槽门；9—机体；10—踢皮杆（摇杆）；11—连杆；12—横轴

图 7-33　立式踢皮机结构

两根踢皮杆 10 的运动相位相差 90°），这样，当电动机驱动皮带轮 5 转动时，通过曲轴 4、连杆 11 与踢皮杆 10 组成的两套曲柄摇杆机构，可使得两个踢皮头 7 如同人走路一样，一前一后往复摆动，踢推、搓揉、搅拌踢皮槽中的毛皮，达到加工目的。

踢皮头 7 是主要执行部件，一般用不锈钢制作，踢皮头的前部制作成阶梯状（如同洗衣搓板、楼梯的台阶），便于搓揉毛皮并使其翻滚。

4. 毛皮吊染机

在毛皮染色中，为了使得整张毛皮上各处毛被的颜色深浅不一即获得渐变效果，可通过控制毛被的染色作用时间来实现。为此，可使用毛皮吊染机来达到加工目的。

图 7-34　毛皮吊染机

毛皮吊染机如图 7-34、图 7-35 所示。染色液槽 11 和支架 2 用钢板及型材等焊接装配而成。在机器的左右两侧支架上，布置有链条 5 及链轮 4、6、13 等，链轮 6 的转轴 7 可以转动，吊杆 8 的两端安装有两块滑板 3 及两个链轮 4，两块滑板 3 可沿支架 2 上下移动，在吊杆 8 上挂着若干网框 9，网框用钢丝编织而成，在染色液槽 11 的底部布置有加热蒸汽管道 12。机器工作时，先在液槽中注入水及染料并加热升温。人工将毛皮 10 用夹子夹挂在网框 9 上，启动电动机及传动装置 1，通过链条传动，驱动滑板 3、吊杆 8、网框 9 上下移动，使得网框 9 载着毛皮 10 落入或者吊出染色液槽 11，完成染色加工。传动装置 1 也可以采用人工驱动，即在传动装置 1 上设置一个手柄，由操作者按照染色工艺参数要求，正反向转动手柄来实现网框 9 及毛皮 10 的上下移动。

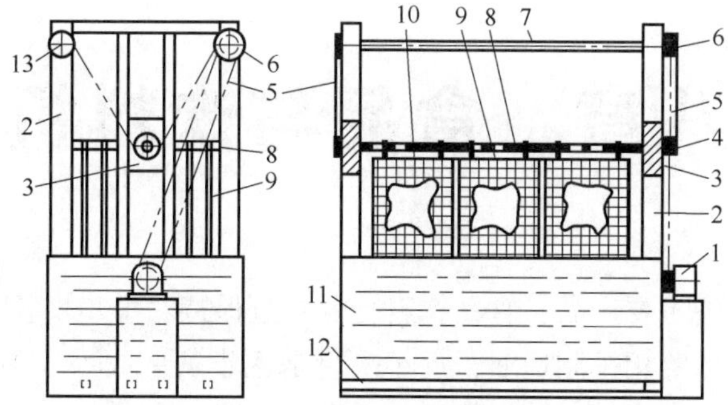

1—传动装置；2—支架；3—滑板；4,6,13—链轮；5—链条；
7—转轴；8—吊杆；9—网框；10—毛皮；11—染色液槽；12—加热蒸汽管道

图 7-35　毛皮吊染机结构

参考文献

［1］李思益，程凤侠. 皮革及毛皮机械［M］. 北京：中国轻工业出版社，2015.

［2］张娜，赵倩芸，杨豆，等. 皮革的绿色化发展［J］. 西部皮革，2017，39（12）：19.

［3］刘思成. 树立科学发展观大力推进皮革工业环境建设［J］. 皮革制作与环保科技，2020，1（9）：13-15.

［4］张明昭. 皮革加工制造智能化发展现状及趋势探讨［J］. 皮革制作与环保科技，2020，1（7）：12-14.

第八章　食品与饮料机械

作为消费品市场的主要产品，食品饮料行业一直保持着稳步增长，因食品饮料而带动的食品加工和包装机械等相关制造业，近年来更是逐步发展成为中国国民经济中增长快、具活力的支柱产业之一。身处中国工业转型升级的大潮中，与民生密切相关的食品饮料行业正在迎来发展的黄金期，所缺乏的是自动化设备替代人工的意识，以及专属于食品饮料行业、符合行业发展需求的系统设计工程。

第一节　食品与饮料机械的生产和发展

一、食品机械的发展

食品机械是指把食品原料加工成食品（或半成品）过程中所应用的机械设备和装置。食品机械主要可以分为食品加工机械和食品包装设备两大类。

食品工业是我国国民经济的支柱产业，食品机械是为食品工业提供装备的行业。我国的食品机械工业始于20世纪50年代初，主要是在20世纪80年代改革开放后，依靠自己的力量，从无到有，从小到大，从弱到强，从低到高，白手起家，逐步发展壮大、完善起来的，至今已走过了70多年的光辉发展历程，尤其在“八五”期间经引进、消化、吸收而自行设计制造的具有国内外先进水平的新产品有几百项。“八五”期间，机械工业部提出行业发展六大趋势，重点发展6类成套设备，5年共累计完成技改专项投资10亿元。20世纪80年代中期成立的中国包装和食品机械工业协会、中国包装和食品机械总公司加强了行业管理，扩大了对外交流，每年举办中国国际食品加工和包装机械展览会，吸引了各国厂商参展，加强了国内外技术交流与合作，推动了新产品开发。进入2000年以后，随着人民生活水平的提高，对食品种类的需求以及质量的要求也逐渐提高，给食品机械行业提供了广阔的发展空间。总体来看，我国食品工业及食品机械的发展历程大致可分为三个阶段。

1. 第一阶段

20世纪50年代以前，食品的生产加工主要以手工操作为主，基本属于传统作坊生产方式。仅在沿海一些大城市有少量工业化生产方式的食品加工厂，所用的设备几乎全是国外设备。粮食加工厂情况略好于食品加工厂。此阶段的工业化生产的粮食加工厂主要是以面粉的工业化生产加工为主。但同样，面粉厂所用的设备也几乎全是国外设备。可以说

50 年代以前，全国几乎没有一家像样的专门生产食品机械的工厂。

2. 第二阶段

20 世纪 50~70 年代，食品加工业及食品机械工业得到很大的发展，全国各地新建大批食品加工厂，尤其是面粉、大米、食用油的生产加工厂。在多数主要的粮食加工厂中基本上实现了初步的机械化工业生产方式。但同期的食品加工厂尚处于半机械半手工的生产方式，机械加工仅用于一些关键的工序中，而其他生产工序仍沿用传统的手工操作方式。与此阶段食品工业发展相适应，食品机械工业也得到了快速发展，全国各地新建了大批专门生产粮食和食品机械的制造厂。国内的食品机械工业经过近 30 年的发展，使得国产食品机械基本能满足我国食品工业发展的需求，为该阶段实现食品工业化生产做出了重大贡献，食品机械工业已初步形成了一个独立的机械工业。

3. 第三阶段

改革开放以后，食品工业得到了迅猛发展。这得益于改革开放政策，随着外资的引入，出现了很多外商独资、合资等形式的食品加工企业。这些企业在将先进的食品生产工艺技术引进国内的同时，也将大量先进的食品机械引入国内。受此影响，再加上社会对食品加工质量、品种、数量要求的提高，极大地促进了我国食品工业及食品机械制造业的发展进程。此阶段，通过消化、吸收国外先进的食品机械技术，使我国的食品机械工业的发展水平得到很大提高。20 世纪 80 年代中期，我国粮食加工业和食品加工业实施了第一轮大规模的技术改造工程。经过这一轮的技术改造工程，食品工业全面实现了机械化和自动化。进入 90 年代以后，又进行了新一轮的技术改造工程。在这一轮的技改中，许多粮食加工厂和食品加工厂对设备进行了更新换代，或直接引进全套的国外先进的设备，或采用国内厂家消化、吸收生产出的新型机械设备。可以说，这两轮的技改工程对食品机械工业的发展起到了极大的推进作用，食品机械工业已完全形成了一个独立的机械工业。

4. 发展前景

我国食品机械的发展任重而道远、空间广阔，究其主要原因是我国人民消费的食品大多是来自农业的未加工食品，每年因缺乏必要的食品加工机械使食品资源不能直接加工、贮藏、保鲜而造成的损失高达几十亿元，未能深加工综合利用而造成的资源浪费损失更高，因此我国食品机械具有广阔的市场前景，发展前景广阔。

我国食品机械制造业的产品，能跟上国际先进水平的不少，但真正具有自主知识产权、具有技术创新的产品却甚少。这里所说的“跟”字，是“跟进”甚至是仿制，意味着创新极少。所以，我国食品机械制造企业要从创新的角度，从自主知识产权的高度来开发新产品，开发出具有国际一流水平的先进设备，这样，才能真正实现国产食品机械制造业的提档升级。

近几年，中国的食品机械制造业发展迅猛，设备更新换代成为一个大的趋势，正因为如此，中国食品机械制造业在今后相当长的一段时间内会保持增长，而且自动化程度越来越高，同样会带动自动化设备的飞速发展。要实现国产食品机械制造业的提档升级，最根本的一条，就是要提高该行业从业人员的综合素质。这个综合素质即思想素质和技术素质。思想素质包括思想观念、思维方式、决策水平和创新思想。1997 年国家工业和信息化部发布了国家标准《食品机械安全卫生》。标准规定了食品机械装备的材料选用、设计、制造、配置方面的安全卫生要求。本标准适用于食品机械装备，也适用于具有产品接触表面的液体、固体和半固体等食品包装机械。随着时代的发展，2023 年 9 月国家工业和信息化部发布了新的国家标准《食品机械安全要求》，将全面替代以上标准。这样，食品机械的发展就有了更坚实的基础。

基于全球性的食品安全日趋严峻，发达国家对食品机械安全生产技术的研究与应用十分重视，都是从食品机械的设计制造做起，达到食品加工的安全卫生。实现方式有两条：一是制定完善的食品机械技术规范；二是按照这些技术规范严格组织食品机械的设计、制造和应用。在这些技术规范中，最主要的是食品机械的机械安全与卫生要求，其内容涵盖了食品机械的设计与制造、设备选型与配套、设备安装与验证等环节，这也是国际上食品机械研究、开发、制造的通行要求。各国食品机械制造业拟与国际实现接轨，必须符合这些安全卫生技术要求，这是食品机械与国际接轨的基本条件。

二、饮料机械现状

饮料是经加工制成的适于人饮用的液体，主要用来解渴和提供营养。饮料工业是改革开放以后发展起来的新兴行业，1982 年列为国家计划管理产品，当年全国饮料总产量 40×10^4t。多年来，我国饮料工业从小到大，已初具规模，成为有一定基础，并能较好地适应市场需要的食品工业重点行业之一。

饮料机械是伴随着饮料工业的产生而产生，并且伴随着软饮料工业的发展而发展的。早在 1890 年美国就制造出了玻璃瓶灌装机。1912 年又发明了皇冠盖压盖机，接着制造出了集灌装和压盖于一体的灌装压盖机组。在 20 世纪初德国也制造出了手动灌装机和压盖机。饮料机械技术水平较高的国家有德国、美国、意大利和瑞典等。亚洲的日本虽起步较晚，但发展很快，在国际市场也占有一定地位。

我国自 20 世纪 60 年代开始研究和生产灌装设备，此前该行业基本属于空白。发展到 20 世纪 70 年代，我国陆续引进国外灌装生产线，开始在消化国外技术的基础上，研制中小型饮料灌装机械。直到 20 世纪 80 年代，国内饮料行业大量引进国外设备，逐步拓展至大型灌装生产线。发展到今天，已完全能够满足国内饮料生产厂家的需要，走的是一条引进技术、消化吸收、自主创新、逐步国产化的道路。

随着饮料市场的不断细分，也对饮料机械提出了更多更高的要求。一般由许多机械组成生产线加工各种饮料，如水处理设备、冲瓶机、灌装机、封口机、杀菌设备，等等。

目前，国内饮料机械呈现出的三大发展趋势：

（1）对饮料产率要求越来越高。饮料产率越高，厂家成本越低，利润越高，而产率与生产线的设计与制造水平密切相关。如控制整个生产线，从原料自动上线到饮料灌装、高速包装机与前道工序直接关联，取消搬运环节，大包装码垛全部自动在封闭车间内进行等。

（2）商品的更新改动更灵活。饮料机械要具有很高的柔性和灵活性，生产线可以在一定的标准范围内，随着商品的变化灵活改动。这是因为人们对饮料的更新换代要求越来越高，商品的生命周期已经远低于设备使用寿命，饮料机械的柔性保证了商品或包装的小幅变化不至于更换昂贵的生产线。

（3）自动化包装要求越来越高。饮料机械的自动化包装要求，一方面可以自动辨认包装材料的厚度、硬度、反弹力等，通过电脑反馈到机械手调整动作，保证不反弹；另一方面，生产线传递的商品是无序的，可用探头扫描，判定不一样形状的物料方位，再反馈到不一样的机械手，它会准确无误地将物品按准确的方位及方向放入托盘中，快并且准，避免人工操作的视觉及手指的疲乏。图 8-1 所示为 SLM-450 型全自动收缩膜套标机。

图 8-1　SLM-450 型全自动收缩膜套标机

总体来看，饮料机械企业需随时把握当前流行的饮料，调整产品结构，及时研发寻求新产品的突破，认清饮料行业的发展趋势并有针对性地做出竞争策略或者推出新产品，可以帮助企业更加顺利、自如地应对市场。

第二节　食品与饮料生产工艺技术流程

一、食品饮料生产工艺流程

1. 食品生产工艺流程

月饼的生产工艺流程如图 8-2 所示。

2. 饮料生产工艺流程

饮料的生产工艺流程如图 8-3 所示。

二、水处理设备

水是饮料生产中用料最大的原料，而且水质的优劣对饮料的品质影响极大。因此，必须对水进行处理以满足工艺要求。通常按其作用把水处理设备分为三类：水的过滤设备、水的软化设备和水的消毒杀菌设备。

1. 水过滤设备

（1）砂石过滤器（多介质过滤器）。砂石过滤器（多介质过滤器）是以成层状的无

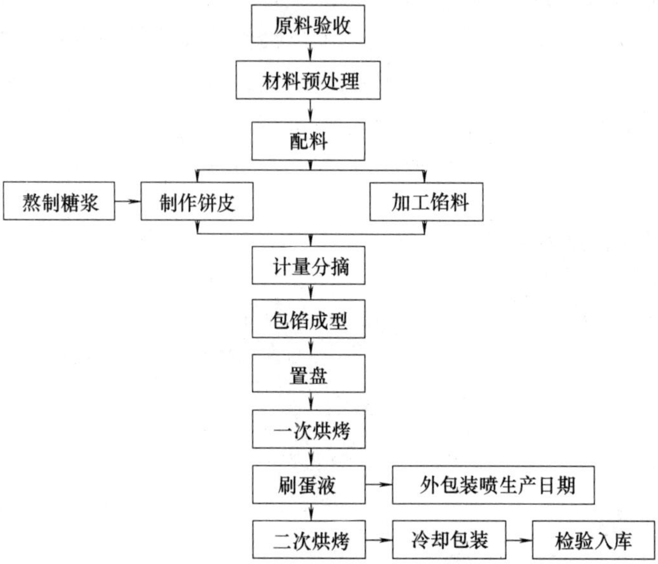

图 8-2 月饼生产工艺流程图

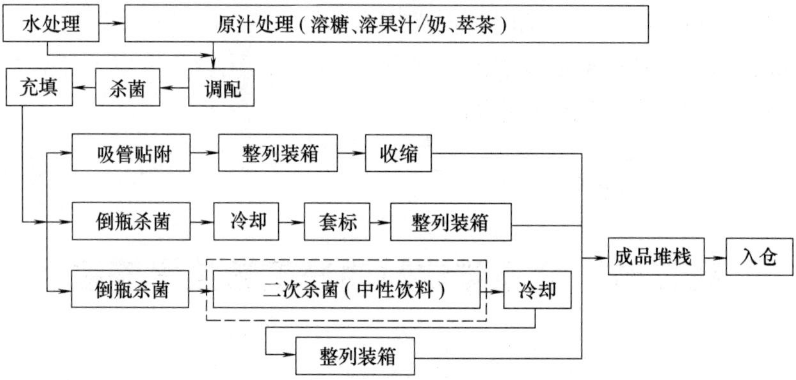

图 8-3 饮料生产工艺流程图

烟煤、砂、细碎的石榴石或其他材料为床层的机械过滤设备，其原理为按深度过滤水中不同颗粒度的颗粒，较大的颗粒在顶层被去除，较小的颗粒在过滤器介质的较深处被去除，从而使水质达到粗过滤后的标准，降低水的 SDI（污泥密度指数）值，满足深层净化的水质要求。

（2）活性炭过滤器。活性炭具有吸附作用，还有一定的除浊作用，活性炭过滤器的主要结构和布置形式与砂石过滤器相似。因此，活性炭吸附也称为活性炭过滤。活性炭过滤主要用于水中有机杂质和水中分子状的胶体微小颗粒杂质，也可用于脱氯等。

（3）砂芯棒过滤器。砂芯棒过滤器亦称为砂滤棒过滤器，在水处理设备中已有定型产品，主要适用于处理水量较少、水中只含有有机物、细菌及其他杂质的水处理。

（4）微孔过滤器。微孔过滤是新型的膜分离技术。微孔过滤示意图如图 8-4 所示。它可滤除滤液、气体的 0.01μm 以上微粒和细菌，其特点是高捕捉能力、过滤面积大、使用寿命长、过滤精度高、阻力小、机械强度大、无剥离现象、抗酸碱能力强、使用方便。此过滤器能滤除绝大部分微粒，所以广泛应用于精滤和除菌工艺。RO-1000 型水过滤设备如图 8-5 所示。

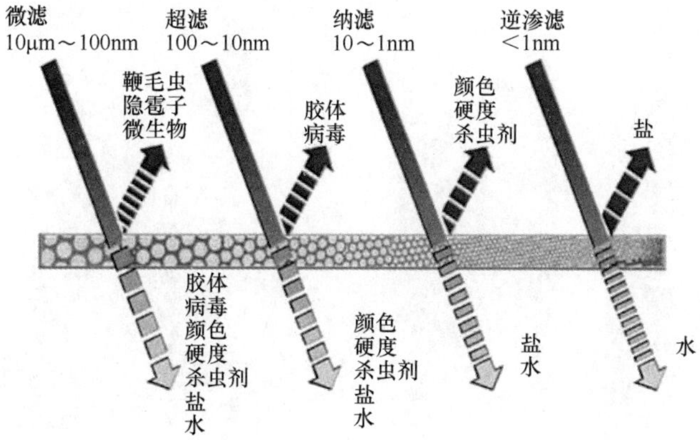

图 8-4　微孔过滤示意图

图 8-5　RO-1000 型水过滤设备

2. 水软化设备

（1）离子交换器。离子交换器是水处理中常用的一种装置，它可以通过选择一定的流程，使水软化或除盐，其主要是利用一些离子交换剂把原水中不需要的离子暂时固着，使水中这些离子的含量降低到所要求的程度。被交换剂固着的离子，在再生液中被释放出来，交换剂又可重新使用。也就是说，其实质是不溶性的电解质（树脂）与溶液中的另一种电解质进行的物理化学反应，亦即树脂上的可交换离子与溶液中的其他同性离子的交换反应。水软化设备如图 8-6 所示。

（2）电渗析设备。电渗析在工业上作为一种分离、浓缩、提纯和回收工艺的新技术，广泛应用于化工、制药、食品等行业，在食品工业上的应用主要集中在汽水用水、啤酒用水的纯化处理上，在软饮料厂用来对水进行软化（脱盐）。电渗析技术是通过具有选择透过性和良好导电性的离子交换膜，在外加直流电场的作用下，根据异性相吸、同性相斥的原理，使原水中阴、阳离子分别通过阴离子交换膜和阳离子交换膜而达到净化作用的一项技术。电渗析设备如图 8-7 所示。

图 8-6 水软化设备

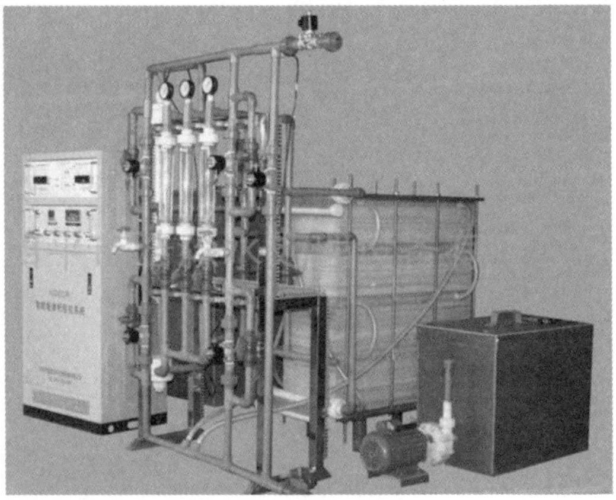

图 8-7 电渗析设备

（3）反渗透设备。反渗透是应用规模最大、技术相对最成熟的膜技术，其应用在整个膜分离领域中约占一半，是膜技术发展的一个突破。反渗透是通过反渗透膜把溶液中的溶剂分离出来。反渗透的应用从海水淡化、硬水软化等发展到维生素、抗生素、激素等的浓缩，细菌、病毒的分离以及果汁、牛乳、咖啡的浓缩等许多方面，应用极广。反渗透设备优点是连续运行，产品水质稳定；无须用酸碱再生；不会因再生而停机；节省了反冲和清洗用水；以高产率产生超纯水（产率可以高达 95%）；再生污水不需水处理设施；运行及维修成本低；安装简单、费用低廉。

反渗透设施生产纯水的关键有两个：一是一个具有选择性的膜，称为半透膜，二是一定的压力。反渗透半透膜上有众多的孔，这些孔的大小与水分子的大小相当，由于细菌、病毒、大部分有机污染物和水合离子均比水分子大得多，因此不能透过反渗透半透膜而与反渗透膜的水相分离。在水中众多杂质中，溶解性盐类是最难清除的。因此，经常根据除盐率的高低来确定反渗透的净水效果，反渗透除盐率的高低主要决定于反渗透半透膜的选择性。较高选择性的反渗透膜元件除盐率可以高达 99. 7%。

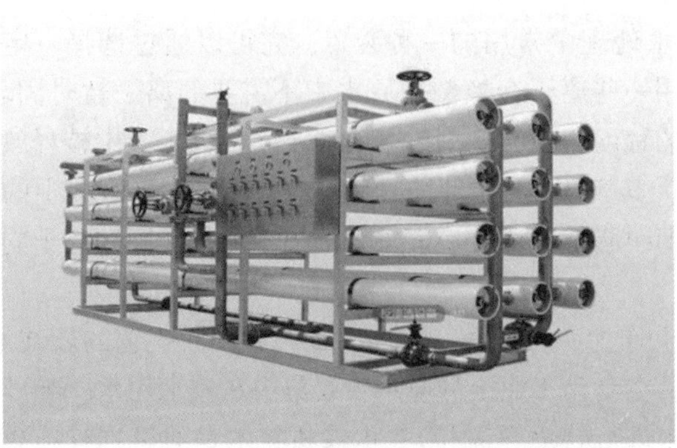

图 8-8 反渗透设备

反渗透分离的进行，必须先在膜—溶液界面形成优先吸附层，优先吸附的程度取决于溶液的化学性质和膜表面的化学性质，只要选择合适的膜材料，并简单地改变膜表面的微孔结构和操作条件，反渗透技术就可适用于任何分离度的溶质分离。反渗透设备如图 8-8 所示。

（4）超滤器。超滤技术虽在我国起步较晚，但发展非常迅速，随着这项技术的不断推广和人们对它认识的不断提高，饮料生产行业必将从中获得更多的益处。

超滤膜设备在工业应用上有平板状、管状、螺旋板状和空心纤维状等几种不同的形式。国内应用的大多数为板状和管状，特别是空心纤维膜（中空纤维膜）也已在水处理方面得到广泛应用。超滤器如图 8-9 所示。

图 8-9 超滤器

3. 水杀菌消毒设备

（1）臭氧杀菌器。所谓臭氧杀菌器是利用臭氧的强氧化性而达到杀菌的目的。臭氧是强烈的氧剂，其杀菌作用比氯高 15~30 倍，在一定浓度下作用 5~10min，臭氧对各种菌类都可以达到灭菌的程度。国外已将其广泛用于水的消毒处理以除臭、除色等，国内在矿泉水、纯净水生产中应用于灭菌也很普遍。臭氧杀菌器如图 8-10 所示。

图 8-10 臭氧杀菌器

（2）紫外线杀菌器。当微生物受紫外光照射后，微生物的蛋白质和核酸吸收紫外光谱能量，导致蛋白质变性，引起微生物死亡。紫外线对清洁透明的水具有一定的穿透能力，所以能使水消毒。紫外线杀菌不改变水的物理化学性质，杀菌速度快、效率高、无异味，因此得到广泛应用。紫外线杀菌器如图 8-11 所示。

图 8-11 紫外线杀菌器

三、饮料杀菌设备

杀菌是饮料加工的一个重要环节。饮料杀菌与医学上和生物学上的杀菌有一定区别。

饮料杀菌有两种含义：一是要求杀死饮料中所污染的致病菌、腐败菌，破坏食品中的酶而使饮料在特定环境中，如密闭的瓶内、罐内或其他包装容器内有一定的保存期；二是要求在杀菌过程中尽可能地保护饮料中的营养成分和风味。所以，经杀菌后的饮料属于商业无菌。

饮料杀菌的方法有物理杀菌法和化学杀菌法两大类。化学杀菌法是使用过氧化氢、环氧乙烷、次氯酸钠等杀菌剂。由于化学杀菌存在化学残留物等影响，当代食品杀菌法趋向于物理杀菌法。物理杀菌法分为热杀菌法和冷杀菌法。热杀菌法又分为湿热杀菌法、干热杀菌法、微波杀菌法和远红外线加热杀菌法。冷杀菌法分为紫外线辐射杀菌法、电离辐射杀菌法和冷冻杀菌法。在湿热杀菌方法中，有巴氏杀菌法、高温短时杀菌法和超高温瞬时灭菌法之分。所谓巴氏杀菌是低温长时间杀菌法，杀菌温度低于100℃，保温时间30min。高温短时杀菌法，杀菌温度一般在100℃以下，如牛奶的HTST杀菌温度为85℃，保持15s以上。超高温瞬时灭菌法（UHT），杀菌温度在120℃以上，仅保持几秒钟。HTST和UHT杀菌法，不但效率高，而且食品的结构和外观及营养和风味的保存都较其他杀菌方法好。根据上述的杀菌方法而相应发展起来的饮料杀菌设备种类较多，以被处理物料的形态分类分别有以下三种：

（1）流体饮料的杀菌设备。流体饮料指未经包装的乳品、果汁等物料。处理这类物料的杀菌设备又有直接式和间接式之分。直接式是以蒸汽直接喷入物料中进行杀菌。间接式是用板、管热换器对饮料进行热交换杀菌。流体饮料的杀菌设备如图8-12所示。

（2）罐装饮料的杀菌设备。罐装饮料及瓶装饮料等有包装容器的饮料，处理这类物料的杀菌设备根据杀菌温度不同可分为常压杀菌设备和加压杀菌设备。常压杀菌设备的杀菌温度为100℃以下，用于pH小于4.5的饮料产品杀菌。用巴氏杀菌原理设计的罐头杀菌设备属于此类。加压杀菌设备一般在密闭的设备内进行，压力大于0.1MPa，温度常用120℃左右。常压和加压杀菌设备在操作上亦可分为间歇式和连续式。根据杀菌设备所用热源不同又可分为直接蒸汽加热杀菌设备、加水加热杀菌设备、火焰连续杀菌机等。罐装饮料的杀菌设备如图8-13所示。

图8-12 流体饮料的杀菌设备

图8-13 罐装饮料的杀菌设备

（3）使用电磁波的物理杀菌设备。该类杀菌设备是使用微波、远红外线、紫外线等物理辐射进行加热杀菌的，是一种有开发前途的杀菌设备。

四、全自动洗瓶机

含气类饮料、啤酒、牛奶、果汁等常采用玻璃瓶包装。特别是回收使用的玻璃瓶，因空瓶内残留有饮料、啤酒、牛奶、果汁等，日久变成了浆状物，干枯后很难除去。若清洗不净，将严重影响产品的质量，所以洗瓶设备是玻璃瓶灌装生产线的重要设备之一。

洗瓶设备操作的基本方式是浸泡、喷冲、洗刷。近年来我国进口和国产的大型玻璃瓶洗瓶生产线采用浸泡和喷冲两种方式的结合。全自动洗瓶机可分为以下几种类型。根据进瓶的方式不同可分为单端式和双端式，单端式洗瓶机的瓶子的进出口都在机器的同一侧，如图 8-14 所示，单端式洗瓶机的浸泡池相对较大，结构紧凑，只需一人操作，但在洗瓶过程中脏瓶容易污染净瓶，影响洗瓶质量；双端式洗瓶机如图 8-15 所示，脏瓶、净瓶从两侧分别进出，卫生条件好，适合于连续化生产，但占地面积较大，瓶套由出瓶处回到进瓶处为空载，因而洗瓶空间的利用不及单端式充分。根据机器处理玻璃瓶的方式不同可分为浸泡、喷冲和刷洗式。根据瓶套的传送方式不同可分为连续式和间歇式。

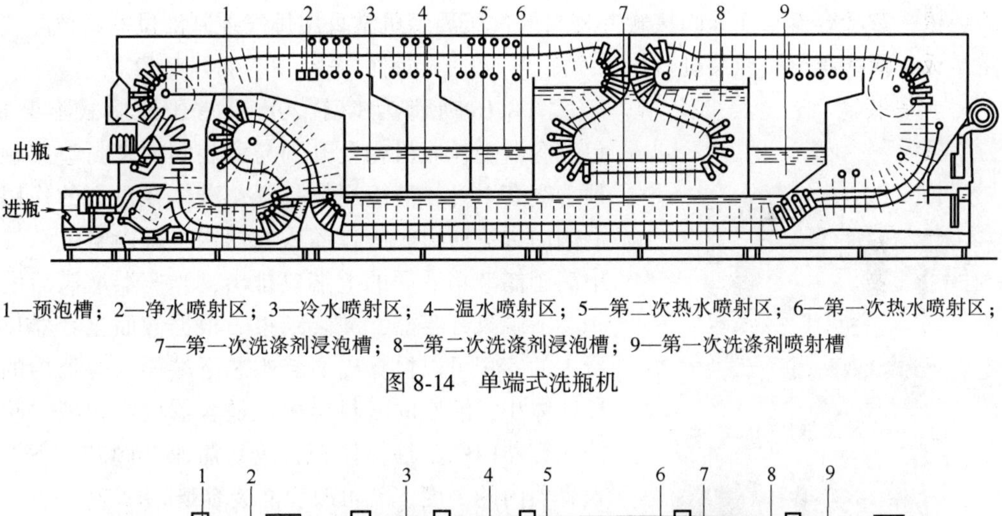

1—预泡槽；2—净水喷射区；3—冷水喷射区；4—温水喷射区；5—第二次热水喷射区；6—第一次热水喷射区；7—第一次洗涤剂浸泡槽；8—第二次洗涤剂浸泡槽；9—第一次洗涤剂喷射槽

图 8-14　单端式洗瓶机

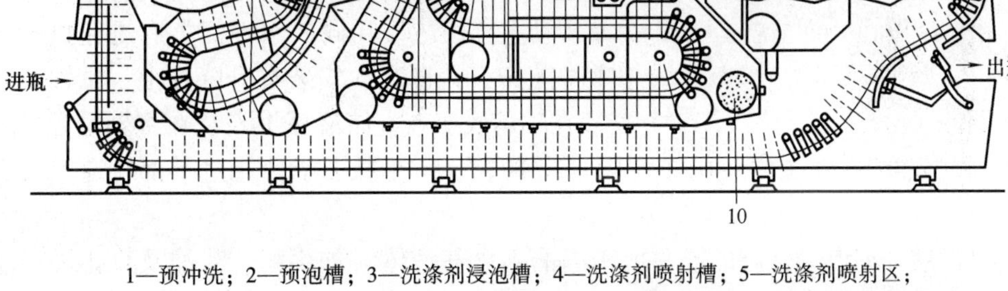

1—预冲洗；2—预泡槽；3—洗涤剂浸泡槽；4—洗涤剂喷射槽；5—洗涤剂喷射区；6—热水预喷区；7—热水喷射区；8—温水喷射区；9—冷水喷射区；10—中心加热器

图 8-15　双端式洗瓶机

五、灌装机

灌装机是将液体产品按预定量灌注到包装容器内的机器。灌装机因包装容器、包装物料及灌装工艺不同而形式多样，其分类方法也有很多。根据计量方法不同可分为料位灌装机、定量灌装机及称重灌装机；按照物料的不同可分为液体灌装机、膏体灌装机、粉剂灌装机、颗粒灌装机等；从生产的自动化程度来讲可分为半自动灌装机和全自动灌装生产线；根据灌装方法不同可分为常压灌装机、等压灌装机、负压灌装机和压力灌装机；根据灌装机中包装容器的传送形式不同可分为直线型灌装机和回转型灌装机。

灌装机主要用于三大类包装容器，即玻璃瓶、金属易拉罐（包括铝质两片罐和马口铁三片罐）及塑料瓶的液料灌装。灌装液料主要包括食品行业的啤酒、饮料、乳品、植物油及调味品，化工行业的洗涤日化用品、矿物油及农药等，但大部分都用于食品行业，尤其是饮料制造业。

1. 常压灌装机

很多饮料，如果汁、乳性饮料，以及汽水二次灌装中的糖浆，它们本身不含二氧化碳，一般采用常压灌装机。常压灌装机是指在常压下将液体充填到包装容器内的机器。常压灌装只需一个不密闭的储液箱，对于容器与灌装阀不接触的常压灌装机可采用电子称重式灌装机；对于容器与灌装阀接触并密封的常压灌装机常采用排气控制液位的料位灌装机或定量杯、活塞等定量灌装机。

图 8-16　GCP-20B 型常压回旋式灌装机

图 8-16 所示为 GCP-20B 型常压回旋式灌装机。包装容器随托瓶机构上升到与灌装阀的密封垫接触并顶着阀套上升，液流通路打开，液体在重力的作用下沿阀内进液通道经阀口灌入容器内，罐内空气从气管中高于储液箱液面的上端口排出；当容器灌满后灌装阀芯下端离开容器，灌装结束。根据液面至容器口间所占的容积可以换算出灌装阀芯下端伸入容器内的圆柱体体积，灌装的液料容积就是容器内容积减去阀芯伸入容器内的圆柱体体积，故只需改变阀芯、下端伸入容器内的高度，就可改变灌装容量。

该机的总体结构如图 8-17 所示，主要由储液箱 1、进瓶拨轮 6 和出瓶拨轮 7、托瓶盘 5、灌装阀 2、主轴 3 及传动系统组成。在同一水平面上有进瓶拨轮 6 和出瓶拨轮 7，托瓶盘 5 安装在升降杆上，主轴 3 直立安装在轴承底座上，储液箱 1 安装在主轴最顶端；储液箱下面共分配有 24 个灌装阀 2，中间部分共有 24 个托瓶盘，通过下部轨道实现升降运动。

它可灌装任何流动性好的或黏度稍高的不含气液体（如牛奶、酱油及日化类产品），能适应由各种材料制成的包装容器（如玻璃瓶、塑料瓶、金属易拉罐、塑料袋及金属桶）或具有各种不同形状尺寸的容器。

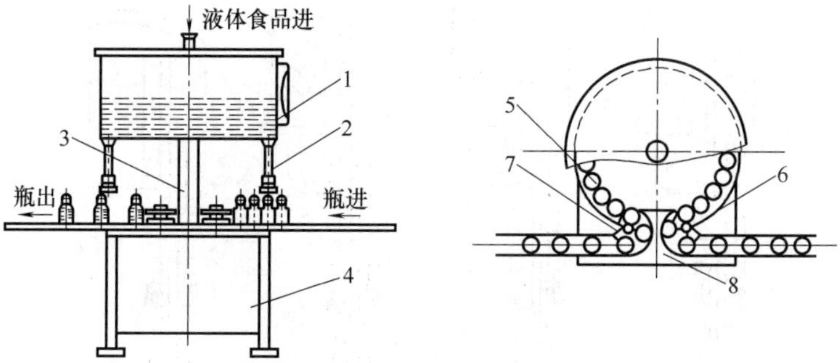

1—储液箱；2—灌装阀；3—主轴；4—机架；5—托瓶盘；6—进瓶拨轮；7—出瓶拨轮；8—导向板

图 8-17　常压灌装机示意图

2. 等压灌装机

等压灌装机是指先向包装容器充气，使其内部的气体压力和储液缸内的气体压力相等，然后将液体充填到包装容器内的机器。

GD-60 等压灌装机的结构如图 8-18 所示。灌装机主要由环形灌装缸、进出瓶拨盘、螺旋输送器、灌装阀等组成。

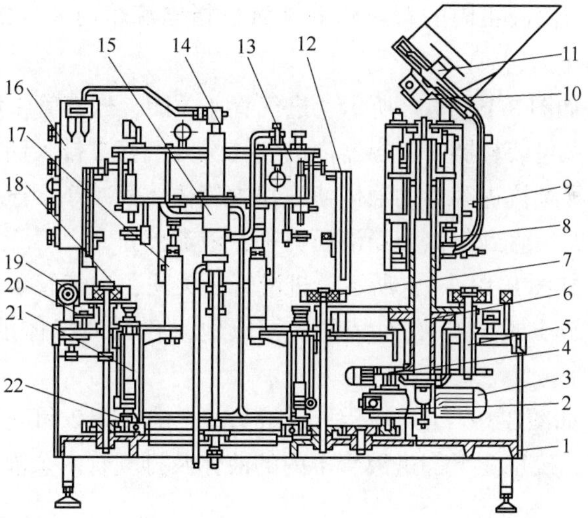

1—机身；2,10—减速机；3—调速电动机；4—伺服电动机；5—出瓶拨轮；6—封口传动装置；7—中间拨盘；8—封口冲头；9—送盖滑道；11—理盖机；12—灌装控制装置；13—灌装缸；14—旋转气接头；15—中心进液管；16—电气控制箱；17—升降支柱；18—进瓶拨轮；19—螺旋输送器；20—输送链；21—托瓶汽缸；22—轴承

图 8-18　GD-60 等压灌装机结构

洗净的瓶子由螺旋输送器和进瓶拨盘送到托瓶台上，瓶子上升后瓶口与灌装阀紧密接触，进行等压灌装，灌装结束后，由出瓶拨盘将瓶子送到压盖机上。

图 8-19 所示为采用旋塞式等压灌装机结构，其灌装过程如下。

(1) 容器密封。空包装容器被输送到与灌装机等速转动的容器托上，容器托上升或

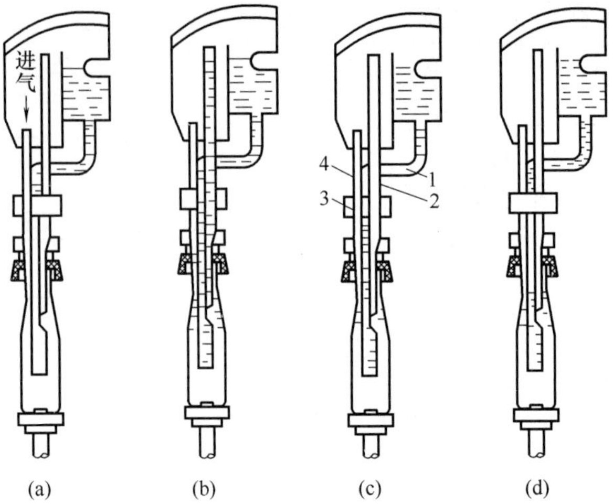

1—进液管；2—排气管；3—旋塞；4—进气管

图 8-19 旋塞式等压灌装机

灌装阀下降，使容器与灌装阀的密封圈紧密封合。

（2）充气等压。如图 8-19（a）所示，进液管 1 关闭，进气管 4 向包装容器内充气，直到容器内气体压力与储液箱内的背压相等（背压指储液箱内充入的 CO_2 气体压力，高于液料中 CO_2 的溶解压力）。

（3）进液回气。如图 8-19（b）所示，进气管 4 关闭，进液管 1 和排气管 2 接通，储液箱内液料靠自重流入包装容器内，容器内的气体经排气管 2 排入储液箱；当容器内液面上升到排气管口时，继续流进容器的液体使容器内气体体积减小、压力增大，因此容器内液体会沿排气管 2 上升，直到与储液箱液面齐平，液流停止。

（4）排气卸压。如图 8-19（c）所示，进液管 1 关闭，进气管 4 打开，排气管 2 内的液料流回容器中，直到与容器内液面相平，相应地，容器内气体沿进气管 4 排回储液箱内。

（5）排除余液。如图 8-19（d）所示，进液管 1、排气管 2 和进气管 4 都关闭，当容器下降离开灌装阀时，旋塞 3 下部进液管 1 内的液体及排气管内余液都流入容器中，灌装结束。

等压灌装机特别适用于灌装碳酸饮料，因为碳酸饮料中的 CO_2 是通过混合机在高于大气压的条件下溶入的，如果采用常压或负压灌装，必然造成 CO_2 的大量外逸，会使饮料的含气量降低，并且在灌装时产生涌瓶冒沫现象，严重时灌装将无法进行；采用等压灌装可以使灌装过程中的碳酸饮料所含的 CO_2 的压力基本不发生变化，能有效地防止饮料中 CO_2 的外逸，保证灌装的顺利进行。

3. 负压灌装机

负压灌装机也称为真空式灌装机。这种灌装方法是使贮料箱内处于常压，在灌装时，只对瓶内抽气使之形成真空，到一定真空度时，液体靠注液箱与容器间的压差作用流入瓶中，完成灌装。它主要用于不含气的液体灌装，如果汁类。由于在真空下灌装，所以当瓶罐破漏时就停止灌装，可减少损失。但在真空下，对某些带有芳香的液体，要损失一些香味。

回转式负压灌装机主要由进瓶机构、灌装头、出瓶机构、机架、主传动、控制系统等组成，结构原理见图8-20。空瓶经过清洗消毒，通过输瓶线输送到进瓶拨轮位置，进瓶拨轮机构将每个空瓶准确无误地送至转盘，空瓶随机头转动，同时托瓶机构将空瓶托起，瓶口与灌装阀接触后自动打开，经过进瓶上升段、水平灌装段和出瓶下降段，分别完成开阀、灌装和出瓶过程。灌装完毕，瓶子由出瓶拨轮自动拔出，进入出瓶端输瓶线，实现自动灌装。

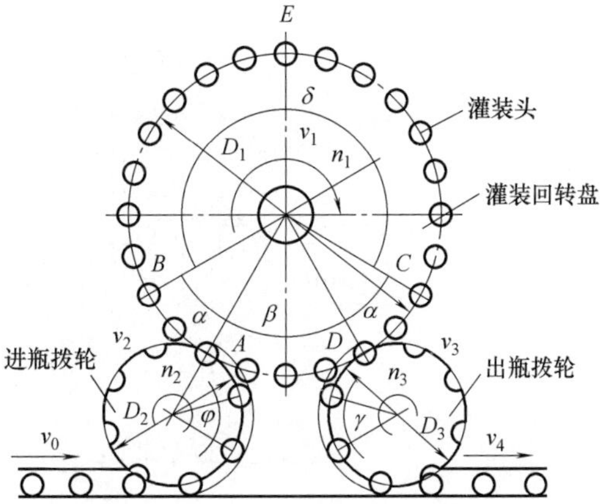

图 8-20　回转式负压灌装机结构原理

负压灌装机灌装速度高，能减少液料与容器内残存空气的接触和作用，有利于延长某些液体产品的保质期，适用于流动性好的不含气液体的灌装（如白酒、葡萄酒及水饮料）、含维生素的饮料、有毒农药和化工试剂等。

负压灌装法对瓶子规格要求较严，因为它的定量由灌装嘴深入瓶子的深度来确定，瓶的容积直接影响定量准确度，但因调整容易，仍被广泛应用。

六、封口机械

封口机是指将产品盛装于包装容器内后，对容器进行封口的机器，包括热压式、熔焊式、压盖式、压塞式、旋合式、卷边式、压力式、滚压式、缝合式和结扎式等。封口机适合于用任意材料制成的充填任意产品的包装容器的封口。

包装产品被充填入包装容器或被直接送到裹包材料片中后，进入包装工艺中不可缺少的容器封口工序。容器封口能有效地保护产品，使产品在保质期内不因包装作业影响而损坏变质，还有利于包装产品的储存、运输及销售陈列等。包装质量在很大程度上取决于封口质量，而选用合适的封口机以实现封口工序的机械化、自动化操作是提高封口质量的重要保证。

目前，我国各类封口机应用极为广泛。除单独使用的封口机外，还有许多封口机与其他机器共同组成生产自动线（如在灌装生产线中压盖机与灌装机组成机组），大大提高生产自动化程度及生产效率、降低劳动强度、提高包装质量。

1. 纸箱胶带封口机

利用粘贴胶带封合是目前最为广泛的封盒（箱）方法。折合好封口折片或是已采用黏合封口的纸箱，用卷盘式压敏胶带跨着封口折片的折合缝粘贴，并对其施加一定压力使箱口封牢。纸箱体各端头与粘接胶带的粘接长度一般应大于50mm。

图8-21为胶带封箱示意图。纸箱按箭头方向进入封箱工位，在上下机架上设有胶带封条的展开机构；单面胶带被拉出后经压紧轮的作用，将纸箱缝粘贴；随着纸箱的移动，

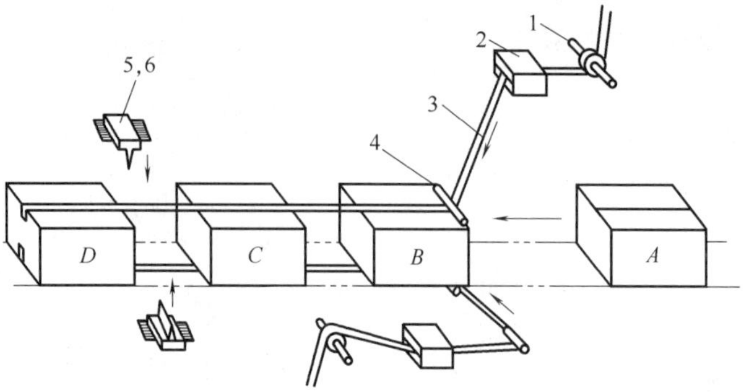

1—曳出滚轮；2—热水槽；3—胶带；4—压紧轮；5,6—切刀和毛刷

图 8-21　胶带封箱

胶带继续被拉出，到达切断工位时，切刀把上下两条胶带切断，并由毛刷把胶带两端头分别刷平粘紧在纸箱两侧面上。

2. 环带式热封机

环带式热封机适用于复合薄膜材料进行热封口，即使是容易变形的薄膜也能使用该机连续热封口，并且封接速度较高，因此应用较广泛。

图 8-22 所示为环带式充气封口机外形。叠合的两层薄膜被一对相向转动的环形薄带（如聚乙烯、钢带、不锈钢带或尼龙纺织带）夹持输送；经设置在环带两边的加热块加热，使环带之间的两层薄膜热压黏合；然后在冷却块处冷压；在封口没有完全定型之前，封口通过一对预先调整好压力的压花轮压花，再通过印字码轮打印生产日期，最后完成封口。该机增加了充气装置，在物品装袋后封口前可以进行简单的充气操作。

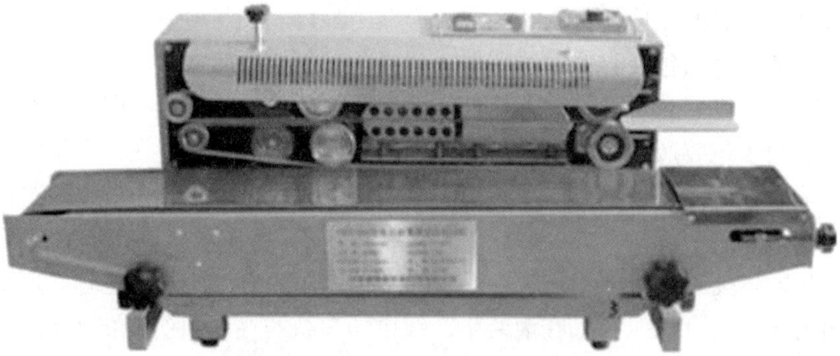

图 8-22　环带式充气封口机

上述热封机中都有一个必不可少的加热元件，其结构如图 8-23 所示。它的外壳是铜质热封板 5，里面装有管形加热器 6。管形加热器由金属管、电阻丝和充填材料组成（电阻丝封装在金属管中心，其周围空隙紧密地充填具有导热性能和绝缘性能的结晶氧化镁粉末）。管形加热器与热封板之间采用间隙配合，并用止动螺钉固定，从而实现良好的接触。

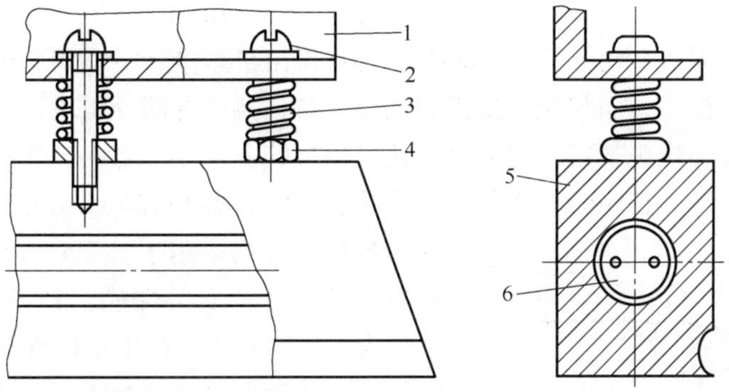

1—固定板；2—调节螺钉；3—加压弹簧；4—锁紧螺母；5—铜质热封板；6—管形加热器

图 8-23　板式加热元件结构

第三节　典型食品与饮料机械

一、GSX-50 型谷物食品生产线

以玉米、小米、大米、杂豆、高粱、薯类为主要原料，配以各种不同的辅料，在GSX-50 型谷物食品生产线上经混合、搅拌、输送、挤压、成型得到了各种形状、不同风味的膨化食品。该生产线可生产出多种膨化食品即膨香酥、玉酥片、多味麦圈、椰球、玉米锅巴、膨化果、植酥茶、杏仁酥茶、枣泥柿泥豆沙、夹心酥等，该生产线如图 8-24 所示。

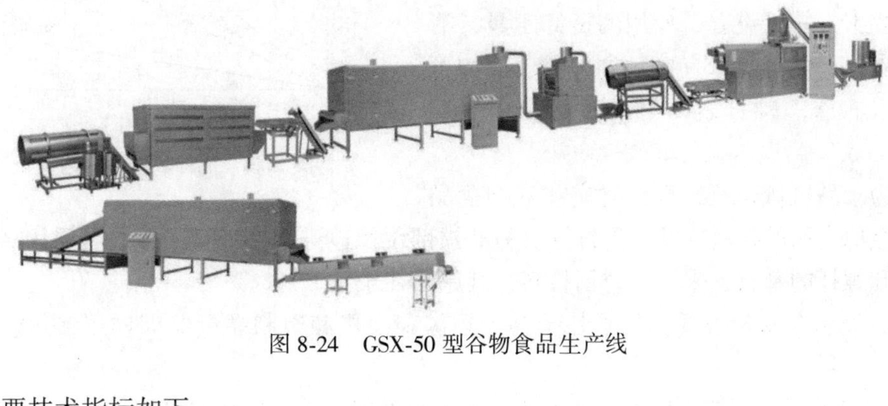

图 8-24　GSX-50 型谷物食品生产线

主要技术指标如下：

生产能力：40～60kg/h。

使用原料：大米、玉米、小米、豆类、薯类。

全线总功率：20. 5kW。

全线占地面积：40～60m^2。

1. 生产线构成

该生产线由清理机、粉碎机、混合机、膨化挤出机、冷却机、成型机、油炸机、调味机和包装机等设备组成。而膨化挤出机为主要设备，共由五部分组成，即传动装置、加热装置、料筒、螺杆、机头模具。料筒是膨化挤出机的主要零件之一。谷物的塑化和加压过程均通过该零件进行。挤压时压力很高，可达30MPa，温度150~250℃，料筒则是受压受热的容器。人们选用了ZG45，此种材质具有较好的强度、韧性及耐磨性能，料筒是两节分开式结构。为了使物料在运行中不出现滞留，保证其流量均匀，在料筒内壁均等地设置了若干个纵向槽模，呈梯形状，表面粗糙度为3.2μm。生产实践证明，该设计不仅能在满载状况下工作，也能在部分负载下工作。在同一螺杆结构、同一转速、同一物料的生产条件下，比容可达到5~8mL/g，如图8-25所示。

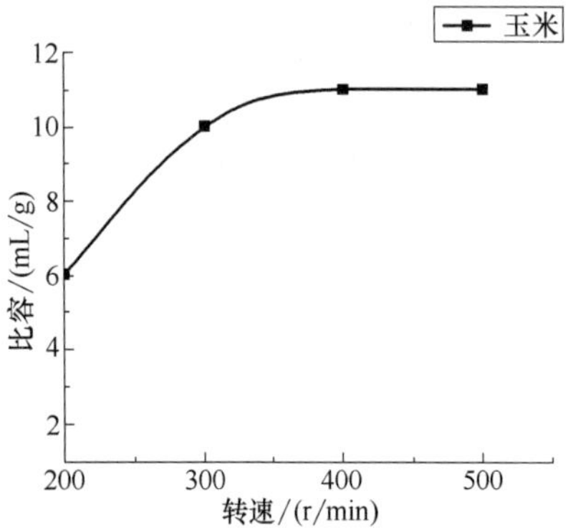

图8-25 螺杆转速与产品比容关系图

与料筒相配合的挤压螺杆则是膨化挤出机的关键零件，它决定着膨化挤出机的使用性能、使用寿命和生产效率，它的作用是输送、搅拌、混合物料，最后将熔融状的物料送至成型模具口挤出喷爆。为了达到一定的压力比，其螺距不变而螺纹底径是渐变的。为了进料顺利，它的进料端也要满足一定大小，其螺杆设计为螺槽深度差12.5mm，螺槽宽度8mm，材料为ZG45。表面硬度HRC42~52，经热处理高达HRC60以上。生产实践证明，螺杆结构设计是合理的，具有极强的推进力，物料喂进顺利，且不会黏结在螺杆上，更没有堵塞挤压料筒。螺杆工作性能稳定，完全符合加工谷物类各种食品的要求，并且设置了专用的拆卸工具，清理方便省力，使机内所有接触食物的表面均可以清理和检查。螺杆表面磨损时间如图8-26所示。

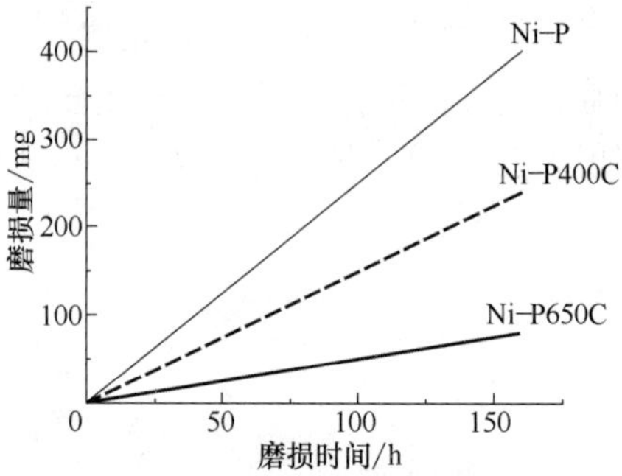

图8-26 螺杆表面磨损时间

作为食品机械而言，设计时应注意同食品接触的金属表面的抗腐蚀性、无毒性。易磨损部位都应进行热处理。该设备采用ZG45作为料筒和螺杆的基材，未用不锈钢材料，其原因在于：

(1) 物料含水量很低，几乎是干品。不像和面机和肉制品机器那样用ZG45会产生锈蚀。

(2) 用不锈钢制造代价高，又不能进行表面处理，是不经济实惠的。

(3) 镀铬后其表面亦很光滑，但镀层随时可能剥落，其碎屑进入食品中去，发生污染。

2. 该生产线的性能特点

(1) 产品质量好。因采用高温瞬时加热使谷物淀粉糊化和蛋白质变性从而改进了产品的消化吸收性，且营养素损失最少。短时高温处理还消除了食品中的抗营养化合物，如抗胰蛋白酶和其他传染性微生物寄生虫。

（2）合理利用能量。该套设备连续加工，工序集中，在较低水分条件下蒸煮，蒸煮后的物流再干燥所需热量大大减少。

（3）加工过程无流失。该套设备设置了严格的控制装置以防止高温高压释放污染物到周围环境中去。

（4）一机多用适应性强。若改变配方和采用不同的配比，并且调换模具，即能生产出风味独特、形状各异的新型膨化食品。

（5）标准化和通用程度高。整条生产线的各个单机在设计时最大限度地采用标准件、通用件和外购件，减少工装设备，且工装亦为标准化、通用化，每个主要零部件的互换性能好，配件更换和维修极为便利。机件的材质选用全部国产化的标准牌号，并尽量压缩品种。

（6）投资少，见效快。根据国内谷物向食品延伸和人民膳食结构的调整需求，GSX-50 型谷物食品生产线即从原粮直接加工为成品，工艺自动连续生产，整条线结构简单紧凑，占地面积小，投资少，见效快，操作便利，安全易懂，维修省力。

二、等压灌装压盖机

1. 基本参数及优点

用途：灌装压盖含气饮料瓶（如啤酒、汽水、汽酒等）。

容器瓶规格：瓶口内径为 15mm 以上，瓶的外径为 50～100mm，瓶的高度为 160～370mm。

生产能力：15000～22000 瓶/h。

整机重量：约 4000kg。

外形尺寸（长×宽×高）：3200mm×2000mm×2800mm。

灌装方式：等压灌装。

包装容器的传送形式：旋转连续型。

突出优点：生产效率高，工作可靠性强，使用寿命长和噪声小。

等压灌装压盖机如图 8-27 所示。

图 8-27　等压灌装压盖机

液体等压灌装机主要用于啤酒、汽水、汽酒等含有碳酸饮料的灌注作业。这一类液体饮料在加工生产过程中，按工艺要求，需要在一定的温度和压力之下，通入 CO_2 气体，并使它溶于液料中呈饱和溶解状态。含气饮料包装后，在贮存、运输过程中，应保证深入的大量气体不会泄漏，并且在开启饮用时能以泡沫形式大量逸出，以给人清凉舒爽的感觉。这是含气饮料的一大特点。因此，在进行含气饮料包装过程中，不但要保证严格的卫生要求，而且在灌注封口过程中，要最大限度地避免 CO_2 气体的逸出损失。为此，必须采用一种专门的灌注形式——等压灌注。所谓等压灌注，就是在待灌装瓶中预加压力，首先建立起贮液箱和装料瓶间的等压，即相应于含气饮料中气体溶解的饱和压力，然后在此等压状态下实现装料灌注。

2. 工艺过程与传动布置

整机运行的工艺过程如图 8-28 所示。待灌装的空瓶由链板式输送带 5 连续地送入机器，经过变螺距分瓶螺杆 7 时，瓶子被定位开关送入进瓶星形拨轮 8。星形拨轮将瓶子一个个依次拨入灌装机的升瓶机构 4 的托板上，瓶口对准灌装阀 2，并随回转台 3 作回转运动。在转动过程中，瓶子随升瓶机构逐渐上升，使瓶口顶压灌装阀口，进行装填灌注。灌装完毕的瓶子随升瓶机构下降，然后由中间星形拨轮 9 拨出，随即转入封盖机 12，并随封盖回转台 10 旋转，在运行过程完成封盖。封盖完毕后，瓶子由出瓶星形拨轮 11 带出，转到链板输送带上，最后送出机外。

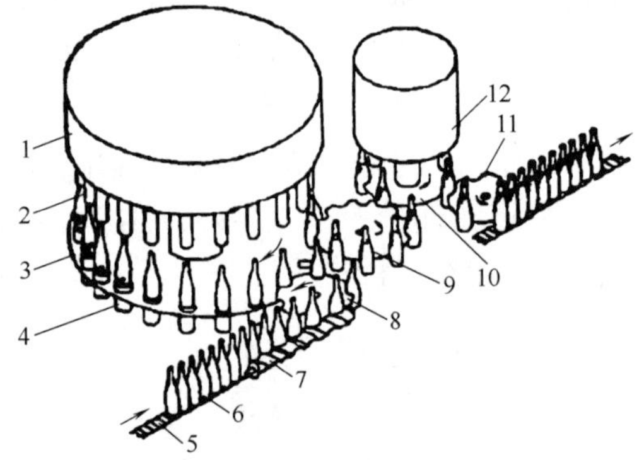

1—贮液箱；2—罐装阀；3—回转台；4—升瓶机构；5—链板式输送带；6—瓶子；7—分瓶螺杆；8—进瓶星形拨轮；9—中间星形拨轮；10—封盖回转台；11—出瓶星形拨轮；12—封盖机

图 8-28　整机运行工艺过程图

图 8-29 所示是灌装封盖机传动平面布置图。由图示可见，在工作台 3 上，以灌装部

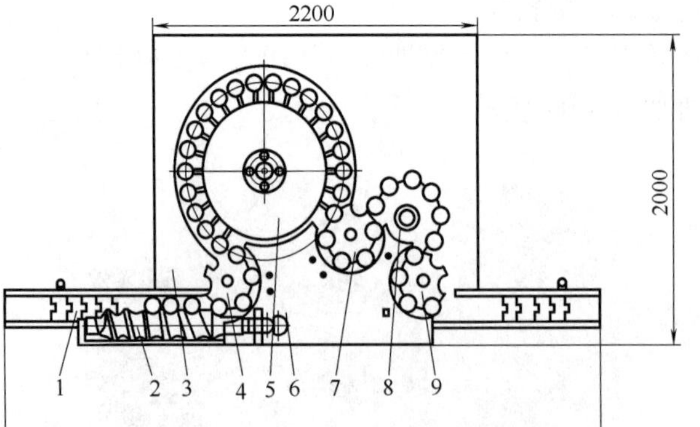

1—输瓶链带；2—分瓶螺杆；3—工作台；4—进瓶拨轮；5—罐装部分；6—弧形导板；7—中间拨轮；8—封盖部分；9—出瓶拨轮

图 8-29　灌装封盖机传动平面布置图

分 5 为主体，经中间拨轮 7 过渡到封盖部分 8，通过进瓶拨轮 4 及出瓶拨轮 9 与输瓶链带 1 衔接。瓶子随各部分机构沿箭头方向运行，循序完成灌注封盖作业。

3. 总体结构

图 8-30 所示是等压式灌装压盖机总体结构图。图示是用于啤酒灌装的，采用“三室”等压灌装阀的形式。这种机型的灌装头数为 60 个，封盖头数为 6 个，整体结构庞大而笨重。为此，灌装回转台采用大型的齿圈，内配滚动轴承作为支承及传动件，以利于简化传动系统，使总体布局紧凑合理，从而保证运转平稳。料液由进液管 1 输入，经中心管 8 和多根连通管进入环形酒缸 13。酒缸底部周边均匀固装有 60 个灌装阀 12。回转台 7 的周边对应灌装阀安装有 60 个酒瓶升降机构。回转台与齿圈固联，通过滚动轴承 4 支承在机座上。动力由主电机输出，通过传动机构驱动齿轮，进而带动齿圈，从而使回转台运转。由于回转台与环形酒缸通过机构连接在一起，因此，环形酒缸和灌装阀也随同旋转。等压灌装和升降机构所需的压缩空气由管 11 和管 10 输入，灌注完成后，瓶口压力通过回气管 17 排出卸压。分配头 15 的作用是在灌装运行过程中，切换各气路的通道，以实现程序自动转换。待灌装的空瓶通过链板输送带输入，被分瓶螺杆和星形拨轮逐个送到回转台的托瓶台上，随回转台一起旋转。在运行过程中，依靠灌装阀 12 和控制机构连续完成自动灌装。最后灌装完成的瓶子通过中间拨轮进入压盖装置 18 中完成压盖工序。为了适应各种规格的瓶子的灌装需要，环形酒缸和灌装阀的工作高度必须可调，为此设计有高度调节机构 9，通过独立电机驱动调整酒缸、灌装阀及其控制机构的高低。

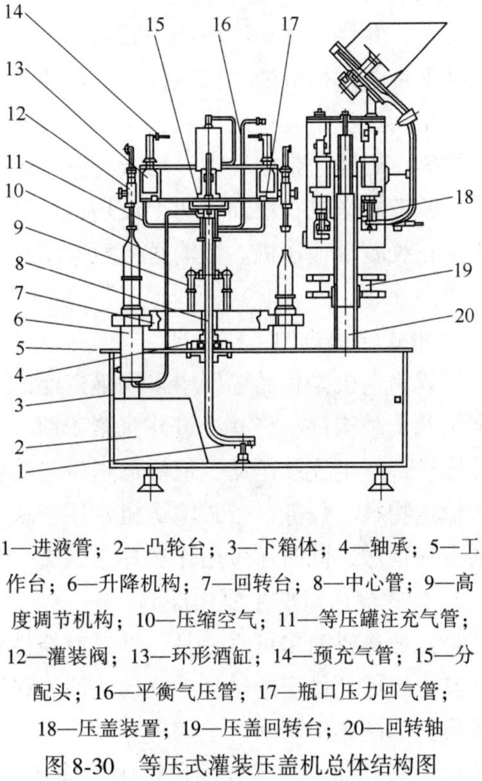

1—进液管；2—凸轮台；3—下箱体；4—轴承；5—工作台；6—升降机构；7—回转台；8—中心管；9—高度调节机构；10—压缩空气；11—等压罐注充气管；12—灌装阀；13—环形酒缸；14—预充气管；15—分配头；16—平衡气压管；17—瓶口压力回气管；18—压盖装置；19—压盖回转台；20—回转轴

图 8-30　等压式灌装压盖机总体结构图

第四节　其他食品与饮料机械

一、带式输送机械

带式输送机是一种应用广泛的连续输送机械，适用于块状、颗粒状物料及整件物品的水平或小角度输送。输送中，可以对物料进行分选、检查、清洗、包装等操作。

带式输送机的优点：结构简单，自重轻，便于制造；输送路线布置灵活，适应性广，可输送多种物料；输送速度快，输送距离长，输送能力大，能耗低；可连续输送，工作平稳，不损伤被输送物料；操作简单，安全可靠，保养检修容易，维修管理费用低。

带式输送机的缺点：输送带易磨损，且成本大（约占输送机造价的40%）；需用大量滚动轴承；中间卸料时必须加装卸料装置；普通胶带式输送机不适用于输送倾角过大的场合。

普通带式输送机国内已有定型产品，如TD型通用固定式胶带输送机、轻型固定式胶带输送机、GH69型高倾角花纹胶带输送机等。食品加工厂常使用轻型的帆布带或网带输送机。

带式输送机中的输送带是输送机的牵引构件，同时又是承载构件。整条输送带均支承在托辊上，并绕过驱动滚筒和张紧滚筒。

根据带式输送机的工作条件、工作要求和被输送物料的性质，可将带式输送机分为不同的类型。按支承装置的形式，可将其分为平行托辊输送机、槽型托辊输送机及气垫带式输送机等。按输送带的种类，可分为胶带式、帆布带式、塑料带式、钢带式和网带式输送机等。胶带输送机在粮油工业上使用最广泛。依胶带表面形状，又可将其分为普通胶带输送机和花纹胶带输送机。按输送机机架结构形式，又可将带式输送机分为固定式和移动式两大类。

1. 带式输送机的工作原理

带式输送机是食品工厂中采用最广泛的一种连续输送机械。它用一根闭合环形输送带作牵引及承载构件，将其绕过并张紧于前、后二滚筒上，依靠输送带与驱动滚筒间的摩擦力使输送带产生连续运动，依靠输送带与物料间的摩擦力使物料随输送带一起运行，从而完成输送物料的任务。带式输送机常用于块状、颗粒状物料及整件物料水平方向或倾斜不大的方向运送，同时还可用作选择、检查、包装、清洗和预处理操作台等。

2. 带式输送机的主要构件

带式输送机简单可靠，是一种具有挠性牵引构件的运输机，以输送带为传动和承载构件，其上组成部件有输送带、驱动滚筒、张紧装置、托辊、机身、装料和卸料装置、辅助装置等，如图8-31所示。

（1）输送带。在带式输送机中，输送带起着牵引和承载物料的作用。它应具备以下

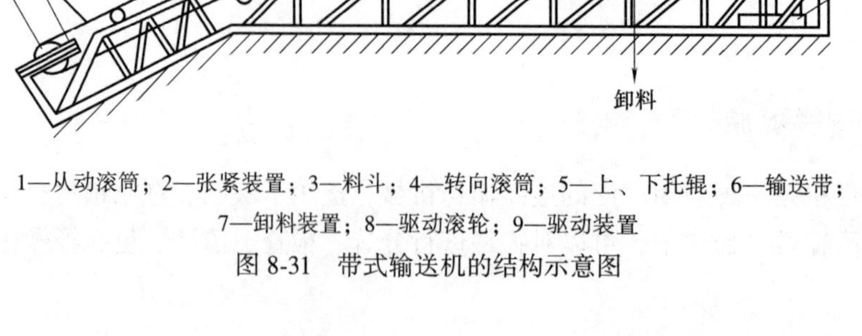

1—从动滚筒；2—张紧装置；3—料斗；4—转向滚筒；5—上、下托辊；6—输送带；7—卸料装置；8—驱动滚轮；9—驱动装置

图8-31 带式输送机的结构示意图

条件：强度高，自重轻，挠性好，伸长性小，输送物料的适应能力强，使用寿命长等。输送带一般有以下几类：橡胶带（胶带）、纤维编织带、塑料带、钢带和钢丝网带等，其中最常用的是橡胶带。

（2）驱动装置。驱动装置一般由一个或若干个驱动滚筒、减速器、联轴器等组成。倾斜输送时，还应设有制动装置。驱动滚筒通常用钢板卷制后焊接制成，为了增加滚筒和输送带之间的摩擦力，可在滚筒表面包一层木材、皮革或橡胶等材料。滚筒的宽度比带宽大 100~200mm。驱动滚筒一般制成鼓形，即中间部分直径比两侧直径稍大，使之能自动纠正胶带的跑偏。除板式带的驱动滚筒为表面有齿的滚轮外，其他的输送带的滚筒通常为直径较大、表面光滑的空心滚筒，其中驱动滚筒的布置方式如图 8-32 所示。

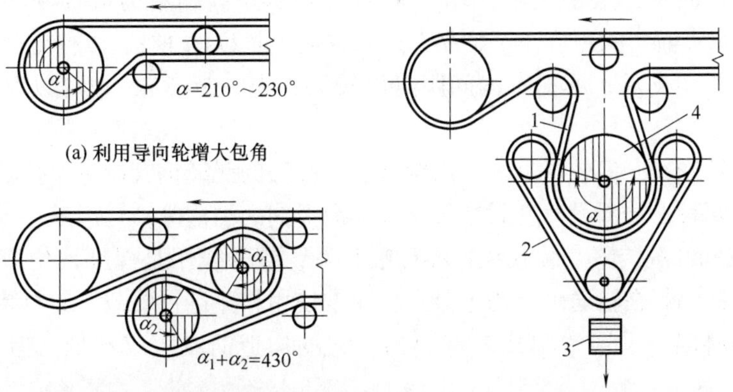

(a) 利用导向轮增大包角

(b) 利用两个驱动滚轮增大包角

(c) 利用压紧带增大牵引力

1—传送带；2—压紧带；3—重锤；4—驱动轮

图 8-32　驱动滚筒布置方式

（3）张紧装置。输送带张紧的目的是使输送带紧边平坦，提高其承载能力，保持物料运行的平稳。带式输送机中的张紧装置，一方面要在安装时张紧输送带，另一方面要求能够补偿因输送带伸长而产生的松弛现象，使输送带与驱动滚筒之间保持足够的摩擦力，避免打滑，维持输送机正常运行。

带式输送机中的张紧装置有中部张紧和尾部张紧两大类。常用的尾部张紧装置有螺旋式、重锤式和弹簧调节螺钉组合式等，如图 8-33 所示。

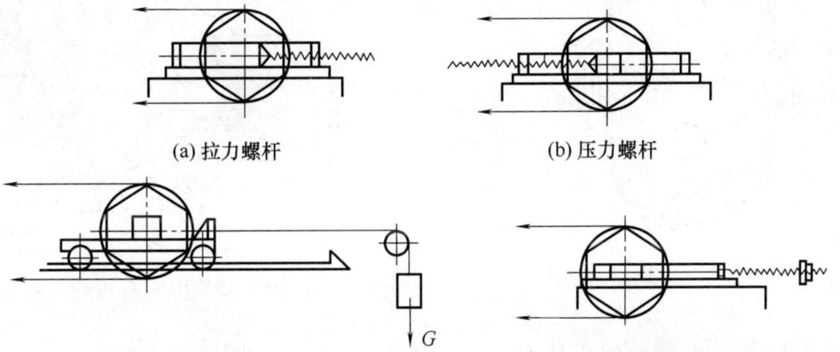

(a) 拉力螺杆

(b) 压力螺杆

(c) 重锤式

(d) 弹簧调节螺钉组合式

图 8-33　张紧装置示意图

（4）机架和托辊。食品工业中使用的带式输送机多为轻型输送机，其机架一般用型钢（槽钢、圆钢等）与钢板焊接而成。可移式输送机在机架底部安装滚轮，便于移动。

托辊分上托辊（承载段托辊）和下托辊（空载段托辊）两类。通常平行托辊用于输送成件物品，槽型托辊用于输送散状物料。下托辊一般均采用平行托轮。对于较长的胶带输送机，为了限制胶带跑偏，其上托辊应每隔若干组，设置一个调整托辊，这种托辊两端有挡板，能做少量的横向摆动，可以防止胶带因跑偏而脱出。托辊总长应比带宽大 100~200mm，托辊间距和直径根据托辊在输送机中的作用不同而不同。上托辊的间距与输送带种类、带宽和输送量有关。输送散状物料时，若输送量大，线载荷大，则间距应小；反之，间距大些，一般取 1~2m 或更大。此外，为了保证加料段运行平稳，应使加料段的托辊排布紧密些，间距一般不大于 250~500mm。当运送的物料为成件物品，特别是较重（大于 20kg）物品时，间距应小于物品在运输方向上长度的 1/2，以保证物品同时有两个或两个以上的托辊支承。下托辊的间距可以较大，为 2.5~3m，也可以取上托辊间距的 2 倍。

托辊用铸铁制造，但较常见的是用两端加了凸缘的无缝钢管制造。托辊轴承有滚珠轴承和含油轴承两种。端部设有密封装置及添加润滑剂的沟槽等结构。

（5）装载和卸载装置。装载装置亦称喂料器，它的作用是保证均匀地供给输送机以定量的物料，使物料在输送带上均匀分布，通常使用料斗进行装载。卸料装置位于末端滚筒处，小件卸料时，采用“犁式”卸料器，它的构造简单、成本低，但是输送带磨损严重。

二、液体物料输送机械

1. 齿轮泵

齿轮泵属于回转式容积泵，如图 8-34、图 8-35 所示，是靠一对转动啮合的齿轮完成泵送工作的。它的工作容积由齿槽与泵壳内壁组成。随着啮合齿轮的不断旋转，工作容积交替扩张和缩小，从而完成吸入和压出液体的输送任务。按齿轮的啮合方式可分为内啮合式泵与外啮合式泵。

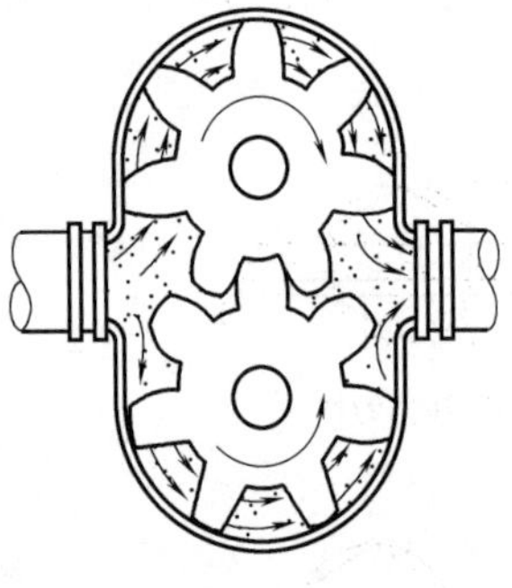

图 8-34 外啮合齿轮泵示意图

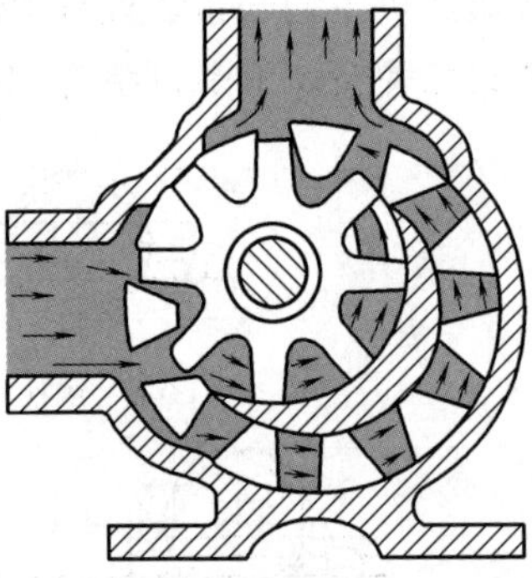

图 8-35 内啮合齿轮泵示意图

齿轮的形状有正齿轮、斜齿轮和人字齿轮等。齿轮的齿形有渐开线齿形，也有摆线齿形，前者应用普遍。齿轮的形状有正齿轮、斜齿轮和人字齿轮等。齿轮的齿形有渐开线齿形，也有摆线齿形，前者应用普遍。

齿轮泵产生的压力高，常用来输送黏度较大而不含杂质的液体，如糖浆、油类等。

2. 离心泵

典型离心泵的结构如图 8-36 所示。离心泵主要由泵体、泵盖、轴、叶轮、轴承、密封部件和支座等构成。由电动机带动固定在轴上的叶轮旋转，使叶轮中的液体获得能量（包括压力能和动能）。为防止液体从泵壳等处泄漏，在各密封点上分别装有密封环或轴封箱。轴承及轴承悬架支持着转轴。整台泵和电动机安装在一个底座上。离心泵的过流部件包括吸入室、叶轮及排出室（又称蜗壳）。对过流部件的主要要求是能达到所需要的流量和扬程，流动稳定、损失小、效率高以节省能耗。对整台泵的综合要求是结构紧凑、工作可靠、检修方便、安全耐用。

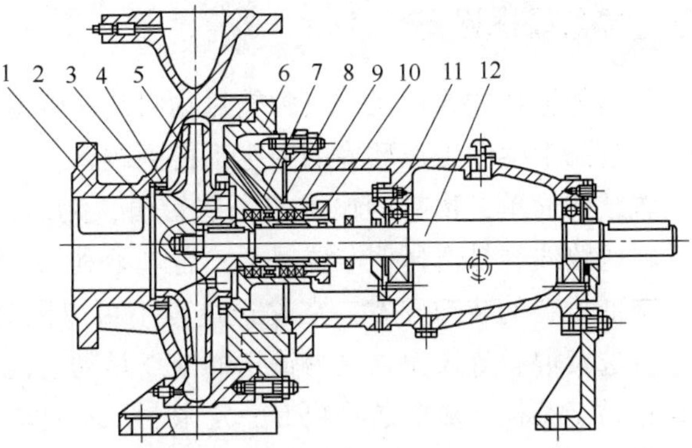

1—泵体；2—叶轮螺母；3—动垫片；4—密封环；5—叶轮；
6—泵盖；7—轴套；8—填料环；9—填料；
10—填料压盖；11—轴承悬架；12—轴

图 8-36　IS 型单级单吸离心泵结构示意图

3. 螺杆泵

按螺杆个数可分为单螺杆泵、双螺杆泵和多螺杆泵等，其工作原理略有不同。目前输送食品料液多用单螺杆泵。如图 8-37 所示，单螺杆泵内转子是径向断面为圆形（直径为 d）的螺杆，它是按其几何中心 O，以螺距 t 和偏心距 e 绕螺杆轴线 O_1 作螺旋运动。定子是螺距为 $2t$ 的螺旋形孔，其径向断面形状是宽度为 $2e$ 的矩形，外接两个直径也为 d 的半圆形所组成的长圆孔。定子孔的对称中心（即定子轴线）为 O_2。由于转子和定子孔的配合关系，沿轴向形成若干个封闭腔。为适应转子的偏心运动，驱动轴有一部分是中空的，它与螺杆的连接常用平行销联轴器或万向联轴器。螺杆多用不锈钢材料，定子衬套用橡胶材料。在泵运动时，转子轴线 O_1，以偏心 e 为半径，绕 O_2 作回转运动，封闭腔自吸入端形成，并以不变的容积向排出端运动，从而使封闭腔内的液体得到输送。

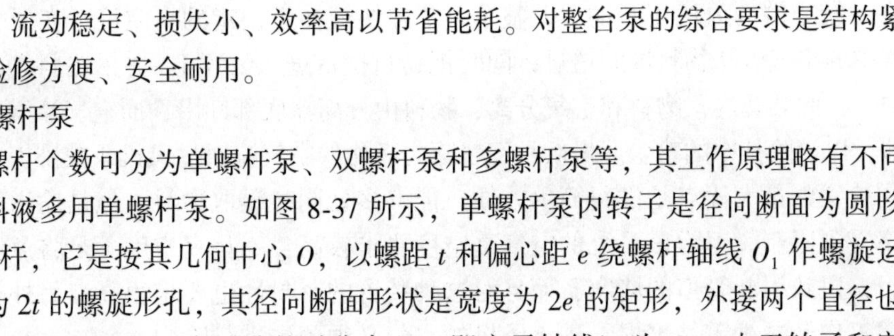

1—螺杆；2—螺腔；3—填料函；4—平行销连杆；5—套轴；6—轴承；7—机座

图 8-37　螺杆泵

单螺杆泵输送液体连续均匀，运动平稳，压力较高，自吸性能好，其结构简单，零部件少，适于输送高黏度的食品液体，如糖蜜、果肉及巧克力糖浆等。

三、气力输送设备

与其他输送方式相比，气力输送物料是在管道中进行的，从而减少了输送场所粉尘污染，使食品卫生和工作环境的卫生都得到改善，同时也降低了物料输送过程中的损耗；输送装置结构简单，物料的输送仅是些管道，无回程系统，管理方便，易于实现自动化操作；输送路线容易选择，布置灵活，合理地利用空间位置，可减少占地面积；输送生产率高，降低物料的装卸成本；在输送过程中可以同其他生产工艺结合起来，进行干燥、冷却、分选及混合等操作。气力输送的缺点是动力消耗较大，噪声大；管道以及与物料接触的构件易于磨损；对输送物料有一定限制，不宜输送易于成块黏结或易破碎的物料。对于输送量较少的，且属于间歇性操作的，不宜采用该设备。

在食品工厂中，目前广泛采用的是使散体物料呈悬浮状态的输送方式，按其工作原理可分为吸送式、压送式、混合式和循环式。

1. 吸送式气力输送装置

吸送式气力输送装置是借助压力低于 0.1MPa 的空气流来输送物料的，如图 8-38 所示。当装在系统末端的风机 4 开动后，整个系统内便被抽至一定的真空度，在压力差的影响下，大气中的空气流从物料堆间透过，同时把物料携带进入吸嘴 1，并沿输料管 2 移动到分离器 3 中。在此装置内，物料和空气分离，物料由分离器底部卸出，而空气流继续被送入空气除尘器，以消除其中的粉尘。最后，经过除尘净化的空气流通过风机 4 被排入大气。

吸送式装置的最大优点是供料简单方便，能够多处同时吸取物料，但是输送物料的距离和生产率受到限制。因为该系统的空气真空度要求较高，一旦真空度不足将急剧地降低其携带能力，以致引起管道的堵塞，而且对这种装置的密封性也要求很高。另外，为了保证风机可靠工作及减少零件磨损，进入风机的空气必须预先进行除尘。

2. 压送式气力输送装置

压送式气力输送装置是在高于 0.1MPa 的条件下进行工作的。装在此系统首端的鼓风机 1 运转时，把具有一定压力的空气压入导管，被运送物料由密闭的供料器 2 输入输料管中，空气和物料混合后沿着输料管运动，物料通过分离器 3 和卸料器 4 卸出，空气经除尘器 5 净化后排入大气中。图 8-39 所示为压送式气力输送装置。

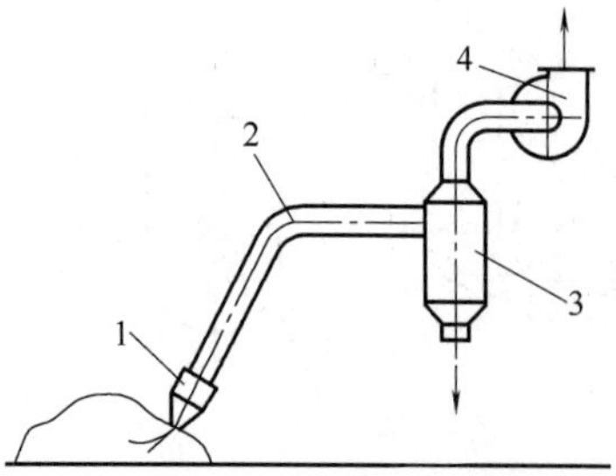

1—吸嘴；2—输料管；3—分离器；4—风机

图 8-38　吸送式气力输送装置

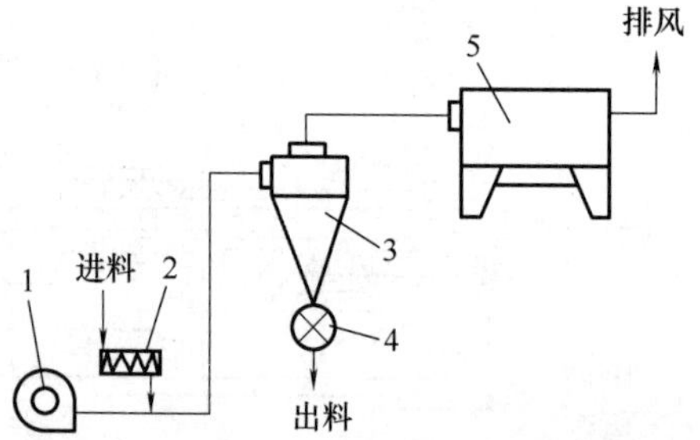

1—鼓风机；2—供料器；3—分离器；4—卸料器；5—除尘器

图 8-39　压送式气力输送装置

压送式气力输送装置的特点与吸送式气力输送装置相反，由于它便于装设支岔管道，故可同时把物料送到几处，而且输送距离可较长，生产率较高，还能方便地发现漏气的位置，对空气的除尘要求不是很高。但是，由于供料器2的压力低于输料管的压力，必然造成从低压向高压处供料，故供料装置较复杂，而且难以从几处同时进料。

3. 混合式气力输送装置

混合式气力输送装置综合了吸送式和压送式气力输送装置的优点，所以既可以从几处吸取物料，又可以把物料同时输送到几处，且输送的距离可较长，其主要缺点是带粉尘的空气要通过风机，使工作条件变差，同时整个装置的结构较复杂。

参考文献

[1] 彭华，薛志勇. 关于我国饮料机械工业发展的几个问题的思考［J］. 粮油加工与食品机械，1998（05）：2-4.

[2] 叶红，周芸，杨平，石顺月. 超滤膜设备水处理效果试验研究［C］. 中国水利学会第四届青年科技论坛论文集，2008：310-313.

[3] 王文忠. 用紫外线对污水消毒［J］. 节能与环保，2003（05）：44-45.

[4] 张明，许银萍，张宇轩. 单端洗瓶机控制系统分析与设计［J］. 酒·饮料技术装备，2020（03）：46-49.

[5] 李利，王瑞，党栋. 带式输送机的技术现状及发展趋势［J］. 橡胶工业，2015，62（02）：123-127.

[6] 岳松伟. 带式输送机张紧装置的发展及应用［J］. 中国金属通报，2021（11）：3-4.

第九章　包 装 机 械

大多数的商品需要经过包装后才能销售。包装可以保护商品，便于贮存和流通，最大化地实现商品价值，提高品牌影响力。轻工产品多属于快消品，包装的创意、便捷和实用度对消费者的购买欲望提升作用越来越明显，而包装的主要手段是使用包装机械。随着时代的发展和技术的进步，包装机械在包装领域中正起着越来越大的作用。

第一节　包装机械的定义

一、包装的定义及其重要性

1. 包装的定义

包装是指为在流通中保护产品、方便运输、促进销售，按一定的技术方法而采用容器、材料及辅助等的总体名称，也指为达到上述目的而采用容器、材料及辅助物的过程中所施加的一定技术方法等的操作活动。

包装所包含的两层含义可以用英文单词 package 和 packaging 或 packing 来表达，前者主要指包装容器、材料及辅助物的总称，后者主要指包装物品的操作过程。

2. 包装的重要性

一件产品一般要以商品的形式经过流通后完好无损且保质保量地到达顾客手中，才能体现其功能价值和经济价值。没有包装的产品很难经历储存、运输及销售等多个环节而不受到影响。包装随着人类经济文化的发展而发展，20 世纪以来，由于大工业生产的发展，市场竞争日益激烈，商业行为、销售渠道和销售方式的变化，都对商品包装产生着很大影响，因此产品的包装及包装技术越来越显出重要价值。

二、包装机械的概念和作用

1. 包装机械的概念

国家标准 GB/T 4122.1—2008《包装术语 第一部分：基础》中，包装机械定义：“完成全部或部分包装过程的机器。包装过程包括成型、充填、封口、裹包等主要包装工序，以及清洗、干燥、杀菌、贴标、捆扎、集装、拆卸等前后包装工序转送、选别等其他辅助包装工序。”

2. 包装机械的作用

现代工业生产中，所有产品都需要包装，以达到保护和美化产品、方便储存、运输、促进销售的目的。包装机械是实现产品包装机械化、自动化的根本保证，在现代包装工业生产中起着重要的作用，图 9-1 所示为旋转式真空包装机。

① 包装机械可实现包装生产的专业化和自动化，大幅度提高生产效率，例如，啤酒灌装机的生产能力可达到 48000 瓶/时。

② 包装机械可降低产品包装生产的劳动强度，改善劳动条件，保护环境，节约原材料，降低产品成本。

③ 包装机械可保证包装产品的卫生和安全，提高产品包装质量，增强市场销售的竞争力。例如，食品、药品等的卫生性和安全性要求很严格，采用机械化包装，可避免操作者与食品、药品的直接接触，减少对食品、药品的污染。同时，由于机械化包装速度快，食品、药品在空气中停留时间短，也减少食品、药品被污染的机会，有利于保障食品和药品的卫生和安全。

④ 延长产品保质期，方便产品流通。采用真空、换气、无菌等包装机械，可使产品的流通范围更加广泛，延长产品的生命周期。

⑤ 减少包装场地作业面积，节约基建投资。当产品采用手工包装时，包装工人多、工序不紧凑，包装作业占地面积大。采用机械包装，物品和包装材料的供给比较集中，各包装工序安排比较紧凑，可减少包装作业的占地面积，节约基建投资。

旋转式真空包装机如图 9-1 所示。

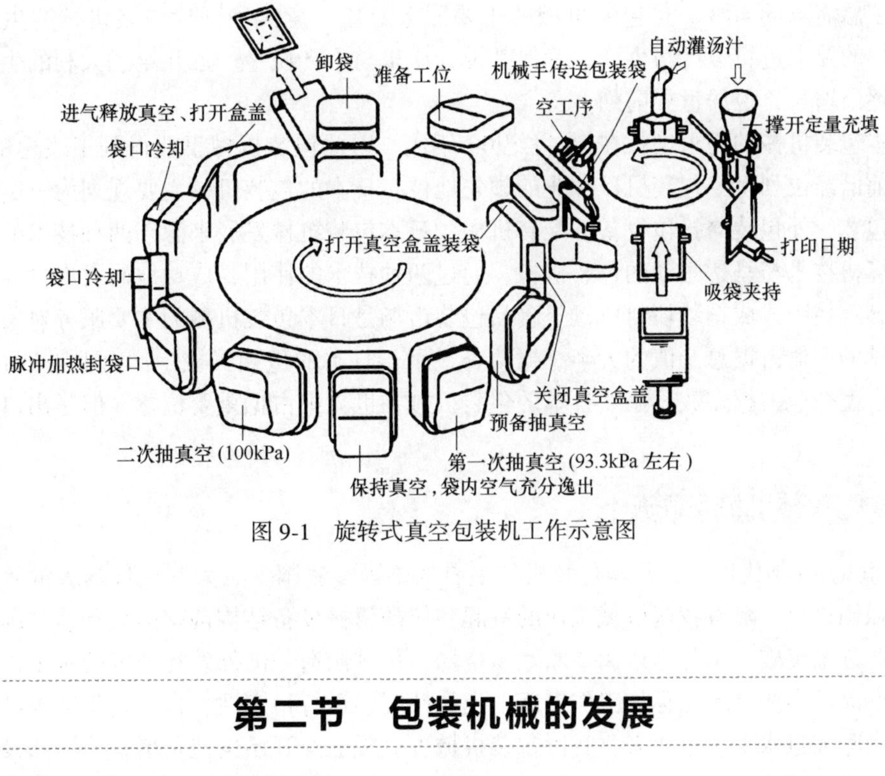

图 9-1　旋转式真空包装机工作示意图

第二节　包装机械的发展

一、国外包装机械发展现状

现代包装工业主要包括包装机械、包装装潢、包装材料、包装容器、包装印刷、包装工艺6个方面，其中包装机械对实现包装工业现代化进程的发展起到重要作用，推动了包装工业现代化、信息化的发展。国外的包装机械产业已经过了几十年的发展，逐渐形成独立的体系，成为包装机械行业的领导者，拥有重要的地位。

美国的包装机械设备更新速度较快，其包装机械工业的主要用户可分为食品产业与非食品产业。美国的包装工业正在向系统化发展，建立涵盖了包装材料、包装工艺、包装机械的完整工业系统，而自动化的技术也逐渐加入包装机械的制造中，使其逐渐走向现代先进的包装系统。美国现阶段的各个包装企业主要的关注方向是，针对包装材料、包装设备等方面开发国际市场具有特色的有利包装设备。

德国的包装机械产业在国际上占据重要地位，其生产值占据国家市场的五分之一，而出口额达到了世界市场的三成。德国包装机械的优势在于计量、制造与技术性能等方面。德国包装机械设计的原则来自于对市场的分析，争取为大型企业提供包装机械服务，按照用户的需求进行产品的设计，通过仿真技术可以提前为客户展示，不满意可以进行调试，极大地提升了市场竞争力。

意大利包装机械的优势是性能较强、美观程度更高、价格合理，意大利是世界第四大包装机械生产国，在包装机械出口领域占据世界第二的位置。意大利的包装机械使用方向多是食品行业，例如糖果包装机、茶叶包装机、灌装机等，意大利的食品与饮料产业的需求占据了总需求的40%，是包装机械的主要服务对象。意大利现代包装机械的生产可以按照客户的要求进行设计与生产，确保其设计质量与生产质量。近几年意大利的生产值与出口量逐渐增长，位居世界前列。

日本包装机械的需求增长在20世纪60年代，因此包装机械事业得到了飞速的发展，截至目前已经位列世界包装机械产业的领先地位。日本的包装机械主要规划为三类：小包装与内包装、外包装与打包设备、配套机械。日本包装机械发展来源于两种技术的有效利用：计算机技术与马达驱动的包装机械，通过两种技术的使用，成功地研发出世界上第一台微电脑程控卧式成型装填封口机。食品包装市场是日本包装机械的主要服务对象，食品包装机械的产值占据总产值的大半。据调查显示，日本的包装机械生产企业有四百余家，其中中小型企业占据多数，虽然日本的包装机械在世界中占据重要位置，但是出口量却相对较少。

二、我国包装机械发展现状

20世纪80年代以前，我国包装机械主要从德国、法国、意大利、日本等世界机械设备制造强国进口。随着我国机械工业的崛起和伴随机械设备结构调整的大环境，国内包装机械企业逐渐突破了国际生产商垄断竞争格局，机械制造与国外发达国家的水平差距不断缩小，产品的主要技术指标如工作速度、定位精度、运行稳定性、自动化程度等已经达到或接近国际先进水平。近年来，我国包装机械进口额已经开始出现负增长，国产设备替代进口设备成为趋势，国内市场的主导地位已经由我国企业所占据，越来越多的包装生产企业也因此选择国产包装设备，替代进口设备已成为市场主流和必然趋势。

一方面，世界发展中国家和地区经济的快速增长使得包装机械的市场需求快速提升；另一方面，发达经济体包装机械成套设备保有量较大，随着经济的进一步复苏，设备更新、机械设备下游厂商扩建仍将支撑包装机械成套设备的市场需求，全球包装机械需求未来将保持稳步增长，海外市场空间广阔，我国企业出口的潜力巨大。

同时，与单元化产品密切衔接的物流包装设备和技术也在飞速发展，为适应电商和快递包裹井喷式增长，具有更高处理速度、更多功能、更节省人工、更智能化的包装设备和系统被推出和应用。图 9-2 为杭州永创智能公司在展览会亮相的包装机产品。

图 9-2　永创智能

第三节　包装机械的组成

一、包装机械的组成

包装机械主要由动力系统、传动系统、执行系统和控制系统组成。为便于掌握和研究包装机械的工作原理和结构性能，通常将包装机械分成如下八个部分，也称为包装机械组成的八要素，如图 9-3 所示。

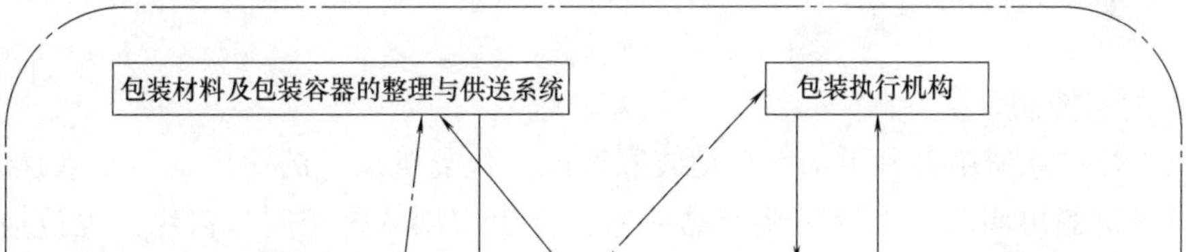

图 9-3　包装机械的组成框图

1. 包装材料及包装容器的整理与供送系统

该系统将包装材料（包括挠性、半刚性、刚性包装材料和包装容器及辅助物）进行定长切断或整理排列，并逐个输送到预定工位。如糖果包装机中包装纸的供送、切断机构；有的机器在供送过程中还能完成制袋或包装容器的竖起、定型、定位等工作；有的封罐机的供送系统还可完成罐盖的定向、供送等工作。

2. 被包装物品的计量与供送系统

该系统将被包装物品进行计量、整理、排列，并输送到预定工位，有的还可完成被包装物品的定型与分割。如饮料灌装机的计量和液料供送系统；饼干包装机的饼干整理、排列和供送系统。

3. 主传送系统

该系统将包装材料和被包装物品由一个包装工位顺序传送到下一个包装工位。主传送系统的运动有连续式和间歇式，单工位包装机没有传送系统。包装机的全部包装工序往往分散成几个工位来协同完成，所以必须有专门的机构来传送包装材料和被包装物品，直到完成包装把产品输出。主传送机构的形式一般决定了包装机的形式并影响其外形。

4. 包装执行机构

包装执行机构是直接完成包装操作的机构，即完成裹包、灌装、封口、贴标、捆扎等操作的机构。如糖果裹包机的前推糖板、后接糖板、抄纸板、糖钳手和扭结手等所组成的机构就是包装执行机构；封罐机中的两道卷封滚轮也是包装执行机构。

5. 成品输出机构

成品输出机构把包装好的产品从包装机上卸下，定向排列并输出。有的包装机械的成品输出由主传送机构完成，或依靠包装产品的自重卸下。

6. 动力机与传动系统

动力机是机械工作的原动力，在包装机械中通常为电动机和空气压缩机。传动系统将动力机的动力与运动传递给执行机构和控制系统，使其实现预定动作，通常由带传动、齿轮、链轮、凸轮、蜗轮蜗杆等传动零件组成，或者由机、电、液、气等多种形式的传动组成。

7. 检测与控制系统

检测与控制系统由各种手动、自动装置组成。包装机动力的输出、传动系统的运转、包装执行机构的协调动作以及包装产品的输出都由控制系统控制与操纵，也包括包装过程、包装质量、故障与安全的控制。

现代包装机械的控制方法包括机械控制、电控制、气动控制、光电控制、电子控制、射流控制和智能控制等，可根据包装机械的自动化水平和生产要求选择。

8. 机身

机身用于安装、固定、支承包装机所有的零部件，满足其相互运动和相互位置的要求。机身必须具有足够的强度、刚度和稳定性。

二、包装机械的分类

1. 按包装机械的自动化程度分类

（1）全自动包装机。全自动包装机是自动供送包装材料和内装物，并能自动完成其他包装工序的机器。

（2）半自动包装机。半自动包装机是由人工供送包装材料和内装物，但能自动完成其他包装工序的机器。

2. 按完成包装产品的类别分类

（1）专用包装机。专用包装机是专门用于包装某一种产品的机器。

（2）多用包装机。多用包装机是通过调整或更换有关工作部件，可以包装两种或两种以上产品的机器。

（3）通用包装机。通用包装机是在指定范围内适用于包装两种或两种以上不同类型产品的机器。

3. 按包装机械的功能分类

包装机械按功能不同，可分为：充填机、灌装机（在第八章饮料机械部分已介绍）、裹包机、封口机、贴标机、清洗机、干燥机、杀菌机（在第八章饮料机械部分已介绍）、捆扎机、集装机、多功能包装机、包装材料制造机、包装容器制造机，以及完成其他包装作业的辅助包装机（表 9-1）。

表 9-1　包装机械分类名称、类别代号和主要技术参数

名称	类别代号	主要技术参数
充填机	C	产品的容量/质量/生产能力
灌装机	G	灌装阀头数/生产能力
裹包机	B	包装尺寸/生产能力
封口机	F	封口尺寸/生产能力
贴标机	T	尺寸/生产能力
清洗机	Q	生产能力
干燥机	Z	生产能力
杀菌剂	S	生产能力
捆扎机	K	包装尺寸
集装机	J	规格/生产能力/产品标准
多功能包装机	D(可用多个字母组合表示)	主要功能的生产能力
辅助包装机	A(或根据名称首字母确定)	规格/生产能力/产品标准

第四节　典型包装机械

一、充填机械

充填机是将包装物料按预定量充填到包装容器式内的机器，其种类很多，按计量方式不同，可分为容积式充填机、称重式充填机和计数式充填机；按充填物的物理状态可分为粉料充填机、颗粒物料充填机、块状物料充填机、膏状物料充填机、液体灌装机；按功能

可分为制袋充填机、成型充填机、仅完成充填功能的充填机等；按产品的受力方式不同分为推入式充填机、拾放式充填机、重力式充填机等。

计量充填是包装产品的一个重要工序，计量充填机械是包装机械的重要组成部分。在古代，劳动人民就会利用一定容积的料斗量取谷物或稻米等，也能使用杠杆秤来称量物品，但使用的计量充填工具都很简单；到了近代，特别是21世纪初以来，随着微型计算机以及各种高新技术运用到包装工业中，各种先进的计量充填机械应运而生，并且向着自动化、智能化、多样化的方向发展。

计量充填机械可作为单机单独使用，也可与其他包装机械组成机组联合工作。由于充填产品的性质、状态以及要求的计量精确度或充填方式等不同，采用的计量充填机械也各式各样，但一般都由物料供送装置、计量装置、下料装置等组成。

1. 容积式充填机

螺杆式充填机是通过控制螺杆旋转的转数或时间来量取产品，并将其充填到包装容器内的机器。该机械利用螺杆螺旋槽的容腔来计量物料，由于螺杆的每个螺距都有理论容积，因此只要准确控制螺杆的转数或旋转时间，就能获得较为精确的计量值。该机结构紧凑、无粉尘飞扬并可通过改变螺杆参数来扩大计量范围，应用范围较广，主要用于流动性良好的粉料或小颗粒状物料，或在出料口容易结块而不易落下的物料计量充填，不适用于充填易碎颗粒物料或密度变化较大的物料。

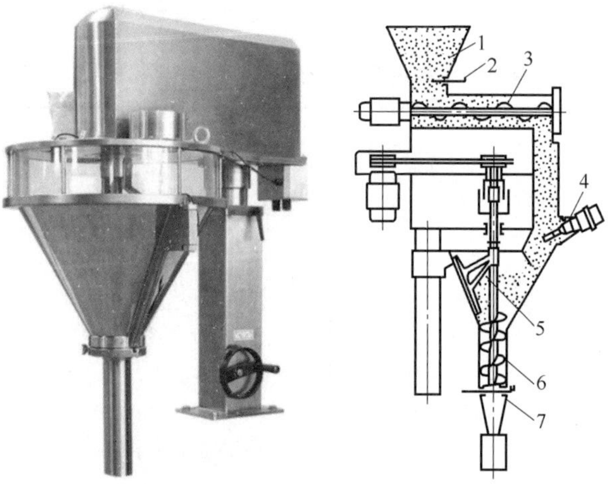

1—料斗；2—插板；3，6—螺杆；4—料位检测器；5—搅拌器；7—闸门

图9-4　螺杆式充填机

图9-4所示为螺杆式充填机。料斗1内插板2打开，由旋转的供料螺杆3以恒速供送出物料，当物料量达到要求后，插板2闭合，螺杆3停止转动，物料停止流下；容器到位后，闸门7打开，充填计量螺杆6转动将物料计量充填到下方的包装容器内；搅拌器5使物料在料斗内能不停转动，避免物料结块；充填完毕后，螺杆6停止转动，闸门7关闭。

2. 称重式充填机

毛重式充填机是指对完成充填作业的物料和包装容器一起称重的机器，其结构简单，价格较低，但包装容器的质量直接影响充填物料的规定质量，所以它不适用于包装容器质量变化较大、物料质量占总体质量比例较小的充填包装。

图9-5所示为毛重式充填机。料斗1中的物料由振动加料器2送入漏斗后靠重力落入包装容器中，称量装置4直接将对物料和容器进行称重。虽然容器质量的变化会影响物料的净重，但扣除容器质量的平均值后，仍能满足大部分物料的精度要求；在计量精度要求

高的场合，可在控制上采用自动去皮重功能，来满足更高精度的要求。

净重充填机是指对物料称出预定质量后再充填入包装容器的机器，其称量结果不受容器质量的影响，因此是最精确的称量充填机。该机可分为单秤斗、多秤斗、组合式和连续式称量充填机。

3. 计数式充填机

板条计数器是一架用板条组成的送料器，由链条驱动，板条上制有凹坑以容纳物料，凹坑形状与物料形状类似。

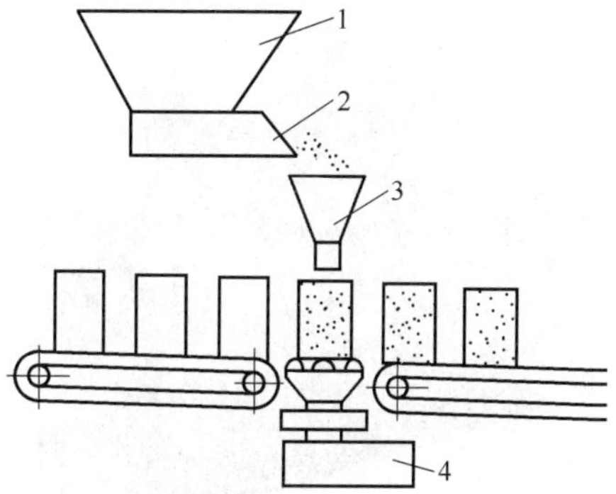

1—料斗；2—加料器；3—漏斗；4—称量装置

图 9-5　毛重式充填机

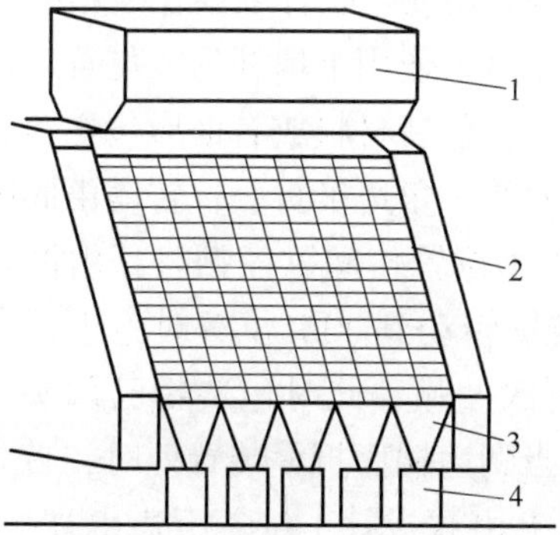

1—进料器；2—板条；3—滑槽；4—容器

图 9-6　板条式计数充填机

图 9-6 所示为板条式计数充填机。每行板条上有十个凹坑，与前后凹坑排成十列；板条在进料器下面通过时，物料就自由或振动落下；每个凹坑内落入一个物料，多余的物料被刮到后面板条的凹坑中；当充填容器到充填工位时，落料槽内的物料充填入容器；板条停止运动，装好的容器被送走；下一批空的容器被送入定位后，再重复以上动作。图中两排凹坑所带的物料被送到一个容器中，因而图示十列凹坑中的板条同时可充填五个容器。送入每个容器的物品数量可由每次充填所使用的排数和通过的板条数来决定。

二、裹包机械

裹包机是指用挠性包装材料裹包产品局部或全部表面的机器。它是包装机械行业中重要的组成部分之一，广泛用于食品、烟草、药品、轻工产品及音像制品等领域。

图 9-7 所示为常见裹包形式，其中（a）为半裹包式，（b）为双端扭结式，（c）为单端扭结式，（d）为端部折叠式，（e）为底部折叠式或信封式，（f）为褶形折叠式，（g）为接缝式，（h）为覆盖式，（i）为缠绕式，（j）为贴体式，（k）为收缩式，（l）为拉伸式。

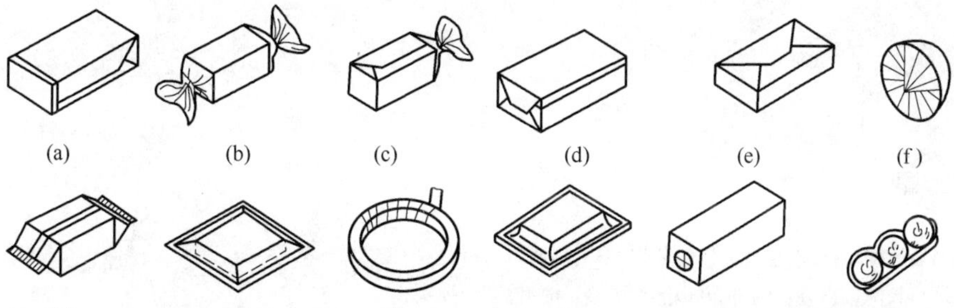

图 9-7　常见裹包形式

图 9-8 转塔折叠式裹包机

裹包机可分为半裹式裹包机和全裹式裹包机，其中全裹式裹包机又包括折叠式裹包机、扭结式裹包机、接缝式裹包机、覆盖式裹包机、缠绕式裹包机、拉伸式裹包机、收缩式包装机、贴体式包装机和现场发泡设备。

1. 折叠式裹包机

转塔折叠式裹包机如图 9-8 所示，主要由包装材料供送装置、包装物料供送装置、回转机构等组成。

图 9-9 所示为转塔折叠式裹包机工艺流程。包装物或包装件堆放在装料装置的导槽中，由链条型供料装置将其推送出去，其余包装物在自重作用下填补到空位置；前行的包装物与切下的包装材料相遇后，在前方挡板的作用下，包装材料成右框形包在包装物的三个平面上，一起被送入转塔的回转盒中，同时两端面的一角边被折叠；转塔由间歇机构驱动，每转 45°为一个动作周期，当转塔转动到 90°铅垂位置作间歇停顿时，由两折叠爪完成长侧边口的折叠，在此还可以预加热定型；当转塔转动到 135°位置时，进行热封口，完成长侧边的折叠搭接；转塔转到 180°时，转塔再次停顿，此时包装物已调头，两卸料杆将其从转塔中卸出，由排料推进装置推送前进；当到达端面折叠装置处时，首先折叠两端面的另一短角边，随着包装物被推进，其端面的上边被折叠，接着下边也被折叠；随后是侧面热封、转向叠放，最后由输送带送出，完成整个裹包过程。

2. 自动封箱裹包机

自动封箱裹包机（图 9-10）是国内众多企业的包装设备，其稳定性好，维修成本低等，且调节纸箱范围广；独立滚筒自转动力装置，可连续工作。自动封箱打包节电效高，

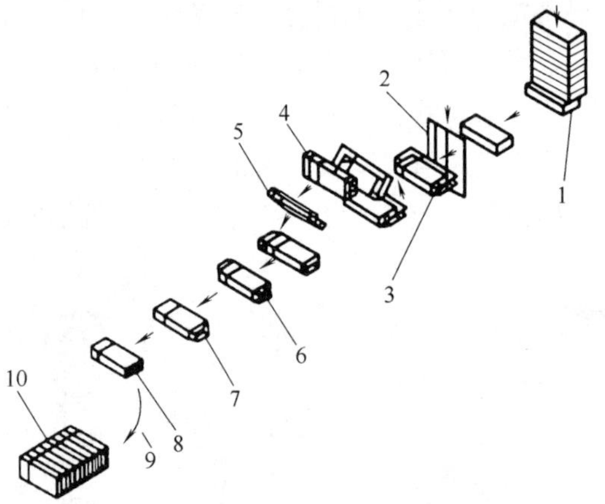

1—供料装置推出；2—包材裹住包装物；3—端面边角折叠；4—进转塔后长侧边折叠；5—长侧边热封搭接；6—包装物掉头；7—端面上下折叠；8—侧面热封；9—转向叠放；10—输送带送出

图 9-9 转塔折叠式裹包机工艺流程

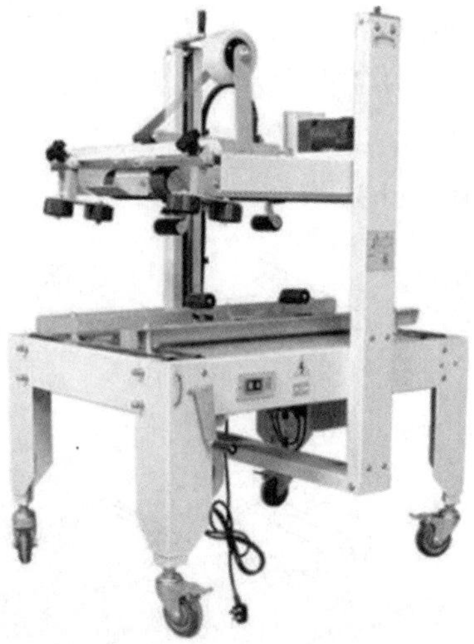

图 9-10 自动封箱裹包机

封箱效果好，经济快速、容易调整，可一次完成上、下封箱动作，也可以采用印字胶带，更可提高产品形象，是自动包装企业的选择。

自动封箱打包适用于纸箱的自动封箱包装，既可单机作业，也可与纸箱成型自动开箱机、自动装箱机、自动贴标机、捆包机、堆叠机、输送机等设备配套成包装流水线使用，是包装流水线作业必需的设备。自动封箱裹包机是一种集自动封箱及自动裹包为一体的包装机，可配套自动化包装流水线使用，自动上下封胶带、多道打包，实现后道无人化包装，工作效率高，适用于大批量生产的行业。

3. 预拉伸托盘缠绕机

缠绕包装机又称裹包机，是为适应货物集装化储存运输和机械化装卸作业的要求而设计制造的一款包装机，该机型以 LLDPE（线性低密度聚乙烯）缠绕膜为主要原料，对堆放在托盘上的大宗货物进行缠绕包装，能够提高物流效率，减少运输过程中的损耗，具有防尘、防潮、防散落、方便装卸、降低包装成本等优点。目前广泛应用于玻璃制品、化工建材、五金工具、电器、造纸、塑胶化工、陶瓷、食品、饮料等行业。

自动缠绕包装机（图 9-11）是将被缠绕物体放置于转盘中央，启动转盘电机转动，自然地带动转盘转动，使物体实现了外围的缠绕膜裹紧，与此同时升降机电机也启动，带动缠绕捆扎机整个组合体作上下运动，达到物体高度方向的缠绕，这就实现了物体整个外表的缠绕包装。在缠绕过程中主要是对薄膜拉紧力的调整以及穿膜。一般通过调整转盘转速和调节电机的转速就能达到薄膜张紧程度。自动缠绕包装机采用电脑 PLC 控制，可对包装物进行各种工艺要求的缠绕包装作业并且自动断膜，薄膜缠绕机具有性能稳定，抗干扰能力强，能在高粉尘、高噪声、强电磁干扰和温度变化剧烈的环境下正常工作，同时具有操作简单等特点。

图 9-11　预拉伸托盘缠绕机

三、贴标机械

贴标机是用黏合剂把纸或金属箔标签粘贴在包装容器指定位置的机器。贴标机种类繁多。按标签种类，可分为片式标签贴标机、卷筒状标签贴标机、热黏性标签贴标机、感压性贴标机及收缩筒形标签贴标机；按自动化程度，可分为半自动贴标机和全自动贴标机；按容器运动方向，可分为立式贴标机和卧式贴标机；按贴标工艺特征，可分为压按式贴标机、滚压式贴标机、搓滚式贴标机、刷抚式贴标机；按包装容器形状可分为方瓶贴标机、圆瓶贴标机、扁形瓶贴标机和小型异形瓶贴标机等；按标签长度，可分为单面贴标机、双面贴标机、三面贴标机、多面贴标机等。

近年来，随着人们生活水平的不断提高，商品的外观逐渐得到了人们的重视，而标签作为商品外观的直接体现者，在商品的销售环节中也发挥着越来越重要的作用。在现代化的工业生产中，产品标签粘贴应用最多的就是自动贴标机，而自动贴标机的贴标质量也极大地影响着企业的生产效率。外观精美的标签在商品销售中有吸引眼球、促进销售的作用。自动贴标机广泛地应用于包装机械中，相较于人力贴标，具有避免产品后期污染、定位准确、效率高的优点。

1. 自动贴标机

现在社会贴标机变成生产企业不可缺少的一部分，通过不断地发展，已经成为一种真正的商品。与此同时，人们对不干胶贴标设备的需求也日益多样化，这对贴标机行业来说既是挑战也是机遇。目前，中国的标签行业正在走向融合。

图 9-12 为 ORSHANG 不干胶自动贴标机的外形图。贴标机的工作过程从将被贴标物送到传送带上开始，然后以恒定的速度送到标签机。该机构的固定装置将被贴标物分开一个固定的距离，并使被贴标物沿着传送带的方向前进。贴标机的机械系统包括驱动轮、被贴标物轮和卷轴。传动轮间歇地拖拽标签带移动，标签带被从卷轴中拖出，同时经过标号轮，标号轮将标签带压向被标号物。该卷轴采用开环位移控制，使标签带保持张力，由于标签带与标签之间联系紧密，标签带必须连续起停。

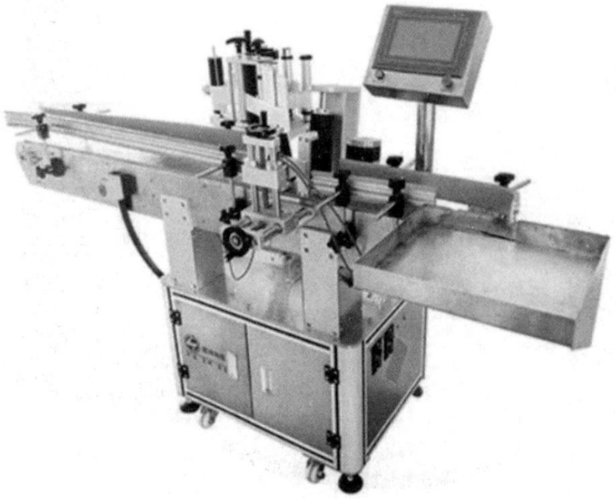

图 9-12 ORSHANG 不干胶自动贴标机外形

当贴标轮和箱子移动速度相同时，标签就会贴在箱子上。在传送带到达某一位置时，标签带驱动轮加速至与传送带匹配的速度，贴上标签后减速至停止。目前该贴标机被广泛应用在食品、饮料、日化、医疗、药品、制卡等行业中。

2. 真空转鼓回转式黏合贴标机

图 9-13 所示为真空转鼓回转式黏合贴标机，其工作原理是链轮带动真空转鼓 2 和齿轮 14 转动；齿轮 14 又带动大齿轮 13 旋转，从而使装在其上的小齿轮 9 随大齿轮 13 一起转动；小齿轮 9 的运动又带动扇形板齿轮上的滚轮沿凸轮底盘 10 作曲线运动，使扇形齿轮上的扇面板 11 和扇底板 12 除了随大齿轮 13 运动外，自身还有一个摆动；小齿轮 9 又和另一扇形齿轮的扇面板和扇底板相啮合，因此凸轮曲线通过扇形齿轮带动小齿轮作摆动，使小齿轮轴 8 作摆动；当小齿轮轴 8 上的身标取标板 7 和颈标取标板 3 转到涂胶辊 6 位置时，取标板 7 和 3 都被涂上胶；当取标板回转到标签盒 4 位置时，就能粘上颈标和身标；转到真空转鼓 2 位置时标签受真空吸力的作用而紧贴于真空转鼓表面，此时涂胶面朝外；当转鼓上标签与贴标回转台 1 上的容器相接触时，标签即被转贴于容器上，再经毛刷或抚平装置抚平整理后输出。

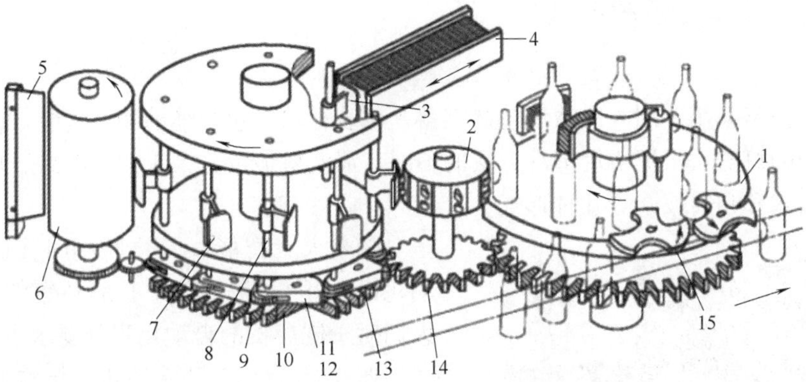

1—贴标回转台；2—真空转鼓；3—颈标取标板；4—标签盒；5—刮胶板；6—涂胶辊；7—身标取标板；8—小齿轮轴；9—小齿轮；10—凸轮底盘；11—扇面板；12—扇底板；13—大齿轮；14—齿轮；15—拨轮

图 9-13　真空转鼓回转式黏合贴标机

3. 机器视觉检测的应用

随着人们生活水平的日益提高，对生活质量也有了更高的要求。为了在激烈的市场竞争中立于不败之地，企业对于产品质量的要求也逐步提升，因而产品包装的质量问题也成为企业关注的问题之一，进而产品的包装检测也成为机器视觉大显身手的领域之一。

例如行业包装检测用到的主要设备，包装检测系统便是基于机器视觉技术的光学自动检测设备，可用于校验商品包装上标签的位置及粘贴质量。该设备（图 9-14）配置简单、易用，既可以在线检测，也可以脱线检测。自学习功能强大，可通过观测物体样品自动提取合格标签，并根据生产过程或实际生产环境的不同进行检验，经判断模式检测后判定标签是否合格。同时具有阅读条形码、判断标签相对位置等功能。

图 9-14　视觉检测装置

机器视觉技术在包装检测行业主要应用如下：

（1）校验标签的有无。

（2）校验包装上正确的标签。

（3）校验包装上的标签是否有破损、污点或瑕疵。

（4）校验标签边角是否折叠。

（5）检测标签的方位角是否在限定的范围。

纵观行业发展，机器视觉检测技术的应用，不断地改良生产模式，彰显价值体系，使得印刷包装检测、电子制造、自动化生产等行业朝着更智能、更快速的方向发展。

四、清洗、干燥、杀菌机械

1. 清洗机械

清洗机械是采用不同方法清洗包装容器、包装材料、包装辅助物、包装件，以达到预期清洁目的的机器。根据所用清洗方法的不同，清洗机械可分为干式、湿式、机械式、电解式、电离式和超声波式等几种形式。

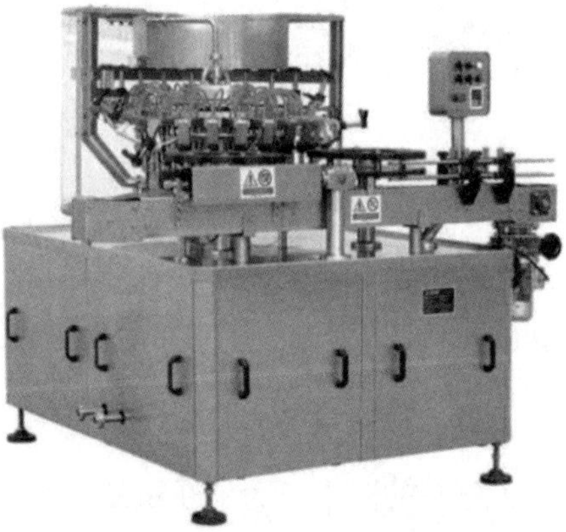

图 9-15　全自动洗瓶机

随着人工智能以及物联网时代的到来，自动化设备用机器代替人工是必然的发展趋势，人们对于洗瓶机的自动化程度要求也越来越高。

图 9-15 为全自动洗瓶机，该洗瓶机保证了清洁质量的一致性和高清洁度，400 L/min 大流量循环喷淋系统设计，上下循环泵独立喷淋，清洗仓内水帘分布均匀无死角，保证了高标准的清洗效果。进水流量计和水位开关双重测控进水量，有效保障清洗用水与清洁剂的精准配比。目前该设备上都配备了自动进样装置、数据处理系统等，并且清洗的过程可以记录，可追溯清洗条件，适用于各种复杂的器皿。

2. 干燥机械

干燥机械是用不同的干燥方法减少包装容器、包装材料、包装辅助物以及包装件的水分，达到预期干燥程度的机器，可分为热式干燥机、机械干燥机、化学干燥机和真空干燥机。

真空低温液体连续干燥机（图 9-16）是一种连续进料、连续出料的真空干燥设备，液体原料通过进料泵输送至干燥机内，并通过布料器均匀分布在传送带上，通过高真空从而降低物料沸点温度，液体原料水分直接升华为气体，传送带在加热板上匀速运转，加热板内热源可采用蒸汽、热水或电加热等方式，通过传送带的运转，从前端的蒸发、干燥至后端的冷却出料，温度段由高至低，具体根据物料特性可调，出料端配有特定的真空粉碎装置以达到不同粒度的成品，干燥后的粉料可自动包装或进入后续工艺。

图 9-16　真空低温液体连续干燥机

真空低温液体连续干燥机的诞生使传统的静态干燥转化为真空动态干燥，由传统的 10~20h 干燥出产品，转化为 30~60min 出产品，达到了根据不同的物料调节不同的干燥温度的目标，解决了喷雾干燥温度高、传统烘箱时间长、容易变性的难题。干燥后产品的色泽、溶解性、物性的保存是其他设备无法比的，其工艺流程如图 9-17 所示。

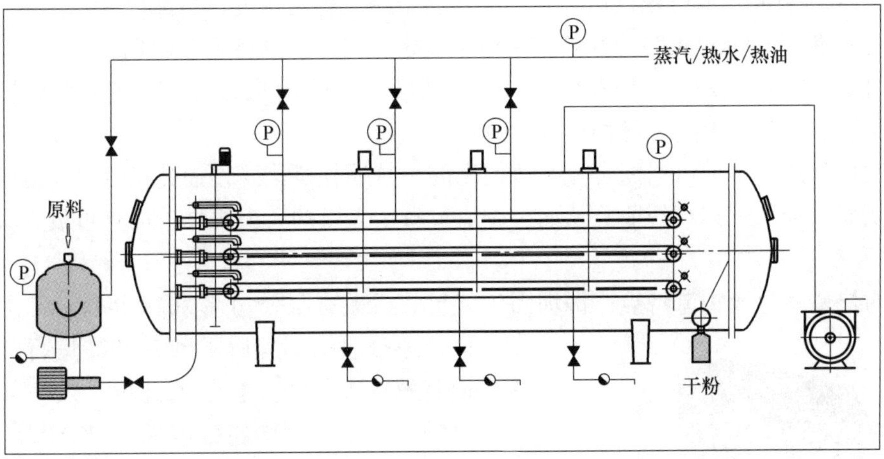

图 9-17　真空低温液体连续干燥机工艺流程图

五、捆扎机械与集装机械

1. 捆扎机械

捆扎机（又称打包机）是使用捆扎带或绳捆扎产品或包装件，然后收紧并将捆扎带两端通过热效应熔融或使用包扣等材料连接好的机器。捆扎机属于外包装设备，根据传动方式不同可以分为机械式捆扎机、液压式捆扎机和气动式捆扎机；根据捆扎工艺不同可分为穿带式捆扎机、捆结机和压缩打包机。

捆扎可以将包装物捆紧、扎牢并压缩，既增加外包装强度，减少散包所造成的损失，又便于提高装卸效率，节省运输时间、空间和成本，也便于销售，因此成为包装机中的一个重要分支。目前，各国的捆扎机已经相当普及，品种繁多，几乎无所不捆，主要适用于纸箱、木箱、书刊、软硬包及方状、简状、环状等各种物体，广泛应用于轻工、食品、外贸、百货、印刷、医药、化工、邮电、纺织等行业。

图 9-18　新型半自动捆扎机

图 9-18 所示为新型半自动捆扎机。其捆扎流程可简单归结为：

（1）捆扎带退带与穿带。一夹头上升夹住塑料带头，送带轮反转退带，将多余的塑料带退回储带盒，并勒紧被捆物。随后，机械手夹住塑料带，将包装件进一步勒紧至所调紧度。

（2）捆扎带黏结，切带。导向板从两层塑料带中间退出，同时，电烫头同步插入两层带之间，接着二夹头上升夹住塑料带另一端带头，切刀切断带子，并将带头推向烫头与之接触，受热融化，随即电烫头快速退出，切刀继续上升将表面已融化的两层塑料带压在承压板上，并冷却凝固，两带黏合。

(3) 捆扎完成。承压板退出捆扎好的塑料带圈，各夹头复位，完成捆扎。

(4) 送带。送带轮正转把塑料带由储带盒送入轨道，准备下一次捆扎。

(5) 卸载。以上是单道捆扎的过程，当机器处于连动状态时，送带完毕后便直接进入退带张紧程序，按上述程序循环连续进行。

自动捆扎机是一种可以配合流水线使用的一款捆扎机，这种捆扎机可以通过电子眼检测物品从而自动实现捆扎作业，从而为企业节省了大量的人力成本，而且可以大大提高工作效率。

针对快递和电商物流特点，深圳固尔琦包装机械有限公司在2018年打造出无人化智能快递打包机，随后不断对产品进行升级，从而有效解决了产品打包的速度、效率与精准度难题，智能高速快递打包机GL70A（图9-19），以高性能工业控制电脑为核心，提供自动扫码、自动称重、出错剔除、自动打包、自动贴面单等。同时，能根据客户需求对接主流ERP系统和WMS系统，为客户提供货品的塑料膜包装发货整体解决方案。该产品的打包速度最高可达1500包/小时；并且无须人员操作，可根据产品尺寸自动调节快递袋长度，自动封切，节省耗材；面单信息在物品扫码后，由系统自动生成并打印粘贴，避免错误发生。

图9-19 智能高速快递打包机GL70A

2. 集装机械

集装机是指将包装件单元集成或分解，形成一个合适的搬运单元的机器，可分为集装机、堆码机和拆卸机三大类，其中堆码机是指将预定数量的包装件或产品按一定规则进行堆积的机器；拆卸机是指将集合包装件卸开、卸下、分离等的机器。

随着我国经济的快速发展，企业对其生产线的自动化程度要求越来越高，为了提高劳动生产率，集装机在生产线上的应用越来越广泛。尤其近些年来，采用微电脑控制的全自动化的集装机械已在各种生产线上代替了半自动化的集装机械，而且集装机在我国已逐渐形成了种类繁多、自动化程度高的发展态势。

图9-20所示为盘旋式拉伸集装机，在供膜机构的控制下，较小宽度的塑料薄膜随着旋转盘（轴）的转动而上下移动，将货物和托盘盘

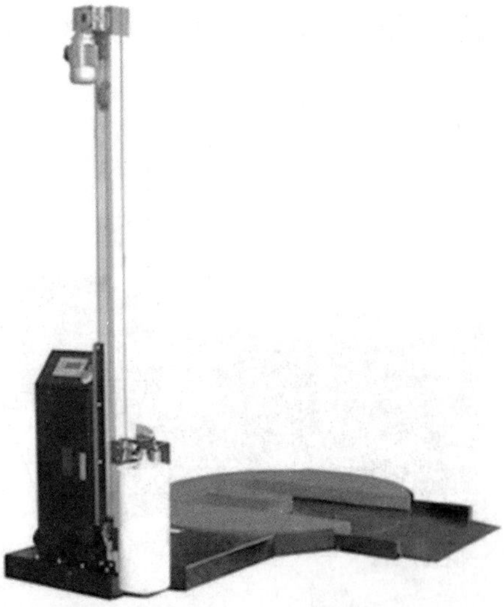

图9-20 盘旋式拉伸集装机

旋地裹包起来。有些集装机是使货物静止不动而让拉伸薄膜集装机绕着货物旋转实现裹包。

拉伸集装机应用范围较广，可以包装不同高度、不同长度和宽度的货物。

收缩集装是将收缩薄膜套包在承载物品和托盘上而实现集装的方法。一般采用以下两种方式：罩套方式，是将一端封口的薄膜由上而下或水平地套住货物和托盘；包卷方式和拉伸集装类似，使托盘上部不用薄膜封住，只用收缩薄膜包卷四周。

如图 9-21 所示，收缩薄膜是卷筒形的，放置在薄膜套筒 6 上；经过导辊与送进辊 2 的导向和传送，再经夹板 3 处的一对夹板将薄膜筒打分；同时，四根撑角伸缩杆 5 向上偏转，插入被夹板进一步撑开的薄膜筒内；然后撑角伸缩杆 5 向四角偏转，将薄膜筒坯撑成四方形，并套住从输送带 7 传送来的货物和托盘上；当下降的薄膜长度达到要求时由夹板封口并剪断，其后的塑料筒坯用真空吸嘴吸开，再进行下一个循环。套在托盘和货物上的收缩薄膜由加热装置加热而收缩，完成收缩集装。

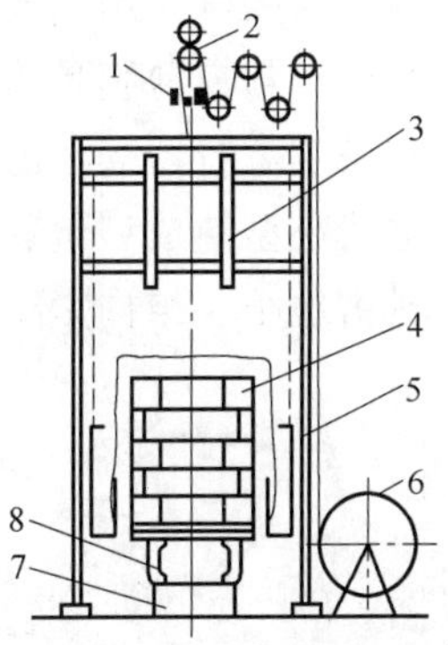

1—横封装置；2—导辊与送进辊；3—夹板；4—物品；5—撑角伸缩杆；6—薄膜套筒；7—输送带；8—托盘

图 9-21 套包收缩集装

六、多功能包装机械

多功能包装机是在一台整机上可以完成两个或两个以上包装工序的机器。近几年来，我国包装工业总产值飞速增长，成为仅次于美国的世界第二包装大国。国内包装工业总产值逐年增大，多功能包装机社会需求量大、科技含量日益提高，已经成为对经济社会发展具有重要影响力的支撑性产业。

1. 热成型包装机

图 9-22 所示为卧式热成型包装机。该类机器在包装过程中，容器成型薄膜材料的运动是间歇的，塑料片卷筒薄膜经过加热装置 2 时受热变软，在成型装置 3 内被模具冲压并经冷却定型为容器，已成型的容器步进到计量充填装置 4 下方时实现物料定量充填，随后被覆盖上封口材料的容器，由热封装置 6 完成容器的封口，最后由冲裁装置 7 裁切成单个包装产品，完成包装。成品由输送带输出，废料则由废料卷辊回收。

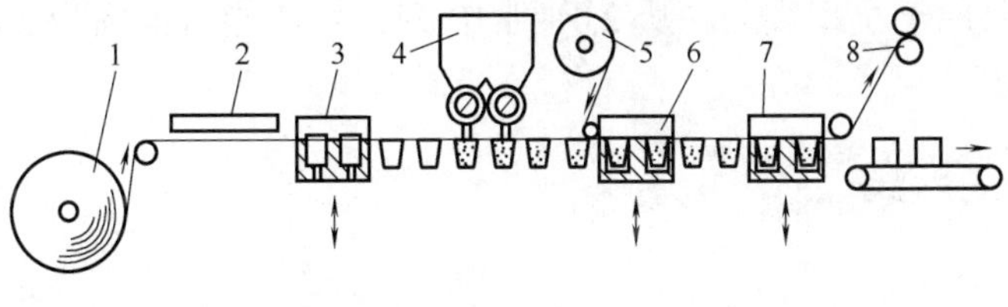

1—塑料片卷；2—加热装置；3—成型装置；4—计量充填装置；5—封口膜片卷；6—热封装置；7—冲裁装置；8—废料卷取装置

图 9-22 卧式热成型包装机

包装用的底膜材料是用来做盛包装物品的杯（盘）状容器，其供料卷筒安装在机器的输入端，由装有穿过下膜和针或夹钳的链条机构或机械手等夹持其牵引前进，其材料必须是可以热成型和热封的，如聚乙烯片材，厚度在 0.2～0.6mm 的均可，也可以用复合软膜；封口薄膜则采用一般制扁平袋的复合塑料薄膜和铝塑薄膜，如聚酯/聚丙烯，也可以使用片材。封口薄膜是作盖用的，预先印刷好，其卷筒安装在机器上方。通过导向辊引出，在一定位置覆盖在已成型的底膜上。

立式小型热成型包装机的原理与卧式热成型包装机相似，但该机的主运动方向为立式，其占地小、结构紧凑，适合于小件多品种产品的生产。

2. 枕形多功能包装机

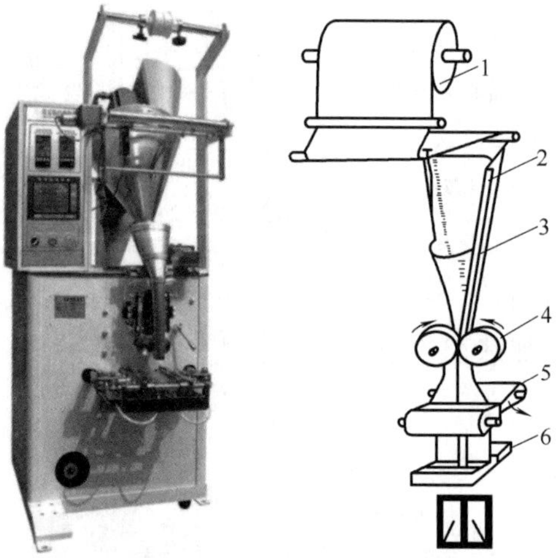

1—卷筒薄膜；2—象鼻式成型器；3—加料斗；4—纵封辊；5—横向热封器；6—切刀
图 9-23　枕形袋多功能包装机

图 9-23 所示为枕形袋多功能包装机。卷筒薄膜材料 1 在导辊、张紧装置的作用下，由光电检测控制装置对包装材料上商标图案位置进行检测后，连续地送至象鼻式成型器 2 处自动卷成圆筒形，然后由纵向连续纵封辊 4 将筒形纵向对接缝加热封合，形成密封的筒状，计量好的物料由加料管 3 充填入筒袋中，再由横向热封器 5 作横向封口，最后由切刀 6 从横封边中间切断，得到包装成品。

由于塑料薄膜不允许发生纵向或横向拉伸变形，这就需要所设计的成型器能适应塑料薄膜的自然卷曲变形，且使包装袋的表面积等于通过成型器的塑料薄膜的总面积，因此该类机器大多采用翻领式成型器。

3. 四面封口多功能包装机

图 9-24 所示为四面封口多功能包装机。卷筒薄膜材料 2 经多道导辊后进入充填管 1 两侧，由纵封器 3 将其对接成圆筒状后充填物料，随后由横封器 4 将其横向封口，切断刀 5 将连续袋切断成单个四边封口袋产品。

四面封口多功能包装机多用于小分量的粉粒物料的包装，有单列和多列两种机型。随着列数的增加，生产率可成倍增长。单列机的生产能力取决于充填方式、制袋材料和袋子尺寸；多列机主要用于小型袋装，从 2 列到 10 列，生产能力范围为 300～1500 袋/min，视采用的列数而定。

七、自动包装生产线

1. 概论

由数台自动包装机连接成的连续包装系统称为自动包装线，在自动包装线上也可以包括不属于包装机械的其他机器或设备。

随着科学技术的发展，包装工艺发展到分别进行内包装、外包装、运输包装等包装操作，将这些相互独立的自动或半自动包装设备、辅助设备等按包装工艺的先后顺序组合起来，即成为包装流水线。被包装物品从流水线一端进入，经过不同的包装设备，成品从流水线的末端不断输出，在包装流水线中，工人参与一些辅助的包装作业，如整理、输送、包装容器供给等。为进一步提高生产率，在流水线的基础上，再配置适当的自动控制、检测、调整装置、自动供料及输送装置等，使被包装物品能按设定的工序和一定的节拍自动完成全部包装工艺过程，在整个包装过程无须人直接参与操作，仅需完成开机、出现故障时进行调整检修、控制等的生产线称为自动包装线，它除了在工艺上具有流水线生产的一般特征外，比流水作业线具有更严格的生产节奏性，更能降低生产成本、提高生产效率。自动包装线适于少品种、大批量生产，对于多品种、小批量的包装，则不宜采用生产线，否则是不经济的。

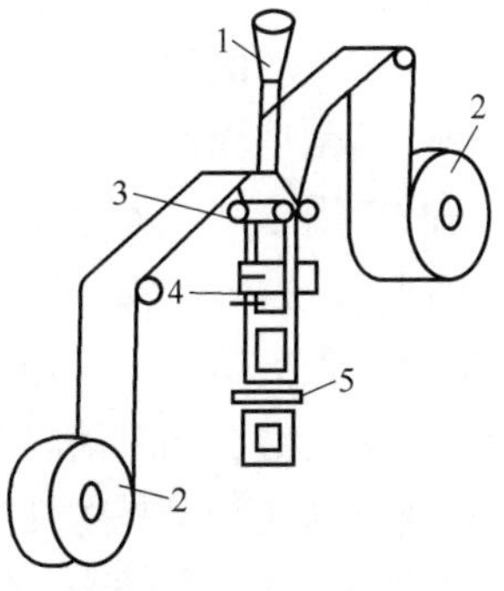

1—充填管；2—薄膜卷筒（两卷）；3—纵封器；4—横封器；5—切断刀

图 9-24　四面封口多功能包装机

目前，我国在饮料、牛奶、酒类、卷烟、盒装茶叶、香皂、方便面等生产方面已有了不同规模的包装流水线和自动包装线，这些包装线在生产中已发挥了应有的作用，收到了良好的经济效益。根据不同的特征可将自动包装线按不同方式进行分类，按自动包装线的组合方式可分为串联自动线、并联自动线和混联自动线；按产品在自动线上的移动特征可分为间歇运动自动线、连续运动自动线和间歇与连续并有的自动线；按自动机之间的连续特征来分有刚性自动线、柔性自动线和半柔性自动线。

包装生产线是由最基本的工艺设备——自动包装机及将自动包装机连线的辅助设备（输送装置等），并依靠推动控制系统完成确定的工作循环，如图 9-25 所示。

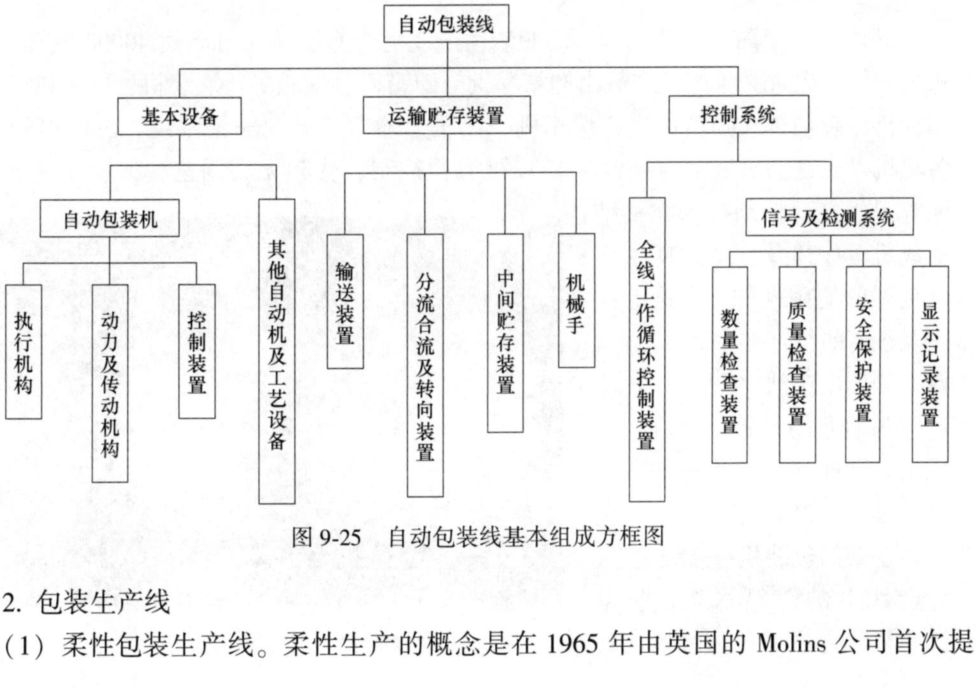

图 9-25　自动包装线基本组成方框图

2. 包装生产线

（1）柔性包装生产线。柔性生产的概念是在 1965 年由英国的 Molins 公司首次提出的，它是在柔性制造的基础上，为了适应市场需求的多变和市场竞争激烈而产生的市场导向型的按需生产的先进生产方式，其优点是为了增强制造企业的灵活性以及应变能力，从而缩短产品生产周期，提高设备利用率和员工的劳动生产率，改善产品质量。因此，是一种具有旺盛需求和强大生命力的生产模式。

柔性生产是针对大规模生产的弊端而提出的新型的生产模式。所谓柔性生产是指通过系统结构、人员组织、运作方式和市场营销等方面的改革，使得生产系统能对市场需求变化做出快速适应，同时消除冗余无用的损耗，力求为智能包装制造企业获得更大的效益。计算机及自动化技术是柔性生产的物质技术基础，而柔性生产是指在品质、交期、成本保持一致的条件下，生产线在大批量生产和小批量生产之间任意切换。业界谈论更多的“大规模个性化定制”只是柔性生产的一种形式，并不是通用模型。同时，所谓“小多快”（小批量、多品类、快速生产）也不是真正的柔性化，因为大批量订单做不了也不是真正的柔性生产。柔性生产模式的内涵实质表现在两个方面，即虚拟生产和拟实生产。柔性包装生产线如图 9-26 所示。

图 9-26 柔性包装生产线

（2）智能化啤酒瓶装生产线。啤酒瓶装生产线生产速度高（可高达 40000 瓶/h），占地面积大，技术先进。生产线一般由卸箱垛机、卸箱机、洗瓶机、灌装机、压盖机、杀菌机、贴标机、装箱机、码箱垛机、洗箱机、无压力输瓶系统、输箱系统、总配电箱等组成。各单机以先进的机械结构装置与 PLC 可编程控制、变频无级调速、工业计算机、人机界面等现代自动控制技术完整结合，形成机电一体化，从而使生产线具有良好的使用性能、先进的技术水平及较高的生产效率。

南京华创生产线（图 9-27）能完成回收啤酒瓶的卸箱、清洗、灌装、压盖、贴标签、装箱等基本包装操作及辅助包装操作，是包装生产线中较复杂的包装机组合线。

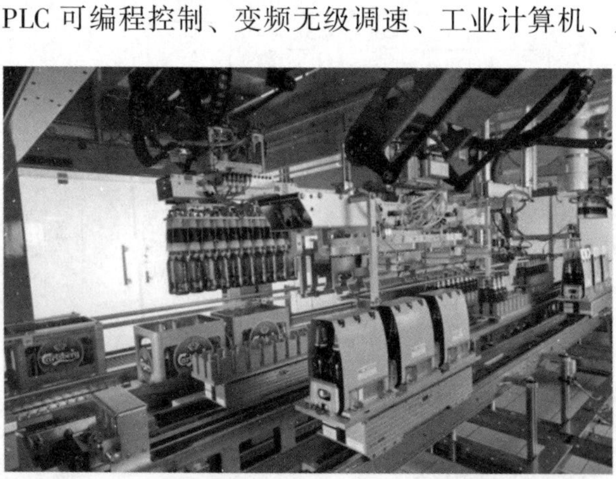

图 9-27 南京华创生产线

生产线上的码箱垛机、装箱机、卸箱机集先进的机械装置、气动装置、光电检测装置、变频调速装置、可编程控制器、人机界面为一体，大大简化了复杂的机械结构，体现了现代包装设备的自动控制技术，保证设备准确地工作运动。装瓶压盖机结构先进，运行平稳，操作维护方便，生产能力大，自动化水平高，各项技术指标先进。该生产线一般具备二次抽真空、无瓶不抽真空、传感液位控制、导柱定中、自动润滑、人机界面操作等先进装置。无压力输瓶系统是该生产线的重要装置，配套于灌装机、压盖机、贴标机的前后输瓶段，由多列、多速斜面输送带与多套变频器、光电开关、无触点开关、计数器、PLC 可编程控制器等自动控制装置结合，形成在无挤压、压卡瓶的状况下使瓶子自动从多列变单列和单列变多列高速运行。

3. 自动包装生产线的发展方向

自动包装生产线为包装产品的质量及生产的高速化、规模化提供了保证，特别是计算机在包装控制和管理中的应用，以及包装机械手、机器人在自动包装生产线上的应用，使自动包装生产线不断完善，具有更广的适应性和一定的柔性，适应了包装市场上千变万化的多品种的包装要求，使自动包装生产线朝着包装自动化车间和自动化工厂发展。

在一些工业发达的国家，目前已把自动包装生产线与现代化的自动仓库相连接，包装材料及容器输送设备分流到各个包装部位；自动包装生产线出来的成品直接由输送装置送到自动仓库的货架上；取用出厂时，可将包装产品从货架上自动卸下，从仓库出口处装入运输工具运走。产品包装过程及分类管理、自动仓库的操纵和管理、记账、开发货单以及发货等均由 1 台计算机集中控制，从而形成了产品生产和包装管理的自动化工厂。

参考文献

[1] 金国斌．现代包装技术［M］．上海：上海大学出版社，2001.

[2] 晏祖根．包装机械概论［M］．北京：印刷工业出版社，2012.

[3] 浙江中科包装机械有限公司．包装机械工业现状：向高速、高效、高质方向发展［J］．今日印刷，2020（06）：32-34.

[4] 潘小青．国外包装机械的发展现状［J］．山东工业技术，2016（12）：215.

[5] 高珊．中国包装机械发展现状与趋势［J］．河北农机，2018（10）：16.

[6] 高德．包装机械［M］．北京：中国轻工业出版社，2017.

[7] 方玉莹，左言言．包装机械中典型机构的分析研究［J］．轻工机械，2004（01）：54-56.

[8] 卢立新．包装机械概论［M］．北京：中国轻工业出版社，2011.

[9] 胡志刚，侯传亮，陈恳．HFGZ22 型回转式负压灌装机的研制［J］．包装工程，2016，37（13）：112-116.

[10] 楚天飞云制药装备（长沙）有限公司．NJP7500 型全自动硬胶囊充填机［J］．机电信息，2018（35）：60.

[11] 张君怡，徐思新．蓬勃发展的液态食品技术与智能装备［J］．酒·饮料技术装备，2020（06）：34-38.

[12] 杨学桂．饮料市场促进灌装设备发展［J］．绿色包装，2020（10）：90.

[13] 邢圆圆，贺辛亥，钟鹏，等. 立体标签自动贴标机结构设计［J］. 轻工机械，2016，34（06）：21-25.
[14] 食品机械设备网. 食品包装机械“出击”咖啡市场未来可期［J］. 中国包装，2019，39（05）：87.
[15] 林振强. 物流包装设备的分类与选择［J］. 物流技术与应用，2019，24（06）：113-114+116-117.
[16] 徐小东，崔政伟. 食品真空干燥装置及其进展［J］. 轻工机械，2000（01）：1-4.
[17] 施建强. 超高温列管式杀菌机在 PET 瓶含乳饮料生产中的应用［J］. 中国高新技术企业，2012（03）：85-86.
[18] 常安太，郑霞，肖红伟，等. 哈密瓜干燥技术现状与装备研究展望［J］. 包装与食品机械，2020，38（06）：61-67.